编委会

主　编　韩雪涛

副主编　吴　瑛　韩广兴

编　委　张丽梅　马梦霞　朱　勇　张湘萍
　　　　王新霞　吴鹏飞　周　洋　韩雪冬
　　　　高瑞征　吴　玮　周文静　唐秀鸯
　　　　吴惠英

扫描书中的"二维码"
开启全新的微视频学习模式

电子电路识图、应用与检测

数码维修工程师鉴定指导中心　　组织编写
韩雪涛　主编　　吴瑛　韩广兴　副主编

电子工业出版社
Publishing House of Electronics Industry
北京·BEIJING

内容简介

本书在充分调研电子领域各岗位实际需求的基础上,对电子电路识图、应用和检测的知识技能进行汇总,以国家职业资格标准为指导,系统、全面地介绍电子电路识图、应用与检测的综合技能。

本书引入"微视频"互动学习的全新学习模式,将"图解"与"微视频"教学紧密结合,力求达到最佳的学习体验和学习效果。

本书适合相关领域的初学者、专业技术人员、爱好者及相关专业的师生阅读,除可作为提升个人技能的辅导图书外,还可作为各大中专、职业院校及培训机构的技能培训教材。

使用手机扫描书中的"二维码",开启全新的微视频学习模式……

未经许可,不得以任何方式复制或抄袭本书之部分或全部内容。
版权所有,侵权必究。

图书在版编目(CIP)数据

电子电路识图、应用与检测 / 韩雪涛主编. —— 北京:电子工业出版社,2019.5
ISBN 978-7-121-36380-1
Ⅰ. ①电… Ⅱ. ①韩… Ⅲ. ①电子电路—识图②电子电路—检测 Ⅳ. ①N710
中国版本图书馆 CIP 数据核字(2019)第 076222 号

责任编辑:富 军
印　　刷:固安县铭成印刷有限公司
装　　订:固安县铭成印刷有限公司
出版发行:电子工业出版社
　　　　　北京市海淀区万寿路 173 信箱　邮编 100036
开　　本:787×1092　1/16　印张:23.75　字数:608 千字
版　　次:2019 年 5 月第 1 版
印　　次:2025 年 2 月第 8 次印刷
定　　价:99.00 元

凡所购买电子工业出版社的图书,如有缺损问题,请向购买书店调换。若书店售缺,请与本社发行部联系,联系及邮购电话:(010) 88258888,88254888。
质量投诉请发邮件至 zlts@phei.com.cn,盗版侵权举报请发邮件至 dbqq@phei.com.cn。
本书咨询联系方式:(010) 88254456。

前　言

本书是专门介绍电子电路综合技能的图书，全面介绍电子电路的种类、特点、应用等专业知识，通过大量实际案例，系统讲解各种电子电路的识图方法和检测技巧。

在电工电子领域，电子电路识图方法和检测技巧都是非常基础和重要的技能。为了更好地满足读者的学习需求和就业需求，我们特别编写了《电子电路识图、应用与检测》。

本书依托数码维修工程师鉴定指导中心进行了大量的市场调研和资料汇总，从社会岗位需求出发，以国家相关职业资格标准为指导，将电子电路识图、应用与检测技能有机整合，结合岗位的培训特点，重组技能培训架构，制订符合现代行业培训特色的学习模式，是一次综合技能培训模式的全新体验。

在图书编排上

本书强调知识技能的融合性，即电子电路识图作为专项技能的根本，首先通过大量的案例归纳提炼出各种不同电子电路的特征；然后从典型电子电路入手，对各种典型电子电路的结构、功能、用途进行分析，从而掌握电子电路的识图方法；最终依托典型案例讲解不同电子电路的检测技能，使读者的学习更加系统，更加完善，更加具有针对性。

在图书内容上

本书引入大量的典型案例，读者通过学习，不仅可以学会实用的方法和技能，还可以掌握更多的社会实践经验。本书讲解的典型案例和数据都会成为以后工作的宝贵资料。

在学习方法上

本书打破传统教材的文字讲述方式，采用图解+微视频讲解互动的全新教学模式，在重要知识技能点的相关图文旁边有二维码。读者通过手机扫描二维码，即可在手机上浏览相应的教学微视频。微视频与图书内容匹配对应，晦涩难懂的图文知识通过图解和微视频的讲解方式，可高效地帮助读者领会、掌握，增加趣味性，提高学习效率。

在配套服务上

除了可以体验微视频互动学习模式，读者还可以通过以下方式与我们交流学习心得。如果读者在学习工作过程中遇到问题，可以与我们探讨。

本书由数码维修工程师鉴定指导中心组织编写，由全国电子行业资深专家韩广兴教授亲自指导。编写人员有行业资深工程师、高级技师和一线教师。本书无处不渗透着专业团队的经验和智慧，使读者在学习过程中如同有一群专家在身边指导，将学习和实践中需要注意的重点、难点一一化解，大大提升学习效果。

为方便读者学习，本书电路图中所用电路图形符号与厂家实物标注（各厂家的标注不完全一致）一致，不进行统一处理。

数码维修工程师鉴定指导中心　　网址：http://www.chinadse.org
联系电话：022-83718162/83715667/13114807267　　E-mail:chinadse@163.com
地址：天津市南开区榕苑路 4 号天发科技园 8-1-401　　邮编：300384

编　者

目录

第1章 电子电路的识图步骤与识图要领 ··············1

1.1 电子电路的识图技巧和理论知识要求 ··············1
1.1.1 从元器件入手学识图 ··············1
1.1.2 从单元电路入手学识图 ··············1
1.1.3 从整机电路入手学识图 ··············2
1.1.4 电子电路识图的理论知识要求 ··············2
1.2 电路原理图的识图步骤和识图要领 ··············2
1.2.1 整机电路原理图的识图步骤和识图要领 ··············2
1.2.2 单元电路原理图的识图步骤和识图要领 ··············7
1.3 框图的识图步骤和识图要领 ··············9
1.4 元器件分布图的识图步骤和识图要领 ··············11
1.5 印制电路板的识图步骤和识图要领 ··············12
1.6 装配图的识图步骤和识图要领 ··············13

第2章 电子电路中的电路图形符号 ··············16

2.1 电子元器件及其电路图形符号 ··············16
2.1.1 电阻器及其电路图形符号 ··············17
2.1.2 电容器及其电路图形符号 ··············21
2.1.3 电感器及其电路图形符号 ··············24
2.1.4 二极管及其电路图形符号 ··············25
2.1.5 三极管及其电路图形符号 ··············28
2.2 电气部件及其电路图形符号 ··············30
2.2.1 开关及其电路图形符号 ··············30
2.2.2 接触器及其电路图形符号 ··············32
2.2.3 继电器及其电路图形符号 ··············33
2.2.4 变压器及其电路图形符号 ··············36
2.2.5 电动机及其电路图形符号 ··············38
2.3 集成电路及其电路图形符号 ··············40
2.3.1 三端稳压器及其电路图形符号 ··············40
2.3.2 电压比较器及其电路图形符号 ··············41
2.3.3 音频功率放大器及其电路图形符号 ··············41
2.3.4 音频信号处理集成电路及其电路图形符号 ··············41
2.3.5 微处理器及其电路图形符号 ··············42

第3章 电子电路的结构特点与连接关系 ··············43

3.1 直流电路与交流电路 ··············43
3.1.1 直流电路的结构特点 ··············43
3.1.2 交流电路的结构特点 ··············46
3.2 电路的连接关系 ··············49

3.2.1 电路的串联方式 ··· 49
3.2.2 电路的并联方式 ··· 53
3.2.3 电路的混联方式 ··· 57

第4章 脉冲电路的识图与应用 ·· 58

4.1 脉冲电路的功能特点与结构组成 ··· 58
4.1.1 脉冲电路的功能特点 ··· 58
4.1.2 脉冲电路的结构组成 ··· 65
4.2 脉冲电路的应用 ·· 66
4.2.1 键控脉冲产生电路 ·· 66
4.2.2 CPU 时钟电路的外部电路 ·· 67
4.2.3 精密 1Hz 时钟信号发生器 ·· 67
4.2.4 1kHz 方波信号发生器 ·· 68
4.2.5 可调频率的方波信号发生器 ·· 68
4.2.6 时序脉冲发生器 ··· 69
4.2.7 脉冲信号催眠器 ··· 69
4.2.8 窄脉冲形成电路 ··· 71
4.2.9 脉冲延迟电路 ·· 71
4.2.10 锯齿波信号产生电路 ·· 72
4.2.11 触发脉冲发生器 ·· 74
4.2.12 集成锁相环基准脉冲产生电路 ··· 74
4.2.13 阶梯波信号产生电路 ·· 75
4.2.14 间歇讯响信号发生器 ·· 76
4.2.15 警笛信号发生器 ·· 76

第5章 常用电子检测仪表的功能与应用 ······················· 77

5.1 万用表的功能与应用 ··· 77
5.1.1 万用表的功能特点 ·· 77
5.1.2 万用表的操作与应用 ··· 89
5.2 示波器的功能与应用 ··· 89
5.2.1 示波器的功能特点 ·· 90
5.2.2 示波器的操作与应用 ··· 98
5.3 信号发生器的功能与应用 ·· 99
5.3.1 信号发生器的功能特点 ·· 99
5.3.2 信号发生器的操作与应用 ·· 103
5.4 频率计数器的功能与应用 ·· 104
5.4.1 频率计数器的功能特点 ·· 104
5.4.2 频率计数器的操作与应用 ·· 107
5.5 频谱分析仪的功能与应用 ·· 108
5.5.1 频谱分析仪的功能特点 ·· 108
5.5.2 频谱分析仪的操作与应用 ·· 111
5.6 数字频率特性测试仪的功能与应用 ······································ 112
5.6.1 数字频率特性测试仪的功能特点 ·· 112
5.6.2 数字频率特性测试仪的操作与应用 ··· 116

第6章 信号的特点与测量 ············117

6.1 交流正弦信号的特点与测量 ············117
6.1.1 交流正弦信号的特点 ············117
6.1.2 交流正弦信号的测量 ············119

6.2 音频信号的特点与测量 ············121
6.2.1 音频信号的特点 ············121
6.2.2 音频信号的测量 ············124

6.3 视频信号的特点与测量 ············126
6.3.1 视频信号的特点 ············126
6.3.2 视频信号的测量 ············128

6.4 脉冲信号的特点与测量 ············131
6.4.1 脉冲信号的特点 ············131
6.4.2 脉冲信号的测量 ············133

6.5 数字信号的特点与测量 ············135
6.5.1 数字信号的特点 ············135
6.5.2 数字信号的测量 ············136

6.6 高频信号的特点与测量 ············137
6.6.1 高频信号的特点 ············137
6.6.2 高频信号的测量 ············138

第7章 基本放大电路的识图与测量 ············140

7.1 共射极放大电路的识图与测量 ············140
7.1.1 共射极放大电路的特点与识图 ············140
7.1.2 共射极放大电路的测量 ············143

7.2 共基极放大电路的识图与测量 ············147
7.2.1 共基极放大电路的特点与识图 ············147
7.2.2 共基极放大电路的测量 ············148

7.3 共集电极放大电路的识图与测量 ············150
7.3.1 共集电极放大电路的特点与识图 ············150
7.3.2 共集电极放大电路的测量 ············151

7.4 运算放大电路的识图与测量 ············153
7.4.1 运算放大电路的特点与识图 ············153
7.4.2 运算放大电路的测量 ············156

7.5 音频功率放大电路的识图与测量 ············158
7.5.1 音频功率放大电路的特点与识图 ············158
7.5.2 音频功率放大电路的测量 ············160

7.6 基本放大电路的应用实例 ············161
7.6.1 三极管宽频带视频放大电路 ············161
7.6.2 FM收音机场效应晶体管高频放大电路 ············161
7.6.3 绝缘栅型场效应晶体管宽频带放大电路 ············162
7.6.4 小型录音机音频信号放大电路 ············162
7.6.5 宽频带高输出放大电路 ············163
7.6.6 互补推挽式末级视频驱动放大电路 ············163

7.6.7 话筒信号放大电路 164
7.6.8 车载音频功率放大电路 164
7.6.9 录音均衡放大电路 165
7.6.10 调幅超外差式收音机的中频放大电路 165
7.6.11 调幅收音机电路 166
7.6.12 电视机调谐接收电路 166

第8章 电源电路的识图、应用与检测 167

8.1 电源电路的识图 167
8.1.1 了解电源电路的特征 167
8.1.2 厘清电源电路的信号处理过程 169

8.2 电源电路的应用 171
8.2.1 步进式可调集成稳压电源电路 171
8.2.2 典型直流并联稳压电源电路 171
8.2.3 具有过压保护功能的直流稳压电源电路 172
8.2.4 典型可调直流稳压电源电路 172
8.2.5 典型开关电源电路 173
8.2.6 典型线性电源电路 174

8.3 电源电路的应用 175
8.3.1 电饭煲中的电源电路 175
8.3.2 微波炉中的电源电路 176
8.3.3 洗衣机中的电源电路 177
8.3.4 康佳LC-TM2018型液晶电视机中的电源电路 178
8.3.5 TCL-AT2565型彩色电视机中的电源电路 180

8.4 电源电路的检测 182
8.4.1 线性电源电路的检测方法 182
8.4.2 开关电源电路的检测方法 184

第9章 操作显示电路的识图、应用与检测 186

9.1 操作显示电路的识图 186
9.1.1 了解操作显示电路的特征 186
9.1.2 厘清操作显示电路的信号处理过程 187

9.2 操作显示电路的应用 188
9.2.1 电饭煲中的操作显示电路 188
9.2.2 微波炉中的操作显示电路 189
9.2.3 电冰箱中的操作显示电路 190
9.2.4 汽车音响中的操作显示电路 192
9.2.5 液晶电视机中的操作显示电路 194
9.2.6 洗衣机中的操作显示电路 195

9.3 操作显示电路的检测 196
9.3.1 电饭煲操作显示电路的检测方法 196
9.3.2 电磁炉操作显示电路的检测方法 198

第10章 遥控电路的识图、应用与检测 ··················200

10.1 遥控电路的识图 ··················200
10.1.1 了解遥控电路的特征 ··················200
10.1.2 厘清遥控电路的信号处理过程 ··················202

10.2 遥控电路的应用 ··················203
10.2.1 空调器中的遥控电路 ··················203
10.2.2 换气扇中的遥控电路 ··················205
10.2.3 电动玩具中的遥控电路 ··················206
10.2.4 彩色电视机中的遥控电路 ··················207
10.2.5 多功能遥控电路 ··················208
10.2.6 高灵敏度遥控电路 ··················209
10.2.7 高性能红外遥控电路 ··················210
10.2.8 红外遥控开关电路 ··················211

10.3 遥控电路的检测 ··················212
10.3.1 遥控发射电路的检测方法 ··················212
10.3.2 遥控接收电路的检测方法 ··················213

第11章 微处理器电路的识图、应用与检测 ··················214

11.1 微处理器电路的识图 ··················214
11.1.1 了解微处理器电路的特征 ··················214
11.1.2 厘清微处理器电路的信号处理过程 ··················215

11.2 微处理器电路的应用 ··················216
11.2.1 洗衣机中的微处理器电路 ··················216
11.2.2 微波炉中的微处理器电路 ··················218
11.2.3 电冰箱中的微处理器电路 ··················219
11.2.4 空调器中的微处理器电路 ··················220
11.2.5 液晶电视机中的微处理器电路 ··················224
11.2.6 彩色电视机中的微处理器电路 ··················226

11.3 微处理器电路的检测 ··················228
11.3.1 微处理器电路三个基本工作条件的检测方法 ··················228
11.3.2 微处理器电路输入信号的检测方法 ··················231
11.3.3 微处理器电路输出信号的检测方法 ··················232

第12章 音频信号处理电路的识图、应用与检测 ··················234

12.1 音频信号处理电路的识图 ··················234
12.1.1 了解音频信号处理电路的特征 ··················234
12.1.2 厘清音频信号处理电路的信号处理过程 ··················236

12.2 音频信号处理电路的应用 ··················238
12.2.1 影碟机中的音频信号处理电路 ··················238
12.2.2 彩色电视机中的音频信号处理电路 ··················240
12.2.3 液晶电视机中的音频信号处理电路 ··················244
12.2.4 立体声录音机中的放音信号放大电路 ··················250

12.2.5　音量控制集成电路 TC9211P 250
　　12.2.6　录音机中的录/放音电路（TA8142AP） 251
　　12.2.7　助听器电路 251
　　12.2.8　立体声音频信号前置放大电路 252
　　12.2.9　双声道音频功率放大器 252
　　12.2.10　随环境噪声变化的自动音量控制电路 253
　　12.2.11　展宽立体声效果电路 253
　12.3　音频信号处理电路的检测 254
　　12.3.1　音频信号处理电路输出端信号的检测方法 254
　　12.3.2　音频信号处理电路输入端信号的检测方法 254
　　12.3.3　音频信号处理电路工作条件的检测方法 256

第13章　小家电电路识图与检测 258

　13.1　饮水机电路的识图与检测 258
　　13.1.1　饮水机电路的识图 258
　　13.1.2　饮水机的检测 260
　13.2　电热水壶电路的识图与检测 263
　　13.2.1　电热水壶电路的识图 263
　　13.2.2　电热水壶的检测 264
　13.3　电风扇电路的识图与检测 265
　　13.3.1　电风扇电路的识图 265
　　13.3.2　电风扇的检测 267
　13.4　吸尘器电路的识图与检测 270
　　13.4.1　吸尘器电路的识图 270
　　13.4.2　吸尘器的检测 271
　13.5　电热水器电路的识图与检测 273
　　13.5.1　电热水器电路的识图 273
　　13.5.2　电热水器的检测 276
　13.6　加湿器电路的识图与检测 278
　　13.6.1　加湿器电路的识图 278
　　13.6.2　加湿器的检测 280
　13.7　空气净化器电路的识图与检测 283
　　13.7.1　空气净化器电路的识图 283
　　13.7.2　空气净化器的检测 287

第14章　厨房电器电路识图与检测 288

　14.1　电饭煲电路的识图与检测 288
　　14.1.1　电饭煲加热控制电路的识图与检测 288
　　14.1.2　电饭煲保温控制电路的识图与检测 290
　14.2　微波炉电路的识图与检测 291
　　14.2.1　微波炉功能电路的识图与检测 291
　　14.2.2　微波炉加热控制电路的识图与检测 293
　14.3　电磁炉电路的识图与检测 298

        14.3.1 电磁炉电源电路的识图与检测……………………………………298
        14.3.2 电磁炉功率输出电路的识图与检测…………………………300
        14.3.3 电磁炉主控电路的识图与检测………………………………302
    14.4 抽油烟机电路的识图与检测………………………………………307
        14.4.1 抽油烟机电路的识图……………………………………………307
        14.4.2 抽油烟机电路的检测方法………………………………………309
    14.5 豆浆机电路的识图与检测…………………………………………310
        14.5.1 豆浆机电路的识图………………………………………………310
        14.5.2 豆浆机电路的检测方法…………………………………………314

第15章 制冷产品电路识图与检测………………………………………315

    15.1 电冰箱电路的识图与检测…………………………………………315
        15.1.1 电冰箱电源电路的识图与检测…………………………………315
        15.1.2 电冰箱控制电路的识图与检测…………………………………320
        15.1.3 电冰箱变频电路的识图与检测…………………………………325
    15.2 空调器电路的识图与检测…………………………………………330
        15.2.1 空调器电源电路的识图与检测…………………………………330
        15.2.2 空调器显示及遥控电路的识图与检测…………………………338
        15.2.3 空调器通信电路的识图与检测…………………………………342

第16章 液晶电视机电路识图与检测……………………………………346

    16.1 液晶电视机电视信号接收电路的识图与检测……………………346
        16.1.1 液晶电视机电视信号接收电路的识图…………………………346
        16.1.2 液晶电视机电视信号接收电路的检测方法……………………347
    16.2 液晶电视机数字信号处理电路的识图与检测……………………349
        16.2.1 液晶电视机数字信号处理电路的识图…………………………349
        16.2.2 液晶电视机数字信号处理电路的检测方法……………………351
    16.3 液晶电视机开关电源电路的识图与检测…………………………353
        16.3.1 液晶电视机开关电源电路的识图………………………………353
        16.3.2 液晶电视机开关电源电路的检测方法…………………………355
    16.4 液晶电视机逆变器电路的识图与检测……………………………357
        16.4.1 液晶电视机逆变器电路的识图…………………………………357
        16.4.2 液晶电视机逆变器电路的检测方法……………………………359
    16.5 液晶电视机接口电路的识图与检测………………………………361
        16.5.1 液晶电视机接口电路的识图……………………………………361
        16.5.2 液晶电视机接口电路的检测方法………………………………363

第1章
电子电路的识图步骤与识图要领

1.1 电子电路的识图技巧和理论知识要求

1.1.1 从元器件入手学识图

如图 1-1 所示,在电子产品的电路板上有不同外形、不同种类的电子元器件,其文字符号、电路图形符号及相关参数都标注在对应电子元器件的旁边。

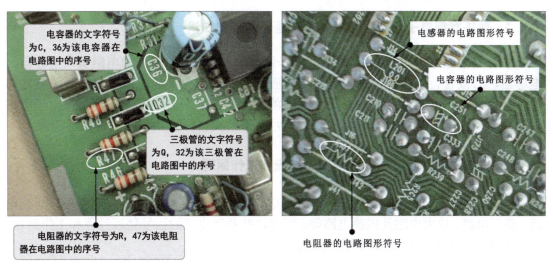

图 1-1 电路板上电子元器件的标注和电路图形符号

电子元器件是构成电子电路的基础。换句话说,任何电子电路都是由不同的电子元器件组成的。因此,了解电子元器件的基础知识,掌握不同电子元器件在电路图中的电路图形符号及其基本功能是电子电路识图的第一步。这就相当于在读文章之初,必须先识字,只有掌握常用文字的写法和所表达的含义,才能进一步读懂文章。

1.1.2 从单元电路入手学识图

单元电路就是由常用电子元器件、简单电路及基本放大电路构成的可以实现基本功能的电路,是整机电路中的单元模块,如串/并联电路、RC 电路、LC 电路、放大器及振荡器等。

如果说电路图形符号在整机电路中相当于一篇文章中的文字,那么单元电路就是文章中的一个段落。简单电路和基本放大电路是构成段落的词组或短句。因此从电源电路入手,了解简单电路、基本放大电路的结构、功能、使用原则及应用注意事项对于电子电路识图非常有帮助。

1.1.3　从整机电路入手学识图

电子产品的整机电路是由许多单元电路构成的。在了解单元电路的结构和工作原理的同时，弄清电子产品整机电路所实现的功能及各单元电路之间的关联非常重要，如在影音产品中包含音频、视频、供电及各种控制等多种信号，如果不注意各单元电路之间的关联，单从某一个单元电路入手很难弄清影音产品的结构信号走向。因此，从整机电路入手、找出关联、厘清顺序是最终读懂电子电路图的关键。

1.1.4　电子电路识图的理论知识要求

学习电子电路识图不仅要掌握一些规律、技巧和方法，还要具备一些扎实的理论基础知识才能够快速看懂电子电路图。

1. 熟练掌握电子电路中常用电子元器件的基础知识

学习电子电路识图需熟练掌握常用电子元器件的基础知识，如电阻器、电容器、电感器、二极管、三极管、晶闸管、场效应管、变压器及集成电路等，充分了解它们的种类、特征、电路图形符号及在电路中的功能等，根据这些电子元器件在电子电路中的功能，了解哪些参数会对电子电路的性能产生什么样的影响。

2. 熟练掌握基础电路的信号处理过程和工作原理

由几个电子元器件构成的基础电路是电子电路的最小单元，如整流电路、滤波电路、稳压电路、放大电路及振荡电路等，掌握这些基础电路的信号处理过程和工作原理，才有可能进一步看懂较复杂的电子电路。

3. 熟悉电子电路中的相关图形和符号

熟悉电子电路中的相关图形和符号，如接地、短路、断路图形符号，单电源电路、双电源电路、信号通道等，通过基本图形和符号了解电路各部分之间如何关联、如何形成回路等。

1.2　电路原理图的识图步骤和识图要领

1.2.1　整机电路原理图的识图步骤和识图要领

若要识读整机电路原理图，首先要了解整机电路原理图的构成，再分别了解各个单元电路的结构，最后将各个单元电路相互连接起来，并读懂整机电路原理图的信号变换过程，即可完成识图。

整机电路原理图是由基础单元电路经过一定的方式连接起来构成的，是最重要的电子电路，可根据连接关系了解各个单元电路之间的信号流程及信号变换过程。

整机电路原理图的识图步骤和识图要领如下。

① 了解电子产品的功能。电子产品的电路图是为了实现产品的功能而设计的，弄清整体功能和主要技术指标，便可以在宏观上对电路图有一个基本的认识。

电子产品的功能可以根据名称了解，如收音机的功能是接收电台发出的信号，经处理后将信号还原并播放声音；电风扇的功能是将电能转换为驱动扇叶转动的机械能。

② 找到整机电路图的总输入端和总输出端。整机电路原理图一般是按照信号处理流程进行绘制的，按照一般人的读书习惯，通常将总输入端画在左侧，信号处理是中间的主要部分，总输出端画在右侧。因此，在分析整机电路原理图时，可先找出整机电路原理图的总输入端和总输出端，即可判断出整机电路原理图的信号处理流程。

③ 以主要元器件为核心将整机电路原理图"化整为零"。在掌握整机电路原理图信号流程的基础上，以主要元器件为核心将整机电路图划分成一个一个的功能单元电路，再通过基础电路分析功能单元电路。

④ 综合各个功能单元电路的分析结果，"聚零为整"。将功能单元电路的分析结果综合起来，即"聚零为整"，完成整机电路原理图的识读。

分析整机电路原理图，简单地说就是了解功能、找到两头、化整为零、聚零为整，用整机原理指导具体电路分析，用具体电路分析诠释整机工作原理。

下面以超外差调幅（AM）收音机为例介绍整机电路原理图的分析方法。

✵ 1. 了解 AM 收音机的功能

AM 收音机将天线接收的高频载波进行选频（调谐）、放大和混频，与本振信号相差形成固定中频的载波信号，再经中频放大和检波电路，取出调制在载波上的音频信号，经低频功率放大器驱动扬声器。AM 收音机如图 1-2 所示。

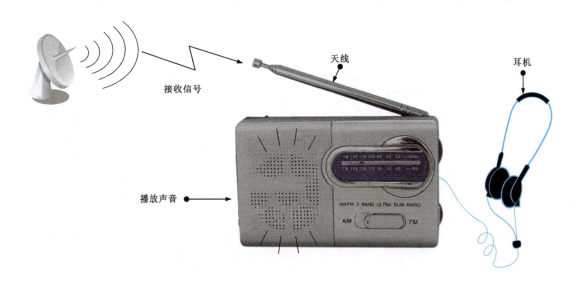

图 1-2 AM 收音机

※ 2. 找到信号的输入和输出部分，并划分整机电路原理图

图 1-3 为 AM 收音机整机电路原理图及其划分：根据电路功能找到信号的输入端；根据信号流程找到信号的输出端；根据电路中的几个核心元器件划分为五个功能单元电路。

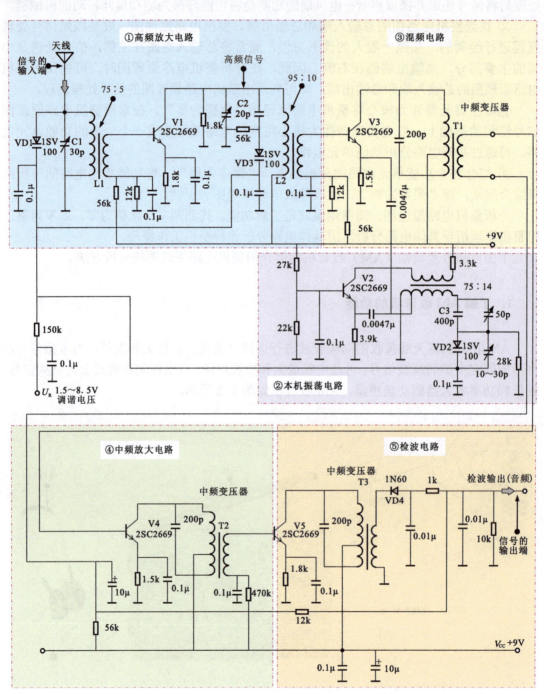

图 1-3 AM 收音机整机电路原理图及其划分

3. 详解各部分电路

（1）AM 收音机的高频放大电路

图 1-4 为 AM 收音机的高频放大电路，用于放大天线接收的微弱信号，同时还具有选频功能。

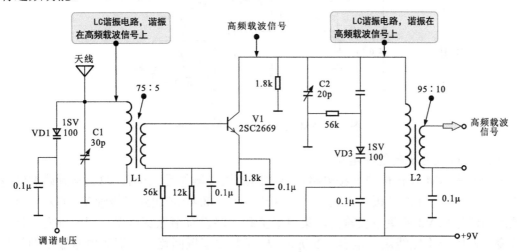

图 1-4 AM 收音机的高频放大电路

图中的核心器件是三极管 V1（高频），信号由基极输入，放大后的信号由集电极输出，并经谐振变压器耦合到混频电路。

天线接收的信号加到由 L1、C1 和 VD1 组成的谐振电路上，改变线圈 L1 的并联电容，就可以改变谐振频率。该谐振电路采用变容二极管的电调谐方式。变容二极管 VD1 在电路中相当于一个电容，电容量随加在其上的反向电压变化，改变电压，就可以改变谐振频率。此外，高频放大电路输出变压器一次侧线圈的并联电容也使用变容二极管 VD3，与 VD1 同步变化。C1 和 C2 是微调电容器，能微调谐振频率。

高频放大电路的直流通路如下：

① +9V 经变压器线圈 L2 为三极管 V1 的集电极提供直流偏压；

② +9V 经 56kΩ 电阻与 12kΩ 电阻分压形成直流电压，经高频输入变压器二次侧线圈为三极管 V1 的基极提供直流偏压；

③ 三极管 V1 发射极连接的电阻 1.8kΩ 作为电流负反馈元器件，用于稳定三极管 V1 的直流工作点，与 1.8kΩ 电阻并联的 0.1μF 电容为去耦电容，可消除放大电路的交流负反馈，提高交流信号的增益。

（2）AM 收音机的本机振荡电路

图 1-5 为 AM 收音机的本机振荡电路。该电路采用变压器耦合方式，形成正反馈电路。其振荡频率由 LC 谐振电路决定，在 LC 谐振电路中也采用变容二极管（VD2），将调谐电压加到变容二极管 VD2 的负端，使变容二极管的结电容与高频放大电路中的谐振频率同步变化。改变调谐电压，VD2 的结电容会随之变化，本振信号频率也会变化。当谐振频率增加时，本振信号频率也同步增加，使高频载波与本振信号频率始终相差 465kHz。中频信号的频率为 465kHz。

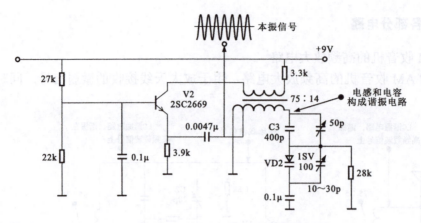

图 1-5 AM 收音机的本机振荡电路

（3）AM 收音机的混频电路

图 1-6 是 AM 收音机的混频电路。该电路的核心器件是三极管 V3。高频载波经变压器耦合后加到 V3 的基极。本振信号经耦合电容 0.0047μF 加到三极管 V3 的发射极。混频后的信号由 V3 的集电极输出。集电极负载电路设有谐振变压器，即中频变压器。中频变压器的一次侧线圈与电容（200pF）构成并联谐振回路，从混频电路输出的信号中选出中频（465kHz）信号，送往中频变压器。

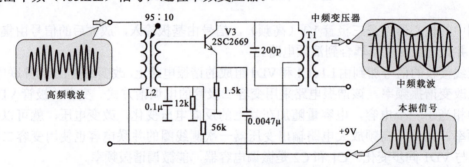

图 1-6 AM 收音机的混频电路

（4）AM 收音机的中频放大电路

图 1-7 是 AM 收音机的中频放大电路，输入电路和输出电路都采用变压器耦合方式。中频放大电路的主体是三极管 V4，中心频率被调整到 465kHz，可以有效排除其他信号的干扰和噪声。

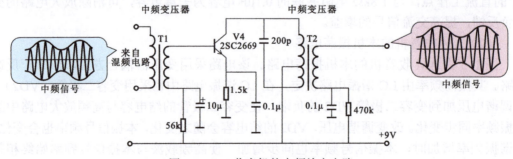

图 1-7 AM 收音机的中频放大电路

（5）AM 收音机的检波电路

图 1-8 为 AM 收音机的检波电路。检波电路与中频放大电路连接，V5 是中频放大电路的放大三极管。经 V5 放大后的中频载波信号由中频变压器 T3 选频，再由 T3 的二次侧线圈将中频载波信号送到检波电路。检波电路中的二极管 VD4 将中频载波信号的负极性部分检出，再经 RC 低通滤波器滤除载波信号的中高频成分，取出低频音频信号输出。

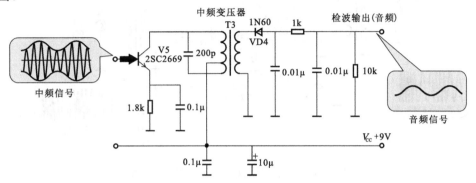

图 1-8 AM 收音机的检波电路

1.2.2 单元电路原理图的识图步骤和识图要领

电子产品的整机电路原理图是由很多单元电路原理图组成的。例如，收音机的整机电路原理图是由高频放大电路、本机振荡电路、混频电路、中频放大电路、检波电路、低频放大电路等部分构成的；录音机的整机电路原理图是由话筒信号放大电路、录音均衡放大电路、偏磁/消磁振荡电路、放音均衡放大电路、音频功率放大电路等部分构成的。要熟悉电子产品的电路结构和工作原理，就应首先看懂组成整机电路原理图的单元电路原理图。

单元电路原理图的识图步骤和识图要领如下。

1. 分析直流供电过程

电子产品在工作时一般都离不开电源供电，识图时，可首先分析直流电压供给电路，将电路图中的所有电容器看成开路（电容器具有隔直特性），将所有电感器看成短路（电感器具有通直特性），如图 1-9 所示。

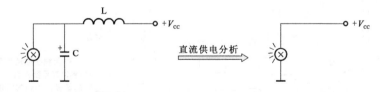

图 1-9 直流电压供给电路的识图方法

2. 分析交流信号的传输过程

分析交流信号的传输过程就是了解交流信号如何从输入端传输到输出端，以及在传输过程中经过的放大、衰减、变换等处理过程。

3. 通过了解核心元器件在电路中的功能完成识图

核心元器件的功能是看懂电路原理图的关键。
图1-10为典型调频收音机的中频放大电路。

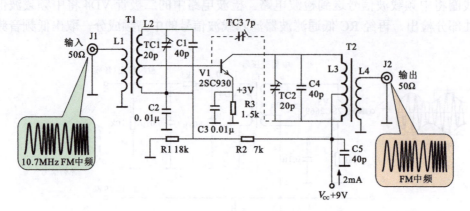

图1-10 典型调频收音机的中频放大电路

典型调频收音机中频放大电路的识图方法如图1-11所示。

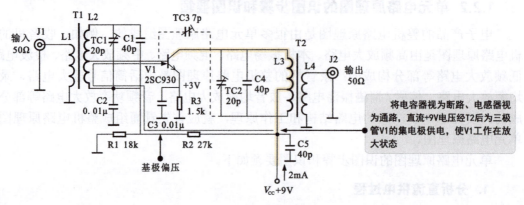

（a）分析直流供电过程

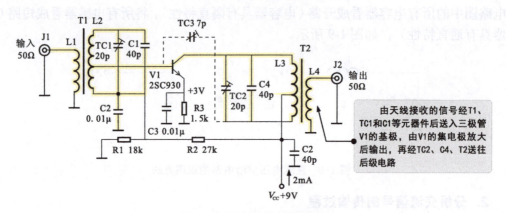

（b）分析交流信号的传输过程

图1-11 典型调频收音机中频放大电路的识图方法

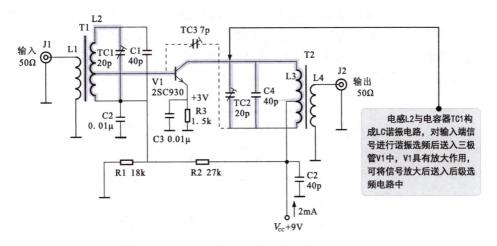

（c）核心元器件的功能

图 1-11 典型调频收音机中频放大电路的识图方法（续）

图 1-11 是由电阻器、电容器、变压器、三极管构成的单元电路。识图时，注意到三极管 V1 是该电路的核心元器件，即可初步判断该电路具有信号放大作用。

1.3 框图的识图步骤和识图要领

整机电路原理图是由多个单元电路原理图构成的。了解整机电路的结构和工作原理，首先要了解整机电路的构成，再分别了解各个单元电路的结构，最后将各个单元电路连接起来，弄清信号的变换过程。通过框图了解整机电路的结构、信号流程和工作原理非常方便。

框图的识图步骤和识图要领如下。

1. 分析信号传输过程

了解整机电路的信号传输过程主要是看框图中的箭头指向。箭头所指的路径表示信号传输的路径，箭头的方向指出信号的传输方向。

2. 熟悉整机电路的构成

通过框图可以直观了解整机电路各个单元电路之间的相互关系，即相互之间是如何连接的，特别是在控制电路中，可以了解控制信号的传输过程、控制信号的来源及所控制的对象。

3. 了解框图中集成电路的引脚功能

在一般情况下，可以借助集成电路的内电路框图了解引脚的功能，明确哪些是输入引脚，哪些是输出引脚，哪些是电源引脚，当引脚引线的箭头指向集成电路外部时是输出引脚，箭头指向内部时是输入引脚。

图 1-12 为典型音频功率放大电路。IC（TA8200AH）为音频功率放大集成电路，9 脚为电源引脚；左、右声道信号分别从 4 脚和 2 脚输入，则 4 脚和 2 脚为输入引脚；信号经 TA8200AH 处理后，由 7 脚和 12 脚输出，则 7 脚和 12 脚为输出引脚；1 脚、3 脚、5 脚和 10 脚为接地引脚，6 脚、8 脚、11 脚为空脚。

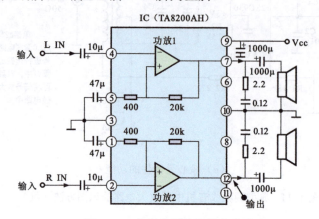

图 1-12　典型音频功率放大电路

调谐器和中频放大电路框图的识图方法如图 1-13 所示。

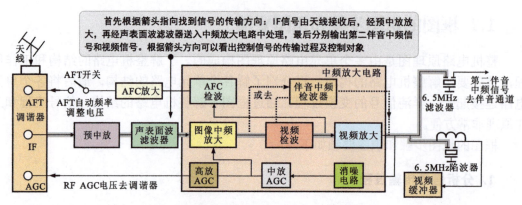

(a) 分析信号传输过程及单元电路之间的关系

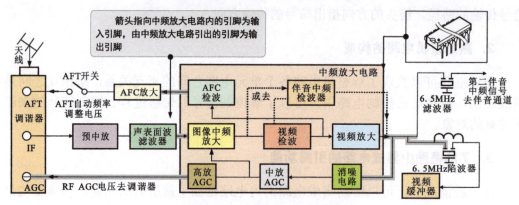

(b) 分析集成电路的输入和输出引脚

图 1-13　调谐器和中频放大电路框图的识图方法

> **资料与提示**
>
> 在分析整机电路的工作原理或集成电路的应用电路之前，首先分析该电路的框图是有必要的。在几种框图中，整机框图是最重要的框图，应对其表达的电路关系、信号传输路径熟记于心，对分析具体电路、寻找故障检测点、推断故障部位是十分重要的。

1.4 元器件分布图的识图步骤和识图要领

元器件分布图标明了各个元器件在电路板上的位置。识图时，首先要了解元器件的外形特征，再分别建立主要元器件之间的连接关系，最后了解各个元器件的功能和相关信号的检测部位。

元器件分布图的识图步骤和识图要领如下。

1. 找到主要元器件和集成电路

在元器件分布图中，元器件的位置和标识都与实物图对应，可以很方便地找到主要元器件和集成电路。

2. 找出主要元器件的对应连接关系

在电子产品的电路板上，各个元器件是根据元器件分布图对应焊接的，因此元器件分布图与实物图完全对应。

手机电路板元器件分布图的识图方法如图 1-14 所示。

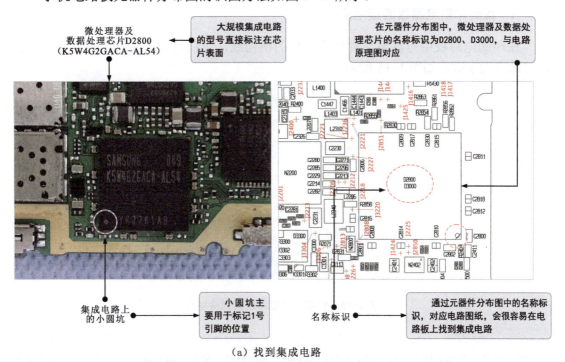

（a）找到集成电路

图 1-14 手机电路板元器件分布图的识图方法

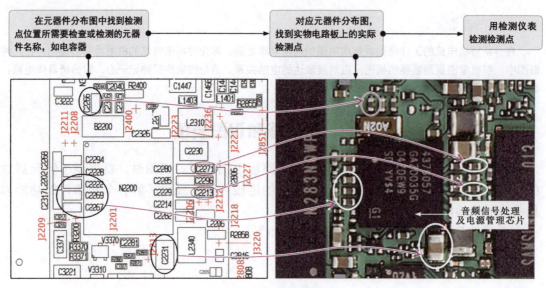

(b) 找出较小元器件

图 1-14 手机电路板元器件分布图的识图方法（续）

1.5 印制电路板的识图步骤和识图要领

由于印制电路板从整体上看比较"杂乱无章"，因此印制电路板的识图步骤和识图要领如下。

1. 找到印制电路板的接地点

在印制电路板中可以明显看到大面积的铜箔线，可以将其作为接地点，检测时都以接地点为基准，如图 1-15 所示。

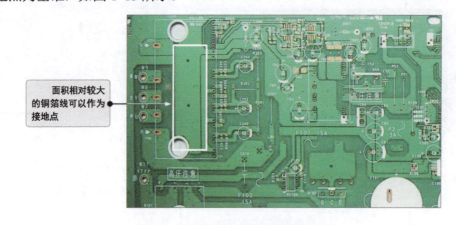

图 1-15 根据印制电路板找到接地点

资料与提示

同一电子产品中各块电路板之间的地线是相通的，当电路板之间的连接插件没有接通时，地线也是不相通的。如果地线不相通，则检测结果就会出现错误。

2. 找到印制电路板的线路走向

找出印制电路板上的元器件与铜箔线的连接情况、铜箔线的走向是识图时的必要步骤。图1-16为在印制电路板上铜箔线与元器件的连接情况。

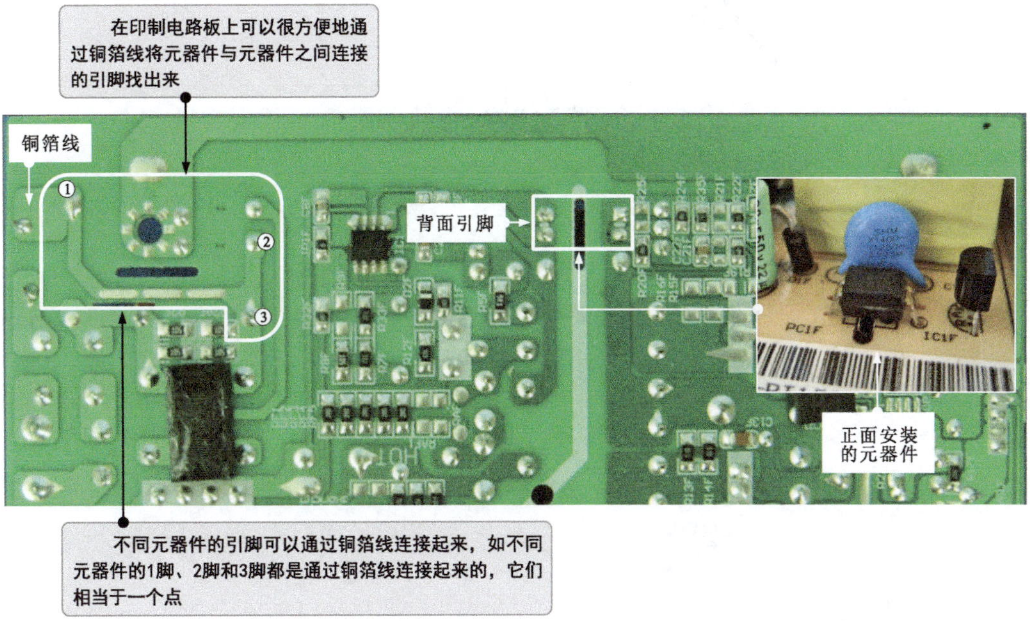

图 1-16 在印制电路板上铜箔线与元器件的连接情况

资料与提示

若因印制电路板的制作工艺或本身工艺的特点，在观察印制电路板的连接走向不明显时，用灯照着有铜箔线的一面，就可以清晰、方便地观察到铜箔线与元器件的连接情况。

1.6 装配图的识图步骤和识图要领

看懂装配图是组装技术人员必备的能力，在设计、装配、安装、调试及技术交流时都要用到装配图。识图时，首先要认识各个元器件，其次要了解各个元器件的功能，最后要找出各个元器件的装配关系。

装配图的识图步骤和识图要领如下。

1. 找到典型元器件

装配图是用于组装元器件的简图，只有掌握各个元器件的结构和外形，才可以很快找到典型元器件的组装位置。

2. 装配典型元器件

装配图最重要的作用是将"零散"的元器件连接到一起，完成整机的装配，所以正确组装元器件需要遵循整机装配图中的装配关系。

收音机的结构主要是由印制电路板和机械传动部件组成的。机械传动部件的装配图如图 1-17 所示。

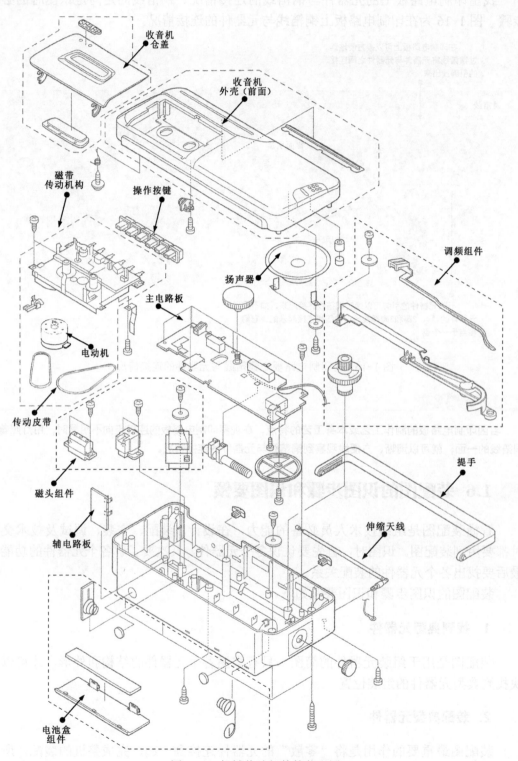

图 1-17 机械传动部件的装配图

图 1-18 为收音机操作按键及电路板的装配关系。

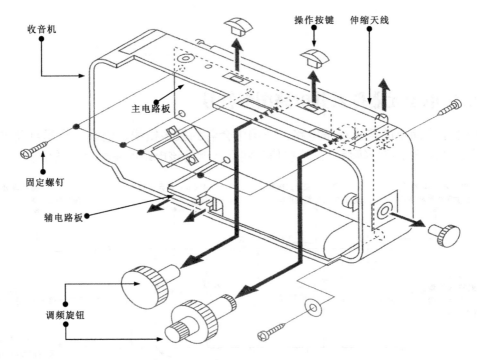

图 1-18　收音机操作按键及电路板的装配关系

图 1-19 为收音机调频显示部件装配图。

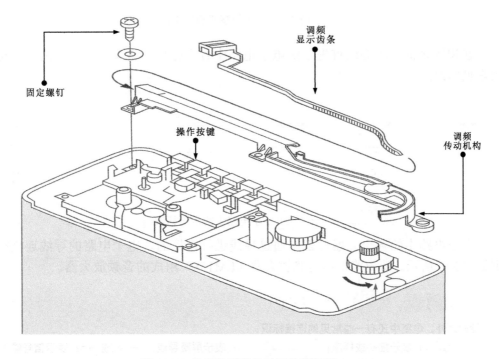

图 1-19　收音机调频显示部件装配图

第2章 电子电路中的电路图形符号

2.1 电子元器件及其电路图形符号

图 2-1 为简单的整流稳压电路。在图中会看到很多横线、竖线、小黑点及电路图形符号、电路文字符号等信息。这些信息实际上就是该电路的重要"识图信息"。

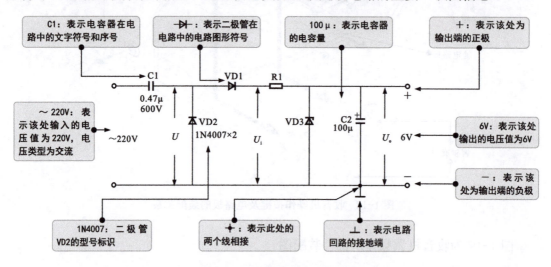

图 2-1 简单的整流稳压电路

在识图之前,我们应首先了解电子电路中各个标识的含义。图 2-2 为电子电路中的常见标识。

图 2-2 电子电路中的常见标识

电子电路中的各个元器件都是通过导线进行连接的。电子电路的导线连接标识规则如图 2-3 所示。该电路是由运算放大器(LM158)组成的音频放大器。

> **资料与提示**
>
> 除此之外,电路中还有一些常见的连接标识:
> ——⊙——:表示插头或插座; ——◠——:表示屏蔽导线; ——≪—或—⊷—:表示信号输入端;
> ——≫—或—⊶—:表示信号输出端; ——≪≫—或—⊷⊶—:表示信号输入/输出端。

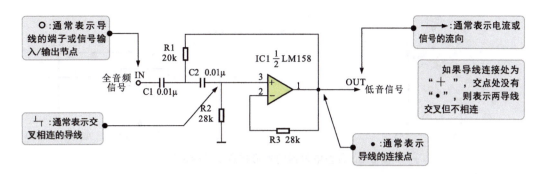

图 2-3　电子电路的导线连接标识规则

图 2-4 为袖珍收音机电路图中的电路图形符号与实物对应关系。不同的电子元器件都有标准统一的电路图形符号和文字标识信息。这些电子元器件也是组成电子电路的主要部分。建立电路图中电子元器件电路图形符号与实物的对应关系、知晓各种电子元器件的特点是看懂电子电路图的关键环节。

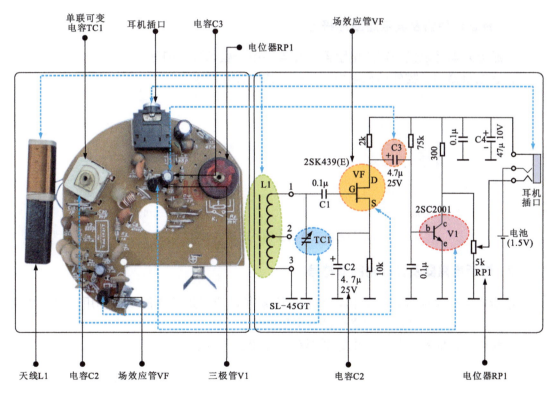

图 2-4　袖珍收音机电路图中的电路图形符号与实物对应关系

可以看到，不同的电子元器件在电子电路中都有不同的电路图形符号和文字标识。

2.1.1　电阻器及其电路图形符号

电阻器简称电阻，是对电流可产生阻碍作用的电子元器件，是电子电路中最基本、最常用的电子元器件之一。图 2-5 为典型电阻器的外形特点及其标识信息。

17

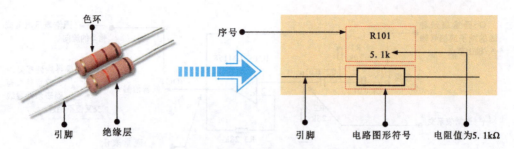

图 2-5 典型电阻器的外形特点及其标识信息

> **资料与提示**
>
> 电路图形符号标明电阻器的类型；引脚由电路图形符号两端伸出，与电路连通，构成电路；标识信息通常提供电阻器的类别、序号及电阻值等参数信息。

电阻器的种类多样，功能各异。不同类型的电阻器有不同的电路图形符号和文字标识。

1. 普通电阻器及其电路图形符号

普通电阻器是阻值固定的电阻器，在电路中一般起限流和分压作用。

普通电阻器的实物外形和电路图形符号如图 2-6 所示。

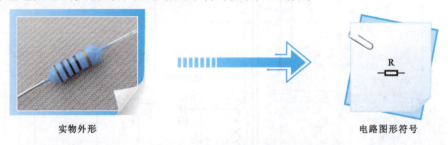

图 2-6 普通电阻器的实物外形和电路图形符号

2. 熔断电阻器及其电路图形符号

熔断电阻器又叫保险电阻器，具有电阻器和过流保护熔断的双重作用，可在电流较大的情况下熔断，从而保护整个设备不受损坏。

熔断电阻器的实物外形和电路图形符号如图 2-7 所示。

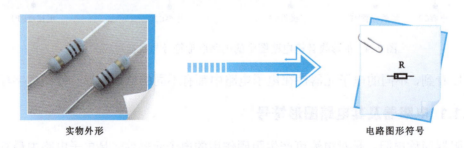

图 2-7 熔断电阻器的实物外形和电路图形符号

3. 熔断器及其电路图形符号

熔断器又称保险丝，阻值接近于零，是一种安装在电路中，保证电路安全运行的元器件。它会在电流异常升高时，通过自身熔断切断电路，从而起到保护电路安全运行的作用。

熔断器的实物外形和电路图形符号如图2-8所示。

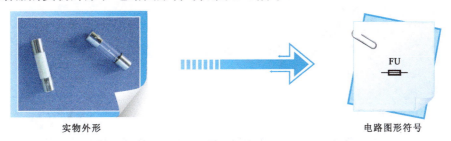

图2-8　熔断器的实物外形和电路图形符号

4. 可调电阻器及其电路图形符号

可调电阻器也被称为电位器。其阻值可以在人为作用下在一定范围内变化，使电路中的相关参数发生变化，起到调节作用。

可调电阻器（电位器）的实物外形和电路图形符号如图2-9所示。

图2-9　可调电阻器的实物外形和电路图形符号

5. 热敏电阻器及其电路图形符号

热敏电阻器是阻值随温度变化而变化的电阻器。热敏电阻器有正温度系数（PTC）热敏电阻器和负温度系数（NTC）热敏电阻器。正温度系数热敏电阻器的阻值随温度的升高而升高，随温度的降低而降低；负温度系数热敏电阻器的阻值随温度的升高而降低，随温度的降低而升高。

热敏电阻器的实物外形和电路图形符号如图2-10所示。

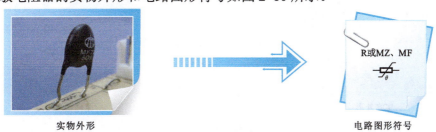

图2-10　热敏电阻器的实物外形和电路图形符号

6. 光敏电阻器及其电路图形符号

光敏电阻器是对光敏感的电阻器。其阻值随光照强度的变化而变化,在一般情况下,当入射光线增强时,阻值明显减小;当入射光线减弱时,阻值显著增大。

光敏电阻器的实物外形和电路图形符号如图2-11所示。

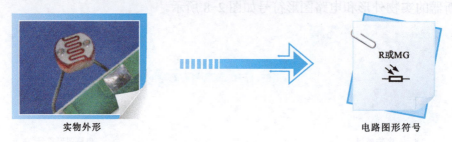

图 2-11　光敏电阻器的实物外形和电路图形符号

7. 湿敏电阻器及其电路图形符号

湿敏电阻器的阻值随周围环境湿度的变化而变化,一般为湿度越大,阻值越小。

湿敏电阻器的实物外形和电路图形符号如图2-12所示。

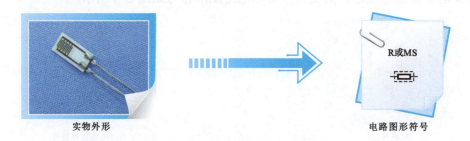

图 2-12　湿敏电阻器的实物外形和电路图形符号

8. 气敏电阻器及其电路图形符号

气敏电阻器是利用金属氧化物半导体表面在吸收某种气体时,发生氧化反应或还原反应而使电阻值改变的特性制成的电阻器。

气敏电阻器的实物外形和电路图形符号如图2-13所示。

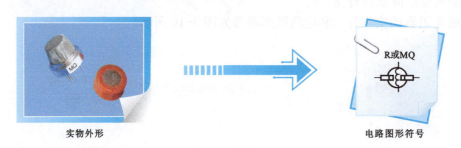

图 2-13　气敏电阻器的实物外形和电路图形符号

9. 压敏电阻器及其电路图形符号

压敏电阻器是当外加电压施加到某一临界值时，电阻值急剧变小的电阻器。在实际应用中，压敏电阻器常用作过压保护器件。

压敏电阻器的实物外形和电路图形符号如图 2-14 所示。

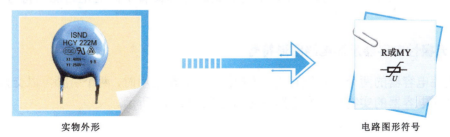

图 2-14　压敏电阻器的实物外形和电路图形符号

10. 排电阻器及其电路图形符号

排电阻器（简称排阻）是将多个分立电阻器按照一定规律排列的组合型电阻器，也称集成电阻器或电阻器网络。

排电阻器的实物外形和电路图形符号如图 2-15 所示。

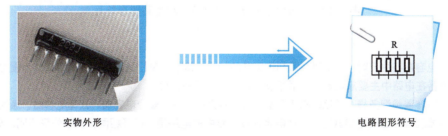

图 2-15　排电阻器的实物外形和电路图形符号

2.1.2　电容器及其电路图形符号

电容器简称电容，是可储存电能的元器件（储能元器件），与电阻器一样，几乎所有的电子电路中都有电容器，是十分常见的电子元器件之一。

图 2-16 为典型电容器的外形特点及其标识信息。

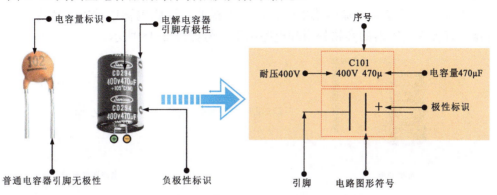

图 2-16　典型电容器的外形特点及其标识信息

> **资料与提示**
>
> 电路图形符号标明电容器的类型；引脚由电路图形符号两端伸出，与电路连通，构成电路；极性标识表明引脚极性，标识信息通常提供电容器的类别、序号及电容量等参数信息。

电容器的种类多样，功能各异。不同类型的电容器有不同的电路图形符号和文字标识。

1. 无极性电容器及其电路图形符号

无极性电容器的两个引脚没有正、负极性之分，在使用时，两个引脚可以交换连接。无极性电容器的实物外形和电路图形符号如图 2-17 所示。

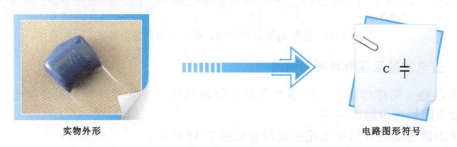

图 2-17 无极性电容器的实物外形和电路图形符号

> **资料与提示**
>
> 无极性电容器在生产时，由于材料和制作工艺的特点，其电容量已经固定，因此也称其为固定电容器。无极性电容器在电路中主要起耦合、平滑滤波、移相、谐振等作用。
>
> 无极性电容器类型多样，常见的有色环电容器、纸介电容器、瓷介电容器、云母电容器、涤纶电容器、玻璃釉电容器及聚苯乙烯电容器等。这些电容器在电路中的电路图形符号相同，实物外形不同，分别具有不同的特征。

2. 有极性电容器及其电路图形符号

有极性电容器的两个引脚有明确的正、负极性之分，在使用时，两个引脚的极性不可接反。常见的有极性电容器多为电解电容器，按材料不同，可分为铝电解电容器和钽电解电容器。

有极性电容器能够滤除电路中的杂波或干扰波，因此也称这种电容器为平滑滤波电容器。有极性电容器的实物外形和电路图形符号如图 2-18 所示。

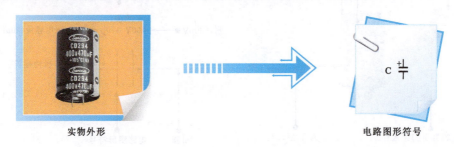

图 2-18 有极性电容器的实物外形和电路图形符号

3. 微调电容器及其电路图形符号

微调电容器又叫半可调电容器。这种电容器的电容量调节范围小，一般为 5～45 pF。微调电容器的主要功能是微调调谐电路中的谐振频率，主要用于收音机的调谐电路中。

微调电容器的实物外形和电路图形符号如图 2-19 所示。

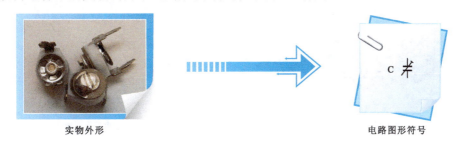

图 2-19 微调电容器的实物外形和电路图形符号

4. 单联可调电容器及其电路图形符号

单联可调电容器的实物外形和电路图形符号如图 2-20 所示。

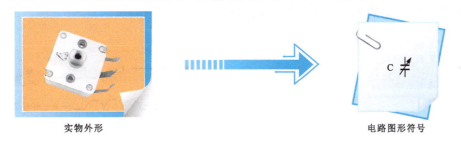

图 2-20 单联可调电容器的实物外形和电路图形符号

资料与提示

单联可调电容器由相互绝缘的两组金属铝片组成，一组为动片，一组为定片，中间用空气作为介质，因此也称其为空气可变电容器，通过调节单联可调电容器上的转轴带动动片转动，可以改变定片与动片的相对位置，使电容量相应变化，多用于调谐电路中。

5. 双联可调电容器及其电路图形符号

双联可调电容器可以简单理解为由两个单联可调电容器组合而成，调节时，双联可调电容器同步变化，多应用于调谐电路中。

双联可调电容器的实物外形和电路图形符号如图 2-21 所示。

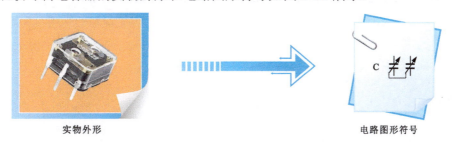

图 2-21 双联可调电容器的实物外形和电路图形符号

✵ 6. 四联可调电容器及其电路图形符号

四联可调电容器包含四个单联可同步调节的电容器,每个电容器都各自附带一个用于微调的补偿电容,一般在可调电容器的背部可以看到。

四联可调电容器的实物外形和电路图形符号如图2-22所示。

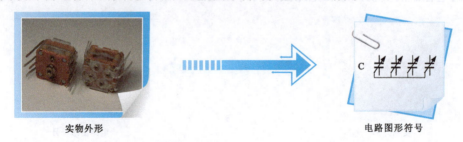

图2-22 四联可调电容器的实物外形和电路图形符号

2.1.3 电感器及其电路图形符号

电感器也称电感元器件,属于储能元器件,可以把电能转换成磁能并储存起来。图2-23为典型电感器的外形特点及其标识信息。

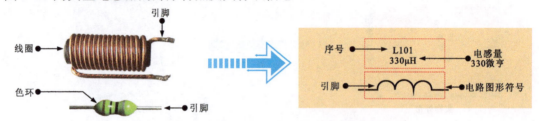

图2-23 典型电感器的外形特点及其标识信息

> **资料与提示**
>
> 电路图形符号标明电感器的类型;引脚由电路图形符号两端伸出,与电路连通,构成电路;标识信息通常提供电感器的类别、序号及电感量等参数信息。

电感器的种类多样,功能各异,不同类型的电感器有不同的电路图形符号和文字标识。

✵ 1. 普通电感器及其电路图形符号

普通电感器又称固定电感器,主要有色环电感器和色码电感器,主要用于分频、滤波和谐振。普通电感器的实物外形和电路图形符号如图2-24所示。

图2-24 普通电感器的实物外形和电路图形符号

2. 带磁芯电感器及其电路图形符号

带磁芯电感器包括磁棒电感器和磁环电感器，主要用于分频、滤波和谐振。带磁芯电感器的实物外形和电路图形符号如图 2-25 所示。

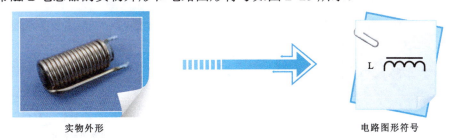

图 2-25　带磁芯电感器的实物外形和电路图形符号

3. 微调电感器及其电路图形符号

微调电感器是可以对电感量进行细微调节的电感器，具有滤波、谐振功能。微调电感器的实物外形和电路图形符号如图 2-26 所示。

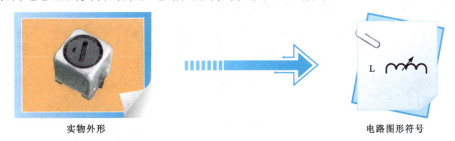

图 2-26　微调电感器的实物外形和电路图形符号

2.1.4 二极管及其电路图形符号

二极管是常用的半导体元器件，是由一个 P 型半导体和 N 型半导体形成 PN 结后，在 PN 结两端引出相应的电极引线，再加上管壳密封制成的。

图 2-27 为典型二极管的外形特点及其电路标识信息。

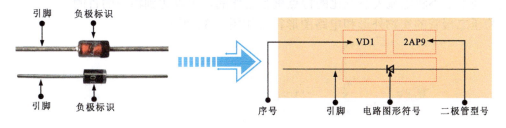

图 2-27　典型二极管的外形特点及其标识信息

> **资料与提示**
>
> 电路图形符号标明二极管的类型；引脚由电路图形符号两端伸出，与电路连通，构成电路；标识信息通常提供二极管的类别、序号及型号等参数信息。

二极管的种类多样，功能各异，不同类型的二极管有不同的电路图形符号和文字标识。

1. 整流二极管及其电路图形符号

整流二极管是具有整流作用的二极管，可将交流整流为直流，主要用在整流电路中。整流二极管的实物外形和电路图形符号如图 2-28 所示。

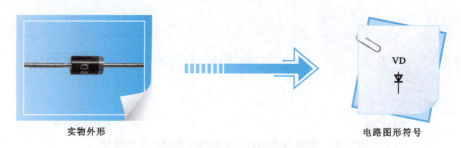

图 2-28　整流二极管的实物外形和电路图形符号

资料与提示

在实际应用中，常见的二极管还有检波二极管、开关二极管、快恢复二极管。这些二极管的外形及电路功能与整流二极管均不同，但电路图形符号相同，如图 2-29 所示。

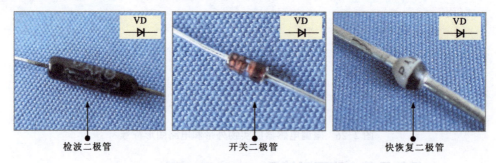

图 2-29　其他常见二极管的实物外形和电路图形符号

2. 稳压二极管及其电路图形符号

稳压二极管是单向击穿二极管，利用 PN 结在反向击穿时，其两端电压固定在某一数值，基本上不随电流大小变化的特点进行工作的，可以达到稳压的目的。

稳压二极管的实物外形和电路图形符号如图 2-30 所示。

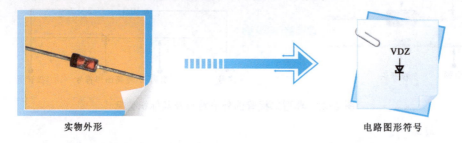

图 2-30　稳压二极管的实物外形和电路图形符号

3. 发光二极管及其电路图形符号

发光二极管在正向偏置时，可由 PN 结两侧的多数载流子直接复合释放光能。发光二极管简称 LED，常用作显示器件或光源。

发光二极管的实物外形和电路图形符号如图 2-31 所示。

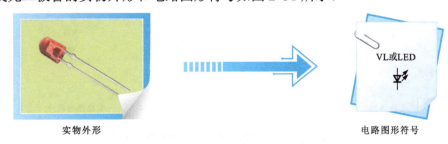

图 2-31　发光二极管的实物外形和电路图形符号

4. 光敏二极管及其电路图形符号

光敏二极管又称光电二极管，当受到光照射时，随着光照射的增强，反向阻抗会由大变小。利用这一特性，光敏二极管常用作光电传感器。

光敏二极管的实物外形和电路图形符号如图 2-32 所示。

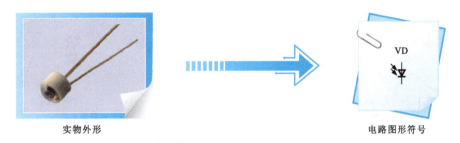

图 2-32　光敏二极管的实物外形和电路图形符号

5. 双向二极管及其电路图形符号

双向二极管又称二端交流器件（简称 DIAC），是具有三层结构的两端对称的半导体元器件，常用来触发晶闸管或用在过压保护、定时及移相电路中。

双向二极管的实物外形和电路图形符号如图 2-33 所示。

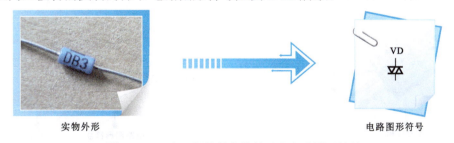

图 2-33　双向二极管的实物外形和电路图形符号

6. 变容二极管及其电路图形符号

变容二极管是利用 PN 结的电容量随外加偏压变化的特性制成的非线性半导体元器件，在电路中可当作电容器使用，多用在参量放大器、电子调谐器及倍频器等高频和微波电路中。

变容二极管的实物外形和电路图形符号如图 2-34 所示。

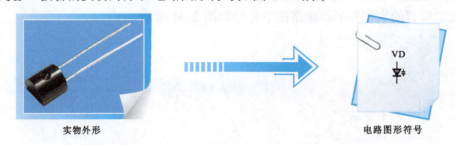

图 2-34 变容二极管的实物外形和电路图形符号

7. 热敏二极管及其电路图形符号

热敏二极管属于温度感应元器件，受环境温度的影响而通、断，在电路中起保护作用。

热敏二极管的实物外形和电路图形符号如图 2-35 所示。

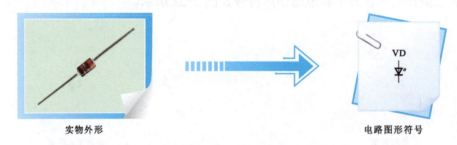

图 2-35 热敏二极管的实物外形和电路图形符号

2.1.5 三极管及其电路图形符号

三极管又称晶体管，是在一块半导体基片上制作两个距离很近的 PN 结，将整块半导体分成三部分，中间部分为基极（b），两侧部分分别为集电极（c）和发射极（e）。

图 2-36 为典型三极管的外形特点及其标识信息。

图 2-36 典型三极管的外形特点及其标识信息

> **资料与提示**
>
> 电路图形符号标明三极管的类型；引脚由电路图形符号三端伸出，与电路连通，构成电路；标识信息通常提供三极管的类别、序号及型号等参数信息。

三极管的种类多样，功能各异。不同类型的三极管有不同的电路图形符号和文字标识。

1. NPN 型三极管及其电路图形符号

NPN 型三极管的实物外形和电路图形符号如图 2-37 所示。

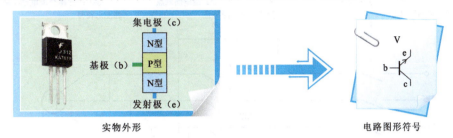

图 2-37　NPN 型三极管的实物外形和电路图形符号

2. PNP 型三极管及其电路图形符号

PNP 型三极管的实物外形和电路图形符号如图 2-38 所示。

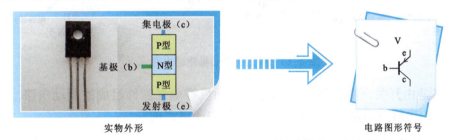

图 2-38　PNP 型三极管的实物外形和电路图形符号

> **资料与提示**
>
> NPN 型和 PNP 型两种类型的三极管在结构上的主要区别是 PN 结的排列不同。NPN 型三极管包括两个 N 区、一个 P 区；PNP 型三极管包括两个 P 区、一个 N 区。两种类型的三极管都包括三个引脚，分别为基极（b）、集电极（c）和发射极（e）。

3. 光敏三极管及其电路图形符号

光敏三极管是具有放大能力的光-电转换元器件，相比光敏二极管具有更高的灵敏度。

光敏三极管的实物外形和电路图形符号如图 2-39 所示。

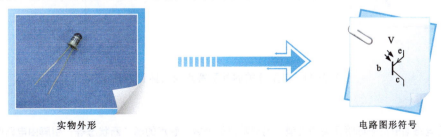

图 2-39　光敏三极管的实物外形和电路图形符号

2.2 电气部件及其电路图形符号

在电子电路中,电气部件的应用十分广泛,很多电子元器件在电路中的最终目的是实现对电气部件的驱动或控制,如常见的电动机驱动电路,如图2-40所示。

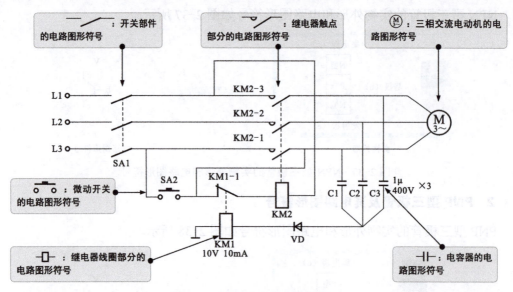

图 2-40 常见的电动机驱动电路

该电路是由开关、继电器及三相交流电动机等电气部件组成的驱动电路,熟悉常见电气部件的电路图形符号及标识信息是看懂电子电路的基础。

2.2.1 开关及其电路图形符号

开关是用于控制仪器、仪表或设备等装置的电气部件,使被控制装置在开和关两种状态下相互转换,可接通、断开或转换电路。

图2-41为典型开关的外形特点及其标识信息。

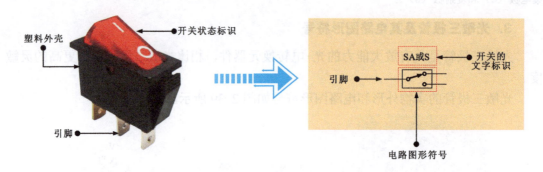

图 2-41 典型开关的外形特点及其标识信息

资料与提示

开关的电路图形符号标明开关的类型、内部触点的个数、触点的通/断状态等;引脚由电路图形符号两端伸出,与电路连通,构成电路;文字标识表明名称或序号。

开关的种类多样，不同类型的开关有不同的电路图形符号和文字标识。

1. 按钮开关及其电路图形符号

按钮开关主要通过按动按钮来控制内部触点的通 / 断，进而实现接通或断开电路的功能。

按钮开关的实物外形和电路图形符号如图 2-42 所示。

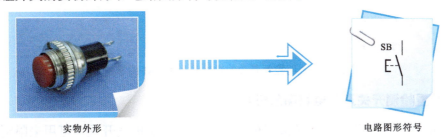

实物外形　　　　　　　　　　　　　　　电路图形符号

图 2-42　按钮开关的实物外形和电路图形符号

资料与提示

按钮开关根据触点的类型不同，可细分为常开按钮开关、常闭按钮开关及复合按钮开关等。其电路图形符号及实物图如图 2-43 所示。

常开按钮开关　　　　常闭按钮开关　　　　复合按钮开关　　　　自锁按钮开关

图 2-43　按钮开关的电路图形符号及实物图

2. 微动开关及其电路图形符号

微动开关是通过按动触头或按键来控制开关内部触点接通与断开的部件，主要应用在操作显示电路中作为人工指令输入部件。

微动开关的实物外形和电路图形符号如图 2-44 所示。

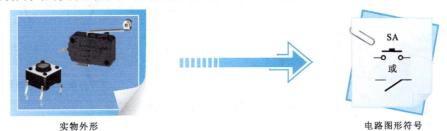

实物外形　　　　　　　　　　　　　　　电路图形符号

图 2-44　微动开关的实物外形和电路图形符号

3. 照明控制开关及其电路图形符号

照明控制开关是简单的通 / 断控制开关，根据触点个数的不同主要有一开单控开关、一开双控开关、二开双控开关等，主要应用在照明控制电路中。

照明控制开关的实物外形和电路图形符号如图 2-45 所示。

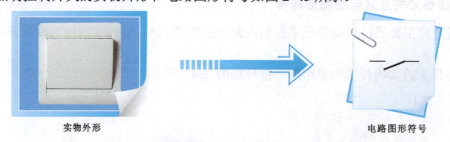

实物外形　　　　　　　　　　　　　　电路图形符号

图 2-45　照明控制开关的实物外形和电路图形符号

4. 位置检测开关及其电路图形符号

位置检测开关又称行程开关或限位开关，是小电流电气开关，可用来限制机械运动的行程或位置，使运动机械实现自动控制。

位置检测开关的实物外形和电路图形符号如图 2-46 所示。

实物外形　　　　　　　　　　　　　　电路图形符号

图 2-46　位置检测开关的实物外形和电路图形符号

2.2.2　接触器及其电路图形符号

接触器是通过电磁机构动作，频繁地接通和分断主电路的远距离操纵装置，常用作电动机供电线路的控制部件。

图 2-47 为典型接触器的外形特点及其标识信息。

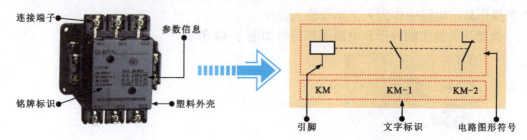

图 2-47　典型接触器的外形特点及其标识信息

资料与提示

电路图形符号标明接触器的触点个数、触点类型；文字标识的起始字母相同，表明属于同一个接触器的不同组成部分，如线圈、常开触点、常闭触点。

接触器主要有直流接触器和交流接触器，其电路图形符号和文字标识基本相同。

1. 直流接触器及其电路图形符号

直流接触器是由直流电源驱动的接触器。

直流接触器的实物外形和电路图形符号如图 2-48 所示。

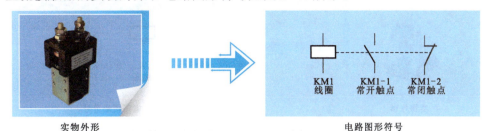

图 2-48 直流接触器的实物外形和电路图形符号

2. 交流接触器与电路图形符号

交流接触器是由交流电源驱动的接触器。

交流接触器的实物外形和电路图形符号如图 2-49 所示。

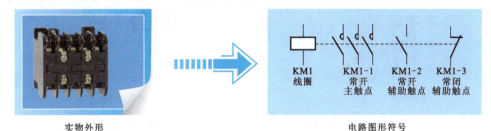

图 2-49 交流接触器的实物外形和电路图形符号

2.2.3 继电器及其电路图形符号

继电器可根据外界输入量自动控制电路的接通或断开，当输入量的变化增大到规定要求时，在电气输出电路中，被控制量会发生预定的阶跃变化。

图 2-50 为典型继电器的外形特点及其标识信息。

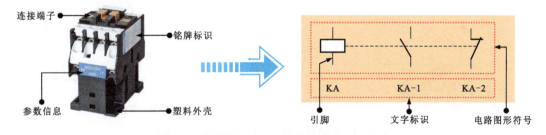

图 2-50 典型继电器的外形特点及其标识信息

资料与提示

电路图形符号标明继电器的触点个数、触点类型；文字标识的起始字母相同，表明属于同一个继电器的不同组成部分，如线圈、常开触点、常闭触点。

继电器的种类多样，不同类型的继电器有不同的电路图形符号和文字标识。

1. 电磁继电器及其电路图形符号

电磁继电器的实物外形和电路图形符号如图 2-51 所示。

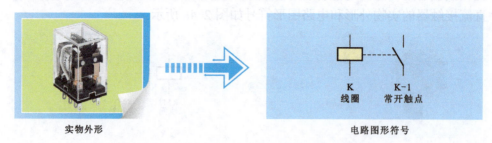

图 2-51 电磁继电器的实物外形和电路图形符号

2. 过热保护继电器及其电路图形符号

过热保护继电器的实物外形和电路图形符号如图 2-52 所示。

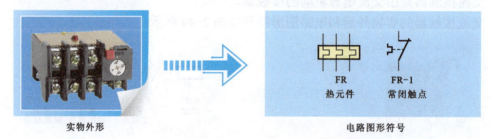

图 2-52 过热保护继电器的实物外形和电路图形符号

3. 时间继电器及其电路图形符号

时间继电器是由内部感测机构接收外界动作信号，经过一段时间后，触头才动作或输出电路产生跳跃式改变的继电器。

时间继电器的实物外形和电路图形符号如图 2-53 所示。

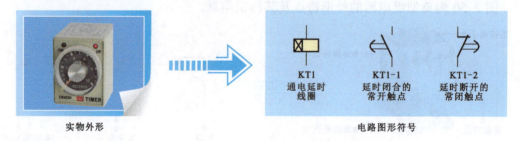

图 2-53 时间继电器的实物外形和电路图形符号

> **资料与提示**
>
> 根据触点动作状态不同，时间继电器又可细分为多种，主要体现在线圈和触点的延时状态。例如，有些时间继电器的常开触点闭合时延时，断开时立即动作；有些时间继电器的常开触点闭合时立即动作，断开时延时。
>
> 时间继电器根据在实际应用电路中的电路图形符号可判断出具体类型，如图 2-54 所示。

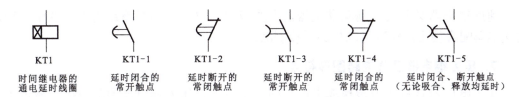

图 2-54 典型时间继电器的内部结构

4. 电压继电器及其电路图形符号

电压继电器又称零电压继电器,是按电压值的大小进行动作的继电器。电压继电器具有导线细、匝数多、阻抗大的特点。

电压继电器的实物外形和电路图形符号如图 2-55 所示。

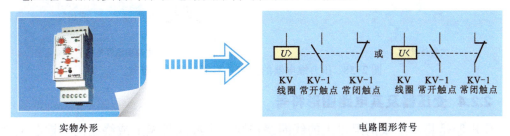

图 2-55 电压继电器的实物外形和电路图形符号

5. 电流继电器及其电路图形符号

电流继电器是在电流超过额定值时,可有延时或无延时动作,主要用在频繁启动和重载启动的场合,作为电动机和主电路的过载、短路保护。电流继电器的实物外形和电路图形符号如图 2-56 所示。

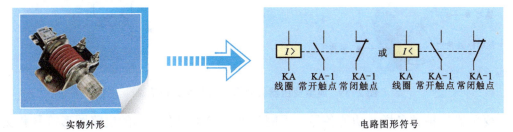

图 2-56 电流继电器的实物外形和电路图形符号

6. 速度继电器及其电路图形符号

速度继电器的实物外形和电路图形符号如图 2-57 所示。

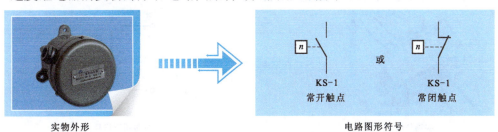

图 2-57 速度继电器的实物外形和电路图形符号

速度继电器又称反接制动继电器，主要应用在电力拖动线路或机电设备中，通过与接触器配合使用，实现电动机的反接制动。

7. 压力继电器及其电路图形符号

压力继电器是将压力转换成电信号的液压器件。压力继电器通常用在机械设备的液压或气压的控制系统中，方便对机械设备提供控制和保护的作用。

压力继电器的实物外形和电路图形符号如图2-58所示。

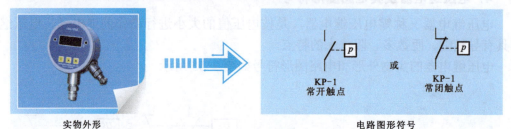

图2-58　压力继电器的实物外形和电路图形符号

2.2.4 变压器及其电路图形符号

变压器是将两组或两组以上的线圈绕在同一个线圈骨架上或绕在同一铁芯上制成的，主要用来提升或降低交流电压、变换阻抗等，是利用电磁感应原理传递电能或传输信号的一种元器件。

图2-59为典型变压器的外形特点及其标识信息。

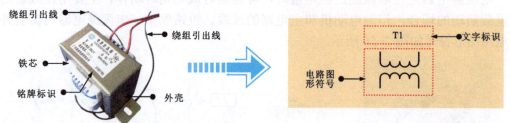

图2-59　典型变压器的外形特点及其标识信息

变压器的种类多样，功能各异。不同类型的变压器有不同的电路图形符号和文字标识。

1. 电源变压器及其电路图形符号

电源变压器的实物外形和电路图形符号如图2-60所示。

图2-60　电源变压器的实物外形和电路图形符号

> 资料与提示
>
> 电源变压器是用来改变供电电压或电流的变压器,通常用在电源电路,主要有普通降压变压器和开关变压器两种。

2. 音频变压器及其电路图形符号

音频变压器是传输音频信号的变压器,主要用于信号传输与匹配、阻抗变换等。音频变压器的实物外形和电路图形符号如图 2-61 所示。

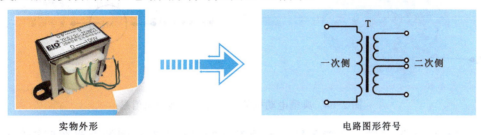

实物外形　　　　　　　　　　　　电路图形符号

图 2-61　音频变压器的实物外形和电路图形符号

3. 中频变压器及其电路图形符号

中频变压器简称中周,主要用于选频、耦合等,适用的频率一般为几千赫兹至几十兆赫兹,频率相对较高。

中频变压器的实物外形和电路图形符号如图 2-62 所示。

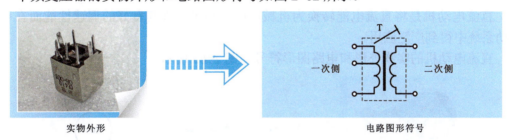

实物外形　　　　　　　　　　　　电路图形符号

图 2-62　中频变压器的实物外形和电路图形符号

4. 自耦变压器及其电路图形符号

自耦变压器是一个线圈具有多个抽头的变压器,无隔离功能,在电路中主要用于信号自耦。

自耦变压器的实物外形和电路图形符号如图 2-63 所示。

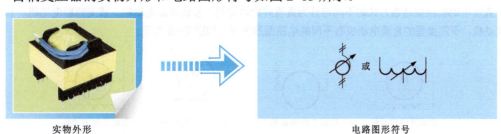

实物外形　　　　　　　　　　　　电路图形符号

图 2-63　自耦变压器的实物外形和电路图形符号

2.2.5 电动机及其电路图形符号

电动机是利用电磁感应原理将电能转换为机械能的动力部件,即将供电电源的电能转换为电动机转子转动的机械能,通过转子上转轴的转动实现各种传动功能。

图 2-64 为典型电动机的外形特点及其标识信息。

图 2-64 典型电动机的外形特点及其标识信息

电动机的种类多样,功能各异。不同类型的电动机有不同的电路图形符号和文字标识。

资料与提示

电路图形符号标明电动机的类型;文字标识表示电动机在电路中的序号。

1. 直流电动机及其电路图形符号

直流电动机是将直流电能转换为机械能的电动机,因其良好的调速性能而在电力拖动系统中得到广泛应用。

直流电动机的实物外形和电路图形符号如图 2-65 所示。

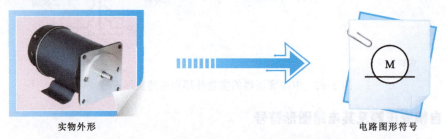

图 2-65 直流电动机的实物外形和电路图形符号

资料与提示

直流电动机根据励磁方式的不同可分为直流并励电动机、直流串励电动机、直流他励电动机、直流复励电动机。不同类型的直流电动机有不同的电路图形符号,如图 2-66 所示。

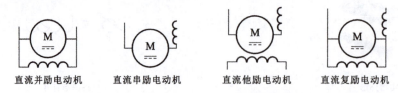

图 2-66 常见直流电动机的电路图形符号

2. 步进电动机及其电路图形符号

步进电动机的实物外形和电路图形符号如图 2-67 所示。

实物外形　　　　　　　　　　　　　　　　　　　电路图形符号

图 2-67　步进电动机的实物外形和电路图形符号

资料与提示

步进电动机是将脉冲信号转换为角位移或线位移的开环控制器件。在负载正常的情况下，步进电动机的转速、停止的位置或相位只取决于驱动脉冲信号的频率和脉冲数，不受负载变化的影响。

3. 单相交流电动机及其电路图形符号

单相交流电动机的实物外形和电路图形符号如图 2-68 所示。

实物外形　　　　　　　　　单相同步电动机的电路图形符号　　单相异步电动机的电路图形符号

图 2-68　单相交流电动机的实物外形和电路图形符号

资料与提示

单相同步电动机的转动速度与供电电源的频率保持同步，转速比较稳定。
单相异步电动机的转动速度与供电电源的频率不同步，用于转速精度要求不高的产品中。

4. 三相交流电动机及其电路图形符号

三相交流电动机的实物外形和电路图形符号如图 2-69 所示。

 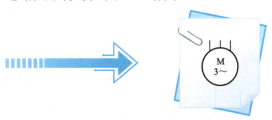

实物外形　　　　　　　　　　　　　　　　　　　电路图形符号

图 2-69　三相交流电动机的实物外形和电路图形符号

资料与提示

三相交流电动机主要是指三相异步交流电动机，是利用三相交流电源供电的电动机，供电电压一般为 380V，由静止的定子和转动的转子两部分构成。

2.3 集成电路及其电路图形符号

2.3.1 三端稳压器及其电路图形符号

三端稳压器是具有三只引脚的直流稳压集成电路，用于将输入端的直流电压稳压后输出一定值的直流电压。

图2-70为典型三端稳压器的外形特点及其标识信息。

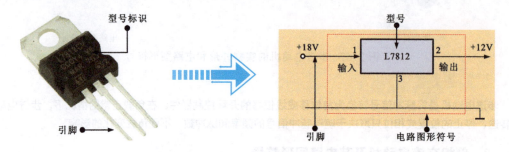

图2-70 典型三端稳压器的外形特点及其标识信息

> **资料与提示**
>
> 电路图形符号标明三端稳压器的稳压参数；引脚由电路图形符号各引脚引出，与电路连通，构成电路；标识信息通常标识三端稳压器的型号、引脚号及连接。

三端稳压器以78系列最为常见。该类三端稳压器的标识含义如图2-71所示。

图2-71 78系列三端稳压器的标识含义

> **资料与提示**
>
> 三端稳压器由多个半导体元器件、阻容元器件按照一定的电路关系连接而成。图2-72为三端稳压器的内部结构框图。

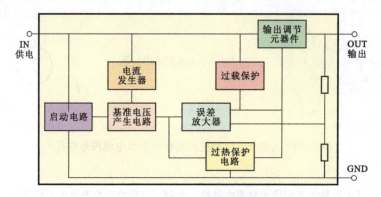

图2-72 三端稳压器的内部结构框图

2.3.2 电压比较器及其电路图形符号

电压比较器是通过两个输入端电压值的比较结果决定输出端状态的一种放大器件。当电压比较器的同相输入端电压高于反相输入端电压时,输出高电平;当反相输入端电压高于同相输入端电压时,输出低电平。

图 2-73 为典型电压比较器(LM339)的外形特点及其标识信息。

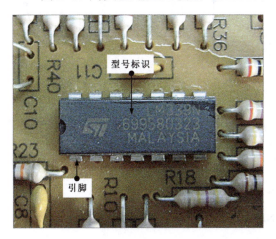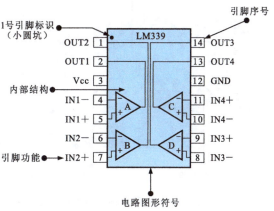

图 2-73 典型电压比较器的外形特点及其标识信息

资料与提示

电路图形符号标明电压比较器的引脚功能、引脚序号和内部结构,对照相应电路实物图可以了解电压比较器与外围元器件的连接关系。

2.3.3 音频功率放大器及其电路图形符号

音频功率放大器是用于放大音频信号输出功率的集成电路,使扬声器音圈振荡发出声音,在各种影音产品中应用十分广泛。

图 2-74 为典型音频功率放大器(TDA2616)的外形特点及其标识信息。

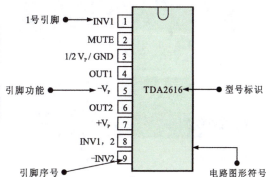

图 2-74 典型音频功率放大器(TDA2616)的外形特点及其标识信息

2.3.4 音频信号处理集成电路及其电路图形符号

音频信号处理集成电路可对输入的音频信号进行音调、平衡、音质及声道的切换控制等处理，并由输出端将处理后的音频信号输出，送至后级电路中。音频信号处理集成电路主要应用在各种影音产品中。

图 2-75 为典型音频信号处理集成电路（NJW1166L）的外形特点及其标识信息。

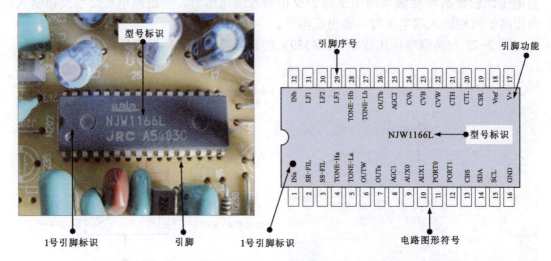

图 2-75　典型音频信号处理集成电路（NJW1166L）的外形特点及其标识信息

❖ 2.3.5 微处理器及其电路图形符号

微处理器（CPU）是一种按照程序进行工作，具有分析和判断功能的集成电路。微处理器集成度较高，引脚数量相对较多，内部集成运算器、控制器、存储器和输入/输出接口电路等，主要用来对人工指令信号进行识别处理，并转换为相应的控制信号输出。图 2-76 为典型微处理器（TMP87CH46N）的外形特点及其标识信息。

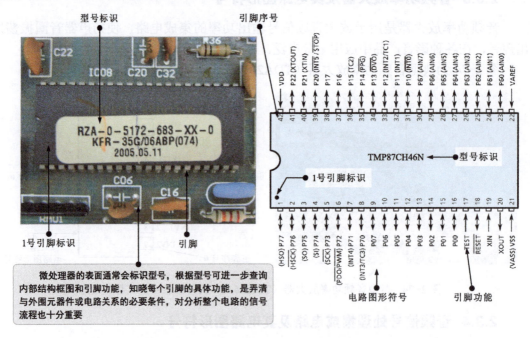

图 2-76　典型微处理器（TMP87CH46N）的外形特点及其标识信息

第3章

电子电路的结构特点与连接关系

3.1 直流电路与交流电路

3.1.1 直流电路的结构特点

直流电路是电流流向不变的电路。这种电路通常是由直流电源、负载（电阻、照明灯、电动机等）及控制器件构成的闭合导电回路，如图3-1所示。该电路是将控制器件（开关）、电池（1.5V）和负载（照明灯）通过导线进行首、尾相连构成的一个简单的直流电路。

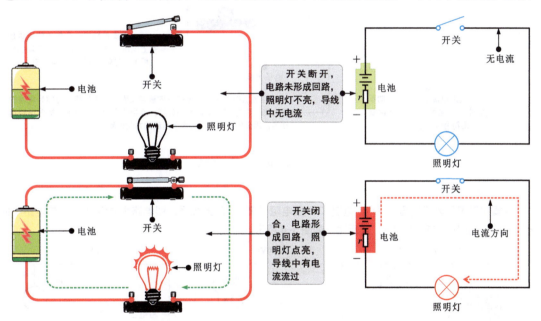

图3-1 简单直流电路的连接实例及电路原理图

在实际应用中，直流电路除了直接使用直流电源外，大多采用将交流220V电压变为直流电压的方式进行供电，如图3-2所示。

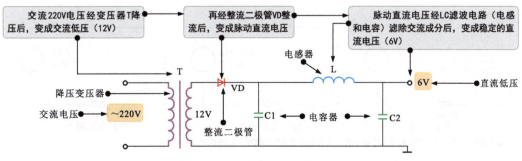

图3-2 直流电源电路

1. 直流电路的基本参数

学习直流电路要首先了解电流、电压、电能和电功率等基本参数，如图 3-3 所示。电流的大小用电流强度来表示，简称为电流，用大写字母 I 来表示，指的是在单位时间内通过导体横截面积的电荷量。若在 t 秒内通过导体横截面积的电荷量为 Q 库伦，则电流强度可用 $I=Q/t$ 计算。

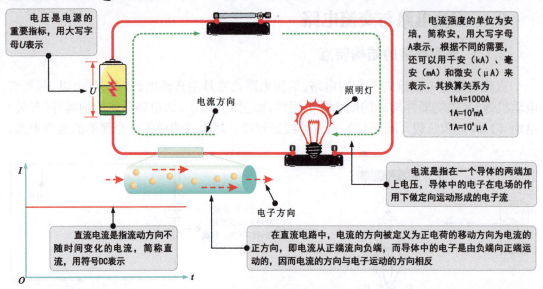

图 3-3 直流电路的基本参数

> **资料与提示**
>
> 欧姆定律用于表示电压（U）、电流（I）及电阻（R）之间的关系，即电路中的电流（I）与电路中的电压（U）成正比，与电阻（R）成反比，如图 3-4 所示。

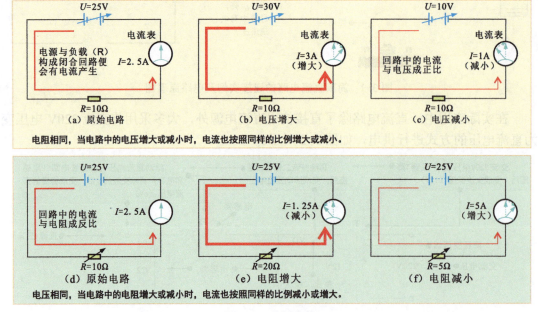

图 3-4 欧姆定律

2. 直流电路的工作状态

直流电路的工作状态分为三种，如图 3-5 所示，即有载工作状态、开路状态和短路状态。

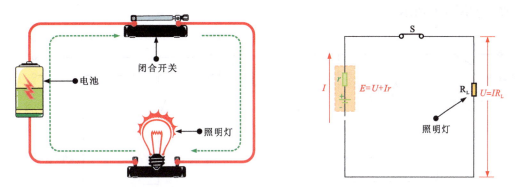

若闭合开关，即将照明灯与电池接通，则此电路就是有载工作状态。通常，电池的电压和内阻是一定的，照明灯的电阻值 R_L 越小，电流 I 越大。R_L 表示照明灯的电阻，r 表示电池的内阻，E 表示电池电动势。

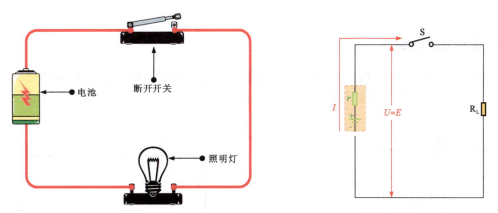

将开关断开，电路处于开路（也称空载）状态，电路电阻为无穷大，因此电路中的电流为零，电池端电压 U（开路电压或空载电压）等于电池电动势 E。

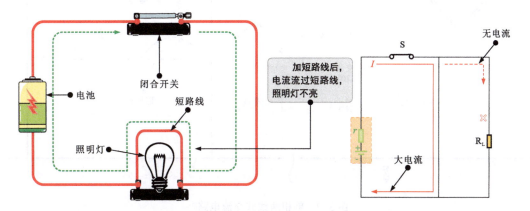

将照明灯短路，电路电阻几乎为零，根据欧姆定律 $I=U/R$，在理论上，电流为无穷大，电池会因过大的电流而损坏。

图 3-5　直流电路的三种工作状态

3.1.2 交流电路的结构特点

交流电路的电压和电流随时间做周期性的变化,是由交流电源、控制器件和负载(电阻、照明灯、电动机等)构成的。常见的交流电路主要有单相交流电路和三相交流电路两种,如图 3-6 所示。

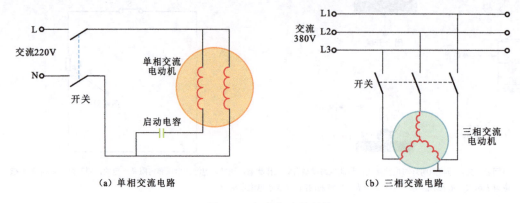

（a）单相交流电路　　　　　　　　（b）三相交流电路

图 3-6　交流电路的结构

1. 单相交流电路

单相交流电路是由 220V/50Hz 供电的电路。一般的家庭用电电路都是单相交流电路。单相交流电路主要有单相两线式、单相三线式两种,如图 3-7 和图 3-8 所示。

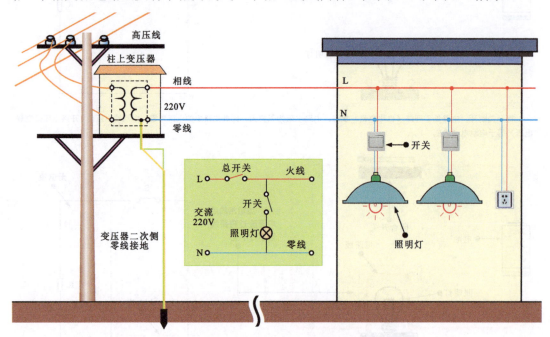

图 3-7　单相两线式交流电路

单相两线式交流电路有一根相线和一根零线。高压经柱上变压器变压后,由二次侧输出 220V 电压。

单相三线式交流电路有一根相线、一根零线和一根接地线。由于不同的接地点存在一定的电位差,因此零线与接地线之间可能有一定的电压。

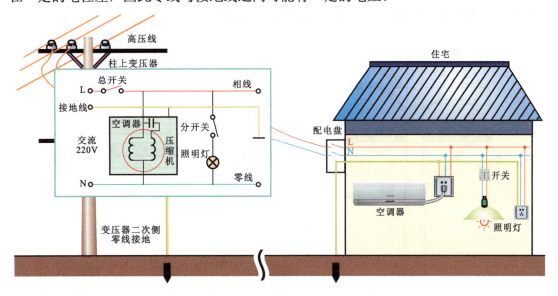

图 3-8 单相三线式交流电路

2. 三相交流电路

三相交流电路的电源由三根相线来传输。三根相线之间的电压大小相等,都为 380V,频率相同,都为 50Hz。每根相线与零线之间的电压为 220V。三相交流电路主要有三相三线式、三相四线式和三相五线式三种,如图 3-9、图 3-10、图 3-11 所示。

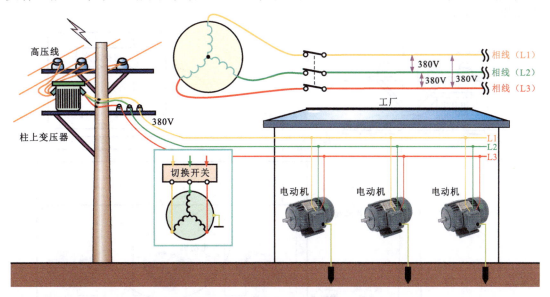

图 3-9 三相三线式交流电路

三相三线式交流电路的高压经柱上变压器变压后,由柱上变压器引出三根相线,为电气设备供电。

三相四线式交流电路由柱上变压器引出四根线。其中，三根为相线，一根为零线。零线接电动机三相绕组的中点。电气设备接零线工作时，电流经电气设备做功，没有做功的电流经零线回到电源，对电气设备起到保护作用。

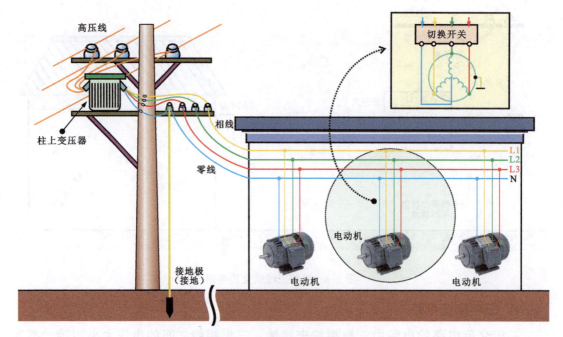

图 3-10　三相四线式交流电路

三相五线式交流电路在三相四线式交流电路的基础上增加一根接地线（PE），与大地相连，起保护作用。

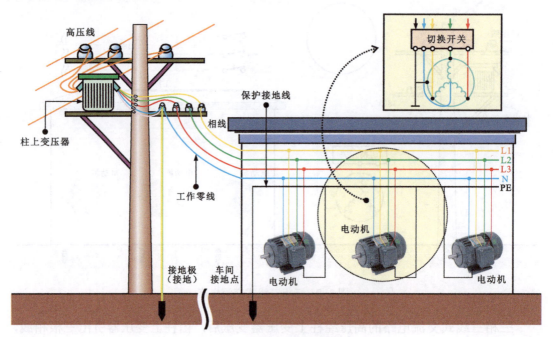

图 3-11　三相五线式交流电路

3.2 电路的连接关系

电路的连接关系有三种方式,即串联方式、并联方式和混联方式。

3.2.1 电路的串联方式

如果电路中的两个或多个负载首尾相连,则称负载的连接状态是串联的,称该电路为串联电路,如图 3-12 所示。

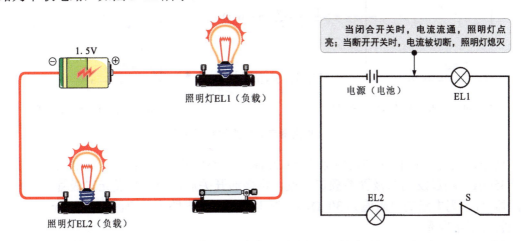

图 3-12 串联电路的实物连接及电路原理图

图中,当断开开关或电路的某一点出现问题时,电路将变成断路状态,因此当其中的一盏照明灯损坏后,另一盏照明灯的电流通路也被切断,不能正常点亮。

在串联电路中,流过各个负载的电流都相同,各个负载将分享电源电压,如图 3-13 所示。

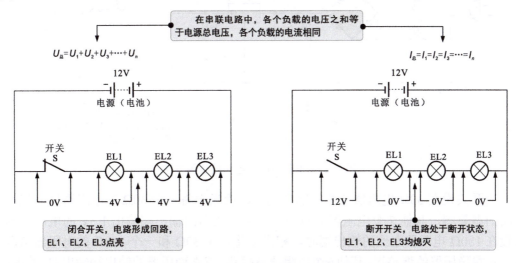

图 3-13 相同照明灯串联的电压分配

图中,三盏相同的照明灯串联在一起,每盏照明灯将得到三分之一的电源电压。

1. 电阻器串联电路

电阻器串联电路是将两个以上的电阻器依次首尾相接，组成无分支的电路，是最简单的电路单元，如图 3-14 所示。在电阻器串联电路中，只有一条电流通路，即流过电阻器的电流都是相等的，这些电阻器的阻值相加就是该电路的总阻值，每个电阻器的电压根据阻值的大小按比例分配。

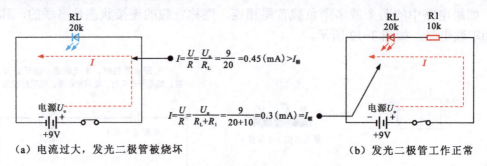

(a) 电流过大，发光二极管被烧坏　　　　(b) 发光二极管工作正常

图 3-14　电阻器串联电路的实际应用

图中，发光二极管的额定电流 $I_{额}$=0.3mA，若不串联电阻器 R1，则电路中的电流为 0.45mA，超过发光二极管的额定电流，当接通开关后，会烧坏发光二极管；若串联电阻器 R1，则电路的总阻值为 30kΩ，电源电压不变，电路中的电流降为 0.3mA，发光二极管可正常发光。

下面结合具体应用电路介绍电阻器串联电路的识图方法，如图 3-15 所示。

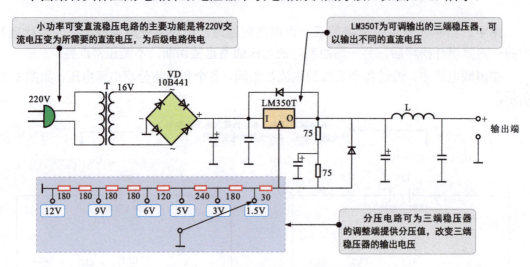

图 3-15　电阻器串联电路的识图方法

当开关设在 30Ω 电阻器左侧的输出端时，相当于将一个 30Ω 的电阻器接在三端稳压器的调整端，其他 7 个电阻器被短路，三端稳压器的输出端输出 1.5V 的电压；当开关设在 180Ω 电阻器左侧的输出端时，相当于将一个 30Ω 和一个 180Ω 的电阻器串联后接在三端稳压器的调整端，其他 6 个电阻器被短路，三端稳压器的输出端输出 3V 的电压。依次类推，当开关设在不同的输出端时，可控制三端稳压器 LM350T 的输出端输出 1.5V、3V、5V、6V、9V、12V 的电压。

2. 电容器串联电路

电容器串联电路是将两个以上的电容器依次首、尾相接，组成无分支的电路，如图 3-16 所示，串联电容器 C1、C2 和 R1 的电压之和等于总输入电压，因而该电路具有分压功能。

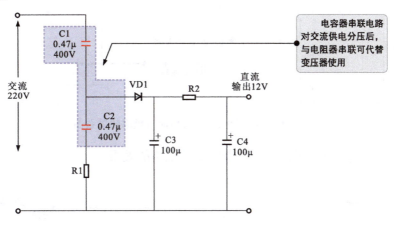

图 3-16 电容器串联电路的实际应用

3. RC 串联电路

电阻器和电容器串联后组成的电路被称为 RC 串联电路，多与交流电源连接，如图 3-17 所示。

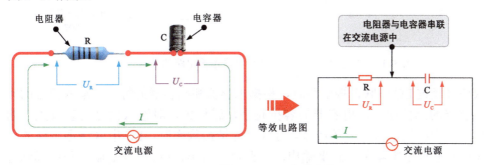

图 3-17 RC 串联电路

图中，电容器和电阻器的电压与电路中的电流及各自的电阻值或容抗值成比例。电阻器的电压 U_R 和电容器的电压 U_C 用欧姆定律分别表示为 $U_R=I×R$、$U_C=I×X_C$（X_C 为容抗）

> **资料与提示**
>
> 在纯电容器电路中，交流电压和交流电流的相位差为 90°。在纯电阻器电路中，交流电压和交流电流的相位相同。在同时包含电阻器和电容器的电路中，交流电压和交流电流的相位差为 0°～90°。
>
> 电阻器和电容器除可构成简单的串、并联电路外，还可构成常见的 RC 正弦波振荡电路。该电路是利用电阻器和电容器的充、放电特性构成的。R、C 的值被选定后，充、放电时间（周期）就固定为一个常数，也就是说，有一个固定的谐振频率，一般用来产生频率在 200kHz 以下的低频正弦信号。常见的 RC 正弦波振荡电路有桥式、移相式和双 T 式等几种。

4. LC 串联谐振电路

LC 串联谐振电路是将电感器和电容器串联后形成的具有谐振状态（关系曲线具有相同的谐振点）的电路，如图 3-18 所示。

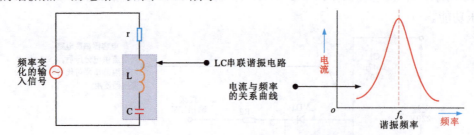

图 3-18 LC 串联谐振电路及电流与频率的关系曲线

图 3-19 为不同频率信号通过 LC 串联谐振电路的效果。

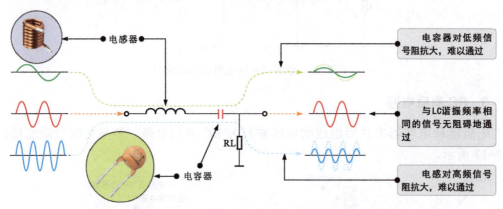

图 3-19 不同频率信号通过 LC 串联谐振电路的效果

当输入信号经过 LC 串联谐振电路时，根据电感器和电容器的特性，输入信号的频率越高，电感器的感抗越大，电容器的容抗越小，感抗大，对输入信号的衰减大，通过电感后衰减很大；当输入信号的频率等于 LC 的谐振频率时，LC 串联谐振电路的阻抗最小，很容易通过电容器和电感器输出。由此可以看出，LC 串联谐振电路可起到选频的作用。

> **资料与提示**
>
> RLC 电路是由电阻器、电感器和电容器构成的电路单元，如图 3-20 所示。由前文可知，在 LC 电路中，电感器和电容器都有一定的阻值，如果阻值相对于电感器的感抗或电容器的容抗很小，往往会被忽略，而在某些高频电路中，电感器和电容器的阻值相对较大，就不能忽略，原来的 LC 电路就变成了 RLC 电路。

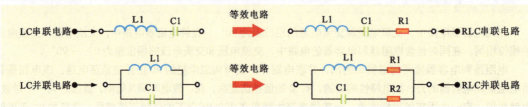

图 3-20 RLC 电路

3.2.2 电路的并联方式

两个或两个以上负载的两端都与电源两端相连,称这种连接状态为并联,该电路为并联电路,如图3-21所示。

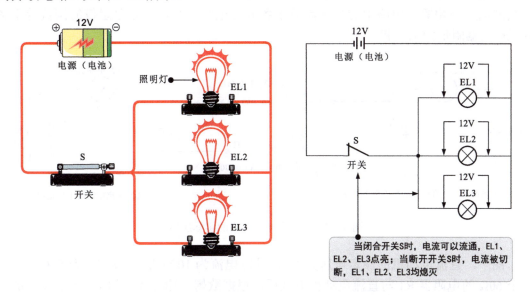

图 3-21　并联电路的实物连接及电路原理图

在并联电路中,每盏照明灯的工作电压都等于电源电压,在不同支路中会有不同的电流,当支路的某一点出现问题时,该支路将变成断路状态,照明灯会熄灭,但其他支路依然正常工作,不受影响。

在并联电路中,每盏照明灯的电压都相同,流过照明灯的电流因阻值不同而不同,电流与阻值成反比,即照明灯的阻值越大,电流越小,如图3-22所示。

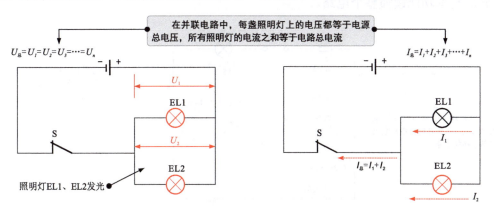

图 3-22　两盏照明灯并联

在并联电路中,每盏照明灯相对其他照明灯都是独立的,有多少盏照明灯就有多少条电流支路。由于图3-22为两盏照明灯并联,因此就有两条电流支路,当其中一盏照明灯被烧坏,则该条电流支路不能工作,而另一条电流支路是独立的,不会受到影响,因此另一盏照明灯仍然正常点亮。

※ 1. 电阻器并联电路

将两个或两个以上的电阻器按首首和尾尾方式连接起来,并接在电路的两点之间,称这种电路为电阻器并联电路,如图 3-23 所示。在电阻器并联电路中,各并联电阻器两端的电压都相等,电路中的总电流等于各分支电流之和,电路总阻值的倒数等于各并联电阻器阻值的倒数和。

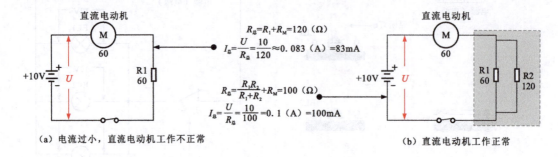

图 3-23 电阻器并联电路的实际应用

图中,直流电动机的额定电压为 6V,额定电流为 100mA,内阻 R_M 为 60Ω,当把一个 60Ω 的电阻器 R1 与直流电动机串联后,根据欧姆定律计算出的电流约为 83mA,达不到直流电动机的额定电流。

在没有更小阻值电阻器的情况下,可将一个 120Ω 的电阻器 R2 并联在 R1 上,根据并联电路总阻值计算公式可得 $R_总$=100Ω,则电路中的电流 $I_总$ 变为 100mA,达到直流电动机的额定电流,可正常工作。

下面结合具体电路介绍电阻器并联电路的识图方法,如图 3-24 所示。电阻器并联电路是电子电路中的一个构成元素,识图时,可首先在电路中找到该元素,然后根据该元素的基本功能读懂整个电路。

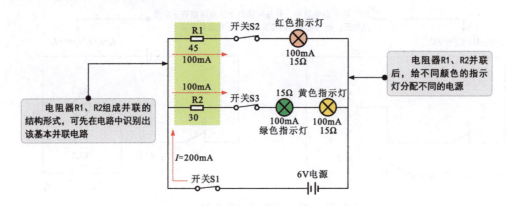

图 3-24 电阻器并联电路的识图方法

图中,6V 直流电压经总开关 S1 后,再经电阻器并联电路为不同颜色的指示灯供电:红色指示灯与 R1 串联,当接通开关 S2 时,红色指示灯发光;绿色指示灯和黄色指示灯与电阻器 R2 串联,当接通开关 S3 时,绿色指示灯和黄色指示灯发光。

2. RC 并联电路

电阻器和电容器并联在交流电源两端可组成 RC 并联电路，如图 3-25 所示。

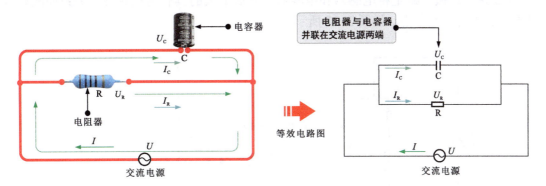

图 3-25 RC 并联电路

与所有并联电路相似，在 RC 并联电路中，电压 U 直接加在各个支路上，各支路的电压相等，都等于电源电压，即 $U=U_R=U_C$。

下面介绍 RC 滤波电路的识图方法，如图 3-26 所示。

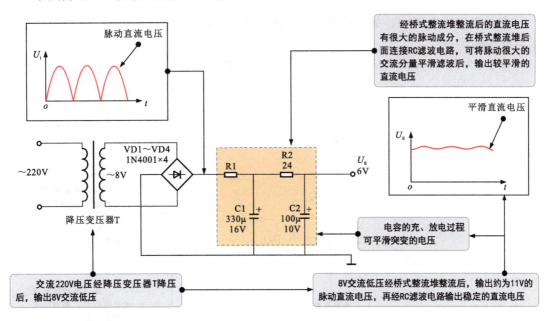

图 3-26 RC 滤波电路的识读

图中，电阻器 R1、R2 和电容器 C1、C2 组成两级基本的 RC 并联电路，交流 220V 电压经降压变压器降压后输出 8V 交流低压，经桥式整流电路整流后输出约为 11V 的脉动直流电压，该电压经两级 RC 并联电路滤波后，输出较稳定的 6V 直流电压。

> **资料与提示**
>
> 交流电压经桥式整流堆整流后变为直流电压，一般满足 $U_直=\sqrt{2}U_交$，如 220V 交流电压经桥式整流堆整流后输出约为 300V 的直流电压；8V 交流电压经桥式整流的堆后输出约为 11V 的脉动直流电压。

3. LC 并联谐振电路

LC 并联谐振电路是将电感器和电容器并联后形成的具有谐振状态（关系曲线具有相同的谐振点）的电路，如图 3-27 所示。

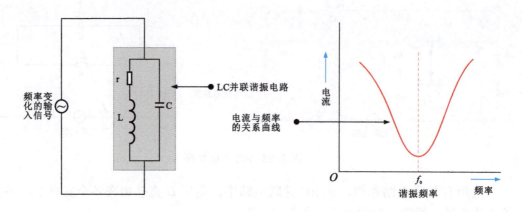

图 3-27 LC 并联谐振电路及电流与频率的关系曲线

在并联谐振电路中，如果电感器中的电流与电容器中的电流相等，则电路就达到了并联谐振状态。

图 3-28 为不同频率信号通过 LC 并联谐振电路的效果。

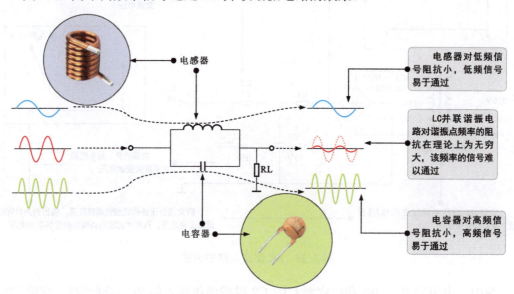

图 3-28 不同频率信号通过 LC 并联谐振电路的效果

LC 并联谐振电路与 RL 组成分压电路。当输入信号经过 LC 并联谐振电路时，根据电感器和电容器的阻抗特性，较高频率的输入信号容易通过电容器到达输出端，较低频率的输入信号容易通过电感器到达输出端。由于 LC 回路在谐振频率 f_0 处的阻抗最大，因此该频率的输入信号在通过 LC 并联谐振电路后衰减很大，输出幅度很小。

下面介绍 LC 滤波电路的识图方法，如图 3-29 所示。

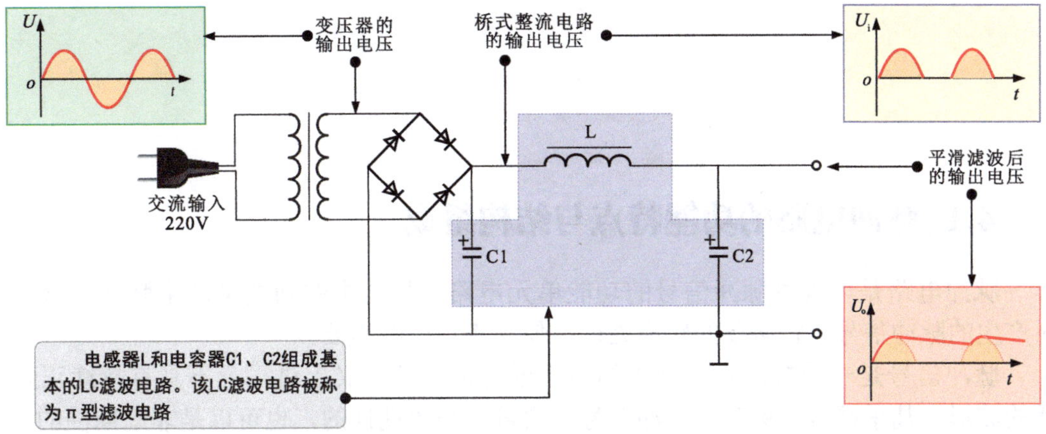

图 3-29 LC 滤波电路的识图方法

π 型滤波电路具有更强的平滑滤波效果，特别是滤除高频噪波。交流 220V 电压经变压器和桥式整流电路后，输出的脉动直流电压 U_i 中的直流成分可以通过 L，交流成分绝大部分不能通过 L，被 C1、C2 旁路到地，输出电压 U_o 为较纯净的直流电压。

资料与提示

LC 谐波电路又称 LC 滤波器，主要分为带通滤波器和带阻滤波器两种。带通滤波器允许两个限制频率之间的所有频率信号通过，高于上限或低于下限频率的信号将被阻止。带阻滤波器（陷波器）可阻止特定频率带的信号传输到负载，滤除特定限制频率间的所有频率信号，高于上限或低于下限频率的信号将自由通过。

3.2.3 电路的混联方式

将多个负载串联和并联连接起来被称为混联方式，如图 3-30 所示。电流、电压及电阻之间的关系仍遵守欧姆定律。

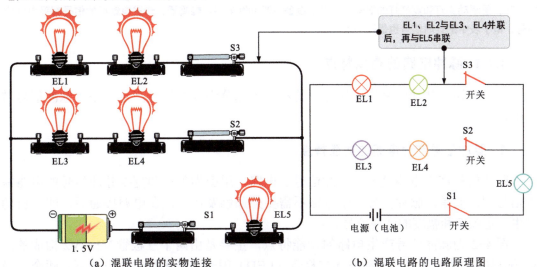

(a) 混联电路的实物连接　　　　(b) 混联电路的电路原理图

图 3-30 混联电路的实物连接及电路原理图

第4章 脉冲电路的识图与应用

4.1 脉冲电路的功能特点与结构组成

脉冲电路是可提供脉冲信号的功能单元电路,最基本的功能是产生脉冲信号,并对产生的脉冲信号进行必要的转换处理,使其满足电路需要。

脉冲信号是一种持续时间极短的电压或电流。从广义上讲,凡不具有持续正弦形状的波形,几乎都可以称其为脉冲信号。它可以是周期性的,也可以是非周期性的。

图4-1为几种常见的脉冲信号波形。

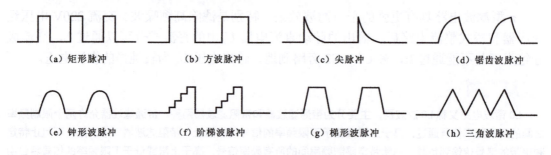

图4-1 几种常见的脉冲信号波形

资料与提示

模拟信号处理电路处理的是模拟信号。模拟信号是一种连续变化的信号,如不规则的音频信号、规则的50Hz交流电源正弦信号等均属于模拟信号。脉冲信号在数字信号处理控制电路中应用非常广泛。例如,节日里驱动彩灯和霓虹灯的信号,在电子设备中驱动继电器、蜂鸣器、步进电动机的信号都采用脉冲信号,电子表中的计时信号也是脉冲信号。

4.1.1 脉冲电路的功能特点

一般来说,脉冲电路按工作特点的不同可划分为脉冲信号产生电路和脉冲信号转换电路。

1. 脉冲信号产生电路的功能特点

脉冲信号产生电路是产生脉冲信号的电路,用于为处理和变换脉冲信号的电路提供信号源。通常,脉冲信号产生电路不需要外加触发信号,在电源接通后,即可自动产生一定频率和幅度的脉冲信号。

图4-2为脉冲信号产生电路的功能特点,主要是由两个三极管V1、V2构成的。V2输出的脉冲信号可以驱动发光二极管(LED)闪光。在满足供电条件下,两个三极管配合导通和截止,产生触发LED发光的脉冲信号。

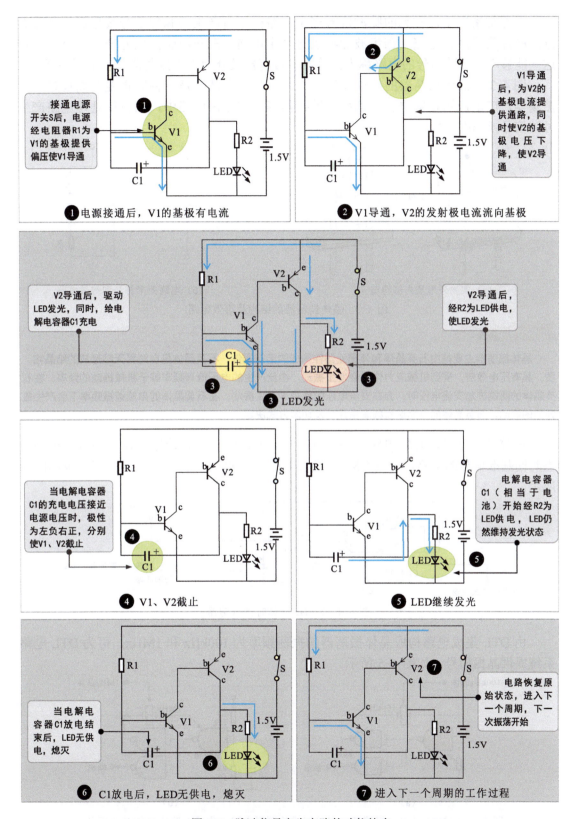

图 4-2 脉冲信号产生电路的功能特点

在通常情况下，常见的脉冲信号产生电路根据所产生的脉冲信号波形类型主要有方波脉冲信号产生电路、锯齿波脉冲信号产生电路、三角波脉冲信号产生电路等。将这些能够产生脉冲信号的电路称为振荡器。振荡器又分为晶体振荡器和多谐振荡器。

图 4-3 为晶体振荡器的结构及等效电路。晶体振荡器是一种高精度和高稳定度的振荡器，广泛应用在彩电、计算机、遥控器等各类振荡电路中，为数据处理电路产生时钟信号或基准信号。

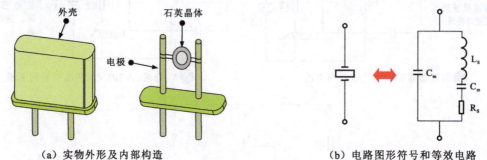

（a）实物外形及内部构造　　　　　（b）电路图形符号和等效电路

图 4-3　晶体振荡器的结构及等效电路

资料与提示

晶体振荡器主要是由石英晶体和外围元器件构成的谐振器件。石英晶体是自然界天然形成的结晶物质，具有压电效应，受到机械应力作用会发生振动，由此产生的电压信号频率等于机械振动的频率。在石英晶体的两端施加交流电压时，会在交流电压的作用下产生振动，在石英晶体的自然谐振频率下会产生最强烈的振动。石英晶体的自然谐振频率由尺寸及切割方式决定。

在数字电路中，时钟电路是不可缺少的。32kHz 晶体时钟振荡器是为数字电路提供时间基准信号的电路，采用 CMOS 集成电路 CD4007 作为振荡信号放大器，如图 4-4 所示。

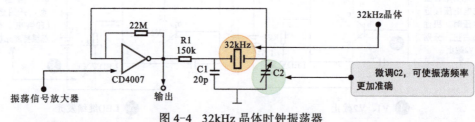

图 4-4　32kHz 晶体时钟振荡器

由 DTL 集成电路构成晶体振荡器的振荡频率为 100kHz 和 1MHz，可为 DTL 电路系统提供晶振信号，如图 4-5 所示。

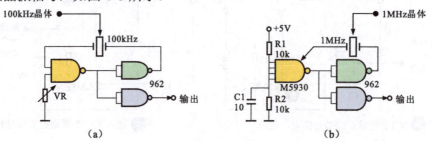

图 4-5　由 DTL（由二极管和三极管组成的逻辑电路）集成电路构成的晶体振荡器

图 4-6 为由 TTL（晶体管逻辑电路）集成电路构成的晶体振荡器，是分别为 10MHz 和 20MHz 两种振荡频率的振荡电路。

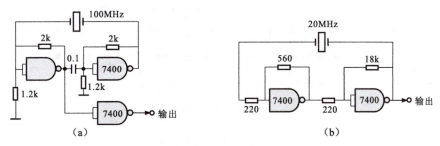

图 4-6　由 TTL（晶体管逻辑电路）集成电路构成的晶体振荡器

资料与提示

任何模拟信号都可以变成数字信号。数字信号往往需要存储和传输，在传输前需要加密和编码等。数字信号经过处理后需要还原。为此，数字信号往往需要按一定的规则编码，有了这些编码规则，才能在还原识别时进行相反的解码。完成这些信号处理过程的电路就是数字信号处理电路。数字信号处理电路的种类非常多。

在数字信号处理电路中处理数字信号是很复杂的，相应的处理电路也很复杂，为了使复杂的处理过程有条不紊，需要有一个统一的信号控制处理步调，这就是时钟信号。时钟信号是整个数字系统的同步信号，需要有很高的稳定性，通常由石英晶体构成的晶体振荡器产生。

多谐振荡器是一种可自动产生一定频率和幅度的矩形波或方波电路。其核心元器件为对称的两个三极管，或将振荡电路集于一体的集成电路。

图 4-7 为锯齿波振荡器的功能。

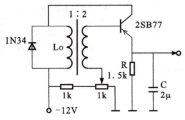

（a）利用间歇振荡器的锯齿波振荡器

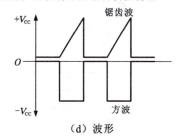

（b）利用多谐振荡器的锯齿波振荡器

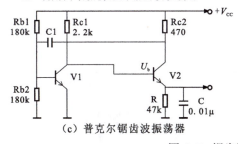

（c）普克尔锯齿波振荡器

（d）波形

图 4-7　锯齿波振荡器的功能

资料与提示

比较常用的普克尔锯齿波谐振器的开始电源经Rc1为V2的基极提供偏压，使V2导通，电源经V2为电容器C充电，C上的电压升高，当充电电压接近基极电压时，V2截止，V2的集电极电压上升，使V1的基极电压上升，V1导通，C上的电压通过电阻R放电，使V2的发射极电压低于基极电压而再次导通，在C两端便产生周期性的锯齿波。

方波信号产生器也是一种多谐振荡器，利用双稳态多谐振荡器产生方波信号可同时输出两个相位相反的方波信号，电路简单，稳定可靠，如图4-8所示。

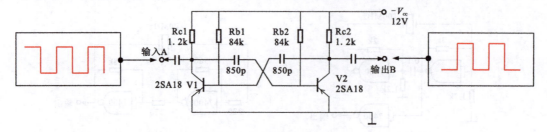

图 4-8 方波信号产生电路

资料与提示

在实际应用中，常见的复位电路也是一种脉冲信号产生电路。图4-9(a)为微处理器复位电路的结构。微处理器的电源供电端在开机时会有一个从0V上升至5V的过程，如果在这个过程中启动，有可能出现程序错乱。为此，微处理器都设有复位电路，在开机瞬间，复位端保持0V（低电平）。当供电电压接近5V时（大于4.6V），复位端的电压变成高电平（接近5V），微处理器开始工作。关机时，当供电电压下降到小于4.6V时，复位端的电压下降为0V，微处理器程序复位，保证微处理器正常工作。图4-9(b)为微处理器复位电路的信号特点。

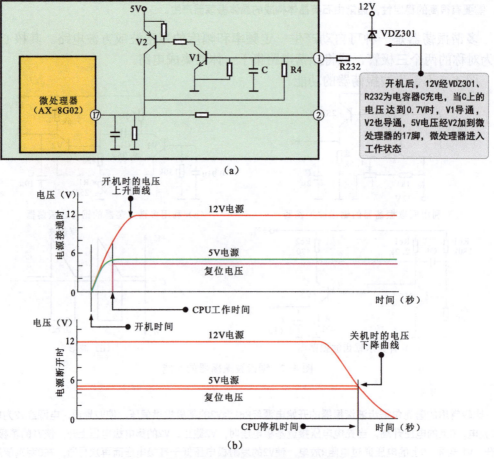

图 4-9 微处理器复位电路的结构和信号特点

2. 脉冲信号转换电路的功能特点

脉冲信号转换电路是用于传输脉冲信号或改善脉冲信号波形的电路。在实际的电路应用中，脉冲信号常常会根据电路的需要进行脉冲形态、脉冲宽度、脉冲延时等一系列的转换。在实际的信号传输过程中，脉冲信号也常常由于电路元器件性能的影响而造成脉冲信号质量下降、信号波形不良等。

因此，为相关功能电路提供相应的脉冲信号，确保脉冲信号的传输品质就是脉冲信号转换电路的主要功能。图4-10为脉冲信号转换电路的功能特点。

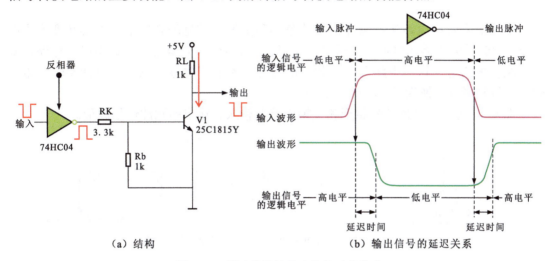

图 4-10　脉冲信号转换电路的功能特点

> **资料与提示**
>
> 在电路中，74HC04是一个反相器，输入一个负脉冲就会输出一个正脉冲，加到V1的基极，集电极会输出一个负脉冲。实际上，由V1构成的放大器也是一个反相放大器。反相器的输出信号与输入信号相比，相位相反，而且还有一定的时间延迟。
>
> 引起信号时间延迟的原因是输入电容器的积分效应。输入信号脉冲经耦合电阻RK加到V1的基极，V1的基极对地存在一个小电容Cb，由于Cb的充电作用使送入V1的基极电流延迟，于是引起输入信号脉冲波形的变化。为了避免输入信号脉冲波形的变化，在耦合电阻RK上并联一个加速电容CK，使脉冲沿变尖，减少Cb对输入信号脉冲的影响，如图4-11所示。

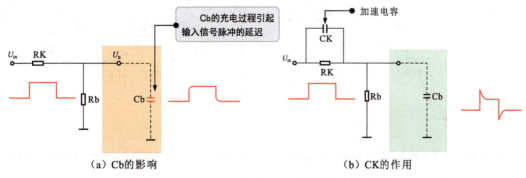

图 4-11　脉冲信号的延迟及其处理

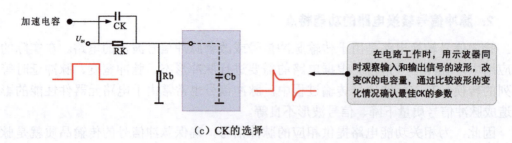

(c) CK的选择

图 4-11 脉冲电信号的延迟及其处理（续）

脉冲信号转换电路包括脉冲信号的整形和变换。常见的脉冲信号整形和变换电路主要有RC微分电路（将矩形波转换为尖脉冲）、RC积分电路、单稳态触发电路、双稳态触发电路等。这些电路有一个共同的特点：不能产生脉冲信号，只能将输入端的脉冲信号整形或变换为另一种脉冲信号。

图 4-12 为几种脉冲信号整形和变换电路及输入、输出的脉冲信号波形。

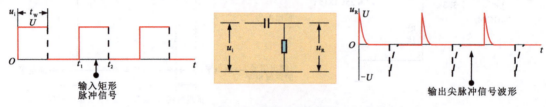

(a) RC微分电路及输入、输出的脉冲信号波形

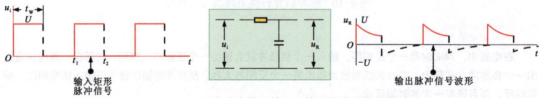

(b) RC积分电路及输入、输出的脉冲信号波形

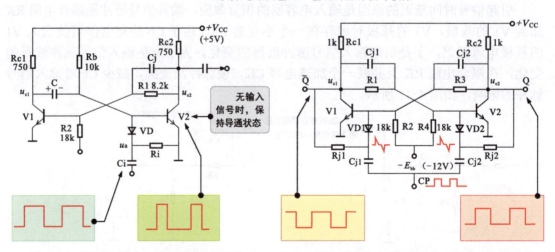

(c) 单稳态触发电路及输入、输出的脉冲信号波形　　(d) 双稳态触发电路及输入、输出的脉冲信号波形

图 4-12 几种脉冲信号整形和变换电路及输入、输出的脉冲信号波形

4.1.2 脉冲电路的结构组成

1. 脉冲信号产生电路的结构组成

图4-13为脉冲信号产生电路的结构。脉冲信号产生电路主要由石英晶体、反相器等相关元器件构成。

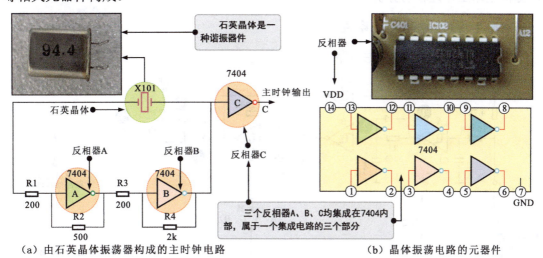

图4-13 脉冲信号产生电路的结构

资料与提示

脉冲信号产生电路是由一个石英晶体X101和三个反相放大器（A、B、C）组成的。石英晶体X101接在两级反相器的输出端与输入端之间。由于石英晶体是一种谐振器件，因此在石英晶体X101两端施加交流电压时会产生振动，形成具有固定频率的振荡电路，在电路的输出端输出脉冲信号波形。

2. 脉冲信号转换电路的结构组成

图4-14为脉冲信号转换电路的结构。脉冲信号转换电路没有石英晶体，其他部分与脉冲信号产生电路基本相似，如耦合电容器、偏置电阻等。

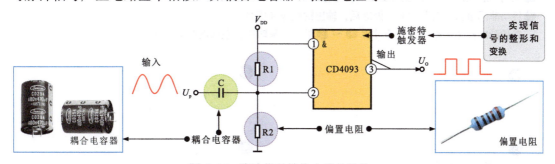

图4-14 脉冲信号转换电路的结构

资料与提示

脉冲信号转换电路主要是由CD4093施密特触发器、耦合电容器、偏置电阻等元器件构成的。电源电压加到电路中，为施密特触发器供电，施密特触发器启动工作。当输入交流正弦波信号时，输入的正弦波经耦合电容器C后，被偏置电阻R1、R2偏置在阈值电压，经施密特触发器整形、变换处理后，在输出端产生方波信号，实现信号波形从正弦波到方波的转换。

4.2 脉冲电路的应用

脉冲电路的种类多样，用途广泛，不同结构的连接形式可以实现不同的功能。因此，识读脉冲电路要从电路的组成部件入手，明确结构连接关系，进而沿信号流程，完成对脉冲电路工作过程的分析。

4.2.1 键控脉冲产生电路

图4-15为键控脉冲产生电路。

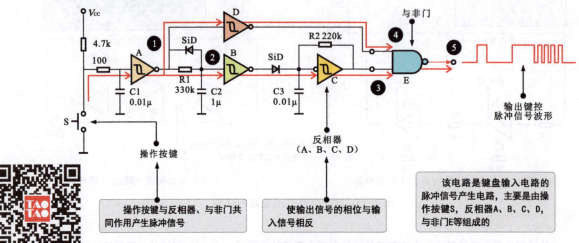

图4-15 键控脉冲产生电路

资料与提示

❶ 按动一下操作按键S，反相器A的输出端产生启动脉冲信号。
❷ 启动脉冲信号经R1对C2进行充电，形成积分信号。
❸ 当电容器C2的充电电压达到一定值时，反相器C开始振荡，输出振荡脉冲信号，加到与非门E的下端输入引脚。
❹ 同时，启动脉冲信号经反相器D后，直接加到与非门E的上端输入引脚。
❺ 经与非门进行"与""非"处理后，输出键控脉冲信号。

键控脉冲产生电路信号处理过程❶~❺处的波形时序关系如图4-16所示。

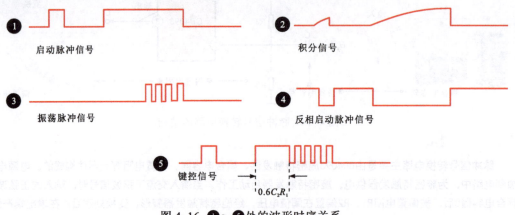

图4-16 ❶~❺处的波形时序关系

4.2.2 CPU 时钟电路的外部电路

图 4-17 为 CPU 时钟电路的外部电路。

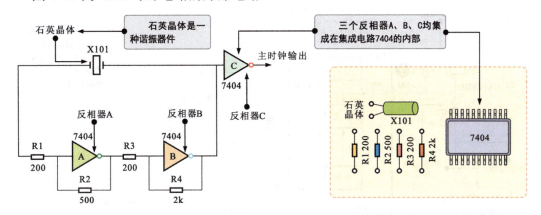

图 4-17 CPU 时钟电路的外部电路

4.2.3 精密 1Hz 时钟信号发生器

图 4-18 为精密 1Hz 时钟信号产生电路。

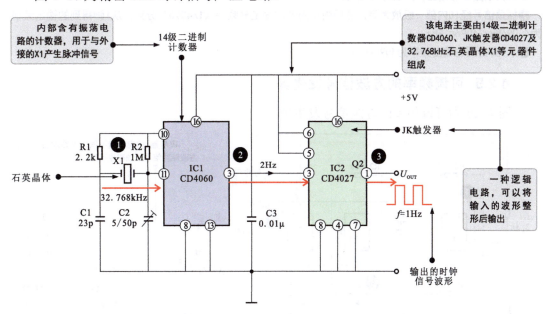

图 4-18 精密 1Hz 时钟信号产生电路

> **资料与提示**
>
> 计数器IC1（CD4060）的10脚、11脚外接X1，与内电路构成振荡电路，振荡频率为32.768kHz，由微调电容器C2调节。
>
> 振荡电路产生的振荡信号经计数器IC1（CD4060）214次分频后，在3脚输出2Hz的方波信号。
>
> 该方波信号经JK触发器IC2（CD4027）进行1/2分频后，可在IC2的1脚输出精确的、频率为1Hz的时钟信号。

4.2.4 1kHz 方波信号发生器

图 4-19 为 1kHz 方波信号产生电路。

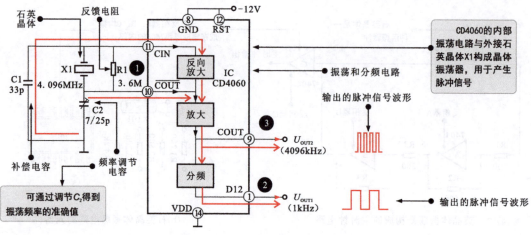

图 4-19 1kHz 方波信号产生电路

资料与提示

❶ 直流12V电压加到电路中后，集成电路CD4060开始工作，内部的振荡电路通过10脚、11脚与外接石英晶体X1构成晶体振荡器，产生脉冲信号。

❷ 振荡信号经IC内部一级放大后，直接由IC内部的固定分频器（1/4096）分频，从1脚得到的输出频率为4.096MHz/4096=1kHz。

❸ 从9脚得到的输出频率为4096kHz。

4.2.5 可调频率的方波信号发生器

图 4-20 为可调频率的方波信号发生器。

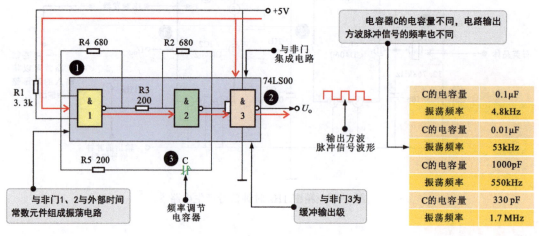

图 4-20 可调频率的方波信号发生器

资料与提示

❶ 直流5V电压加到电路中后，集成电路74LS00开始工作。

❷ 与非门1、2与外部时间常数元件组成振荡电路，产生方波脉冲信号，经与非门3放大后输出。

❸ 只要改变C的电容量，便可获得不同频率的输出方波脉冲信号。

4.2.6 时序脉冲发生器

图 4-21 为时序脉冲发生器。

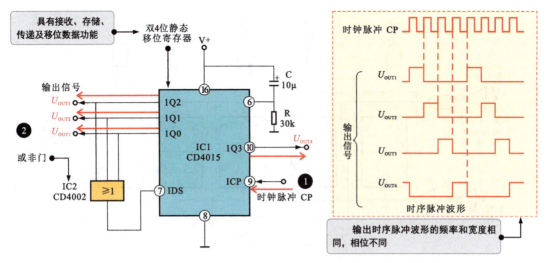

图 4-21 时序脉冲发生器

资料与提示

❶ 时钟脉冲从移位寄存器IC1（CD4015）的CP端输入。

❷ 或非门IC2（CD4002）将IC1的1Q2、1Q1、1Q0端输出信号反馈至IC1的IDS端。

4.2.7 脉冲信号催眠器

图 4-22 为脉冲信号催眠器。

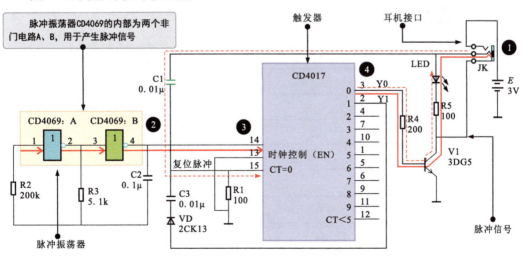

图 4-22 脉冲信号催眠器

资料与提示

❶ 插入耳机后，耳机作为三极管V1的负载，将3V直流电压送入电路中。

❷ 在通电瞬间，3V电压通过C1为触发器CD4017提供复位脉冲，使CD4017复位。

❸ 由CD4069构成的脉冲振荡器启振，输出的时钟脉冲信号送到CD4017的13脚。

❹ 经CD4017内部触发电路后，由3脚输出脉冲信号，经V1放大，将脉冲信号送入耳机。

资料与提示

图4-23为触发器CD4017的内部结构及各引脚时序波形图。

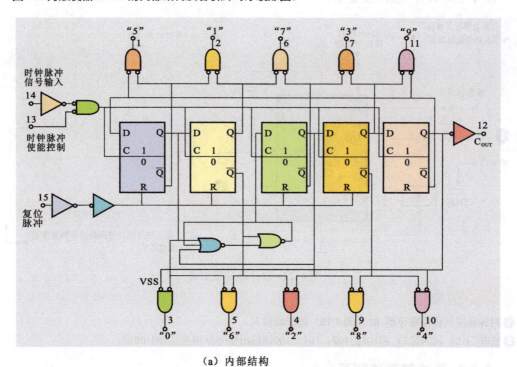

（a）内部结构

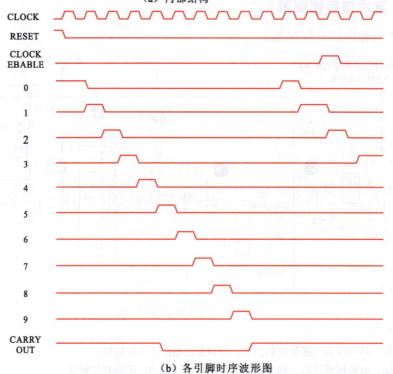

（b）各引脚时序波形图

图4-23 触发器CD4017的内部结构及各引脚时序波形图

4.2.8 窄脉冲形成电路

图 4-24 为窄脉冲形成电路。

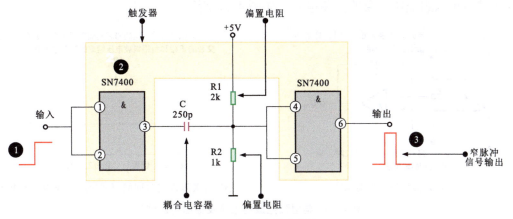

图 4-24 窄脉冲形成电路

资料与提示

❶ 电源电压加到电路中，为触发器供电，触发器启动工作。
❷ 使用微分电路的方法，利用正脉冲输入上升沿产生的尖峰脉冲，即可得到一个窄脉冲。
❸ 输出脉冲的宽度由微分电路的时间常数与门电路的阈值电压来决定。

4.2.9 脉冲延迟电路

图 4-25 为脉冲延迟电路。

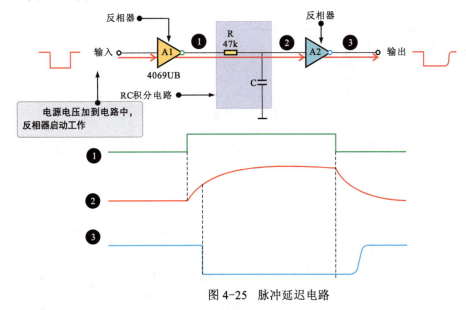

图 4-25 脉冲延迟电路

资料与提示

❶ 由输入端输入一个脉冲信号，经反相器A1反相放大后输出。
❷ 放大后的脉冲信号经RC积分电路产生延迟。
❸ 延迟后的脉冲信号再经反相器A2反相放大后输出，在输出端得到一个经延迟的脉冲信号。

4.2.10 锯齿波信号产生电路

如果运算放大器的输入端在 +/− 电压之间切换,则输出端会输出三角波信号,利用这个特点可以组成所需要的振荡电路,如图 4-26 所示。

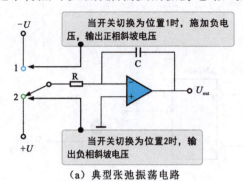
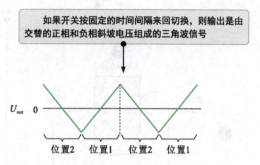

(a) 典型张弛振荡电路　　　　　(b) 开关以固定时间间隔切换所形成的输出电压

图 4-26　典型张弛振荡电路及输出电压波形

当斜坡电压到达上触发点时,比较器的输入端也得到正电压最大值。此正电压使张弛振荡电路的斜坡电压从最高点逐渐下降,并改变到负电压方向。斜坡电压在这一个方向持续下降,一直到比较器的下触发点为止,比较器的输入也降到负电压最大值,持续重复此循环,输出连续的三角波信号,如图 4-27 所示。

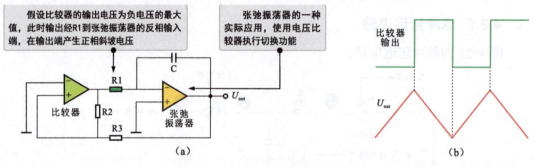

图 4-27　三角波振荡器及输出波形

当输入端采用可调直流控制电压时,可控晶闸管 VS 与反馈电容并联,使每个斜坡电压均截止在指定的电压上,输出为锯齿波信号,如图 4-28 所示。

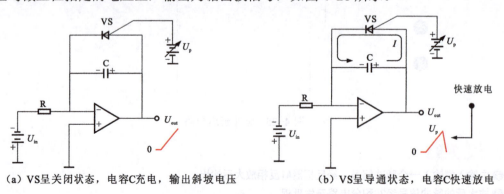

(a) VS呈关闭状态,电容C充电,输出斜坡电压　　　(b) VS呈导通状态,电容C快速放电

图 4-28　锯齿波振荡器

> **资料与提示**

在图4-28中，锯齿波振荡器首先输入电压$-U_{in}$，在输出端产生正相斜坡电压。当VS阳极输出的斜坡电压超过栅极电压0.7V时，VS触发导通。栅极电压的设定值约等于预期的锯齿波峰值电压。

当VS导通时，电容C快速放电，因为VS正向电压U_F的关系，所以电容C并不会完全放电到零。放电过程一直持续到VS的电流低于保持电流。此时，VS截止，电容C再度开始充电，产生新的输出斜坡电压。不断循环，输出即为锯齿状的脉冲信号。其振幅和周期可以通过VS的栅极电压进行调节。

图4-29为彩色电视机场扫描电路中的锯齿波信号产生电路。

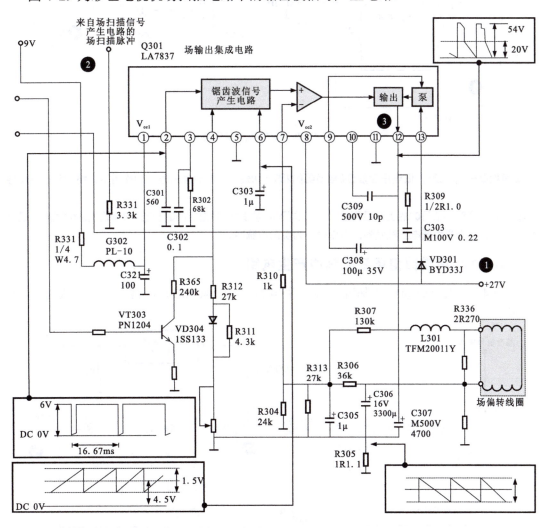

图4-29 彩色电视机场扫描电路中的锯齿波信号产生电路

> **资料与提示**

❶ +27V加到场输出集成电路Q301（LA7837）的8脚，Q301启动工作。

❷ 场扫描信号产生电路的场扫描脉冲送到Q301（LA7837）的2脚。

❸ 在Q301中，先经锯齿波信号产生电路处理，再经放大器放大后，由Q301的12脚输出峰值约为54V的场扫描脉冲信号，用于驱动场偏转线圈工作。

4.2.11 触发脉冲发生器

图 4-30 为触发脉冲发生器。

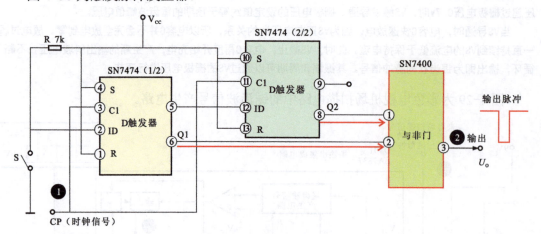

图 4-30 触发脉冲发生器

资料与提示

❶ 每按动一次按键S，低电压便加到D触发器的2脚（ID端），在时钟信号CP的作用下，将ID状态逐位移动。

❷ 当第二个时钟信号CP的上升沿到达时，与非门将D触发器6脚输出的Q1状态和8脚输出的Q2状态形成单脉冲输出，因为是由低电压触发的，所以输出为负向单脉冲。

4.2.12 集成锁相环基准脉冲产生电路

图 4-31 为集成锁相环基准脉冲产生电路（MC14046B），常用作信号发生器的信号源。

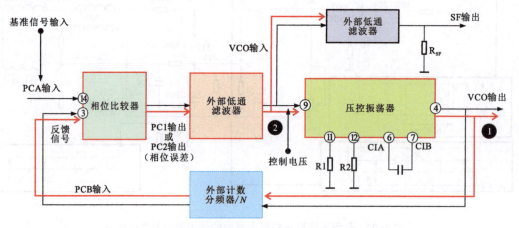

图 4-31 集成锁相环基准脉冲产生电路（MC14046B）

资料与提示

❶ 压控振荡器的输出经外部计数分频器分频后，送入相位比较器与基准信号进行比较，将相位误差转换为直流电压。

❷ 直流电压经外部低通滤波器形成控制电压，对压控振荡器进行控制，使压控振荡器的输出与基准信号同步。

资料与提示

图4-32为MC14046B的引脚排列及内部功能框图。

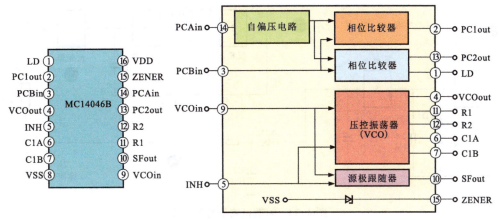

图 4-32 MC14046B 的引脚排列及内部功能框图

4.2.13 阶梯波信号产生电路

图 4-33 为阶梯波脉冲信号产生电路。

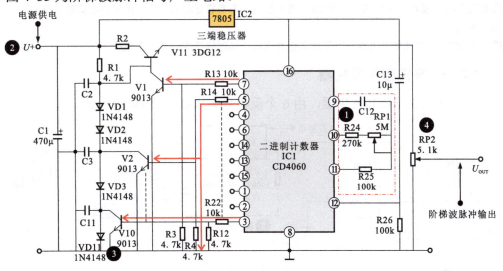

图 4-33 阶梯波脉冲信号产生电路

资料与提示

❶ IC1是二进制计数器CD4060，电路接通电源后，IC1内的多谐振荡电路启振，振荡频率由C12、R24、R25及RP1确定。

❷ IC1对振荡频率进行计数，并依序由IC1的7脚、5脚、4脚、6脚、14脚、13脚、15脚、1脚、2脚、3脚输出时序不同的脉冲信号，在时序脉冲信号的作用下，三极管V1、V2、V10依次饱和导通，并依次将V1、V2、V10集电极、发射极之间的二极管VD1、VD2、VD3、VD11短接。

❸ V11是输出信号的控制端，发射极输出电压取决于基极电压，基极电压由R1和二极管VD1、VD2、VD3、VD11的正向压降和决定。

❹ V1、V2、V10中的任一个三极管导通都会改变V11的基极电压，于是V11的发射极将输出阶梯波脉冲信号。

4.2.14 间歇讯响信号发生器

图 4-34 为间歇讯响信号发生器。

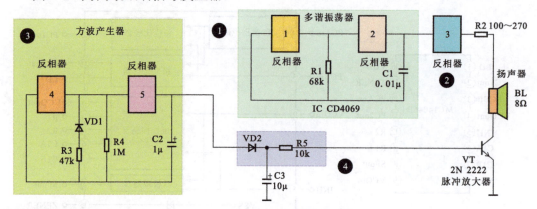

图 4-34 间歇讯响信号发生器

资料与提示

❶ 反相器1、2及R1、C1组成典型多谐振荡器，用来产生基本的单音信号。
❷ 反相器3为缓冲级，用于激励扬声器发出声响。
❸ 反相器4、5及VD1、R3、R4、C2组成方波产生器，具有极低的占空比，用于确定间歇电路的导通时间与衰变时间。
❹ VD2、C3、R5组成衰变电路，用于按指数方式减小随时间而变化的间歇幅度。

4.2.15 警笛信号发生器

图 4-35 为警笛信号发生器，由 6 个反相器集成电路 CD4069 组成。

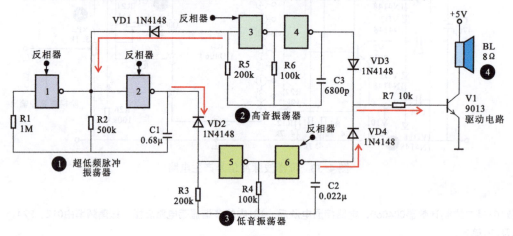

图 4-35 警笛信号发生器

资料与提示

❶ 反相器1、2组成超低频脉冲振荡器。
❷ 反相器3、4组成高音振荡器。
❸ 反相器5、6组成低音振荡器。
❹ 超低频脉冲振荡器的输出通过二极管VD1、VD2控制高、低音振荡器轮流振荡，振荡信号分别经VD3、VD4后由三极管V1进行放大，推动扬声器发出警笛声音。

第5章
常用电子检测仪表的功能与应用

5.1 万用表的功能与应用

万用表是在电子产品的生产、调试、维修等领域中应用最多的便携式仪表之一，功能强大，操作简单，用途广泛。

5.1.1 万用表的功能特点

万用表的功能很多，可以用于测量电流、电压、电阻、电容量及电感量。一些功能强大的万用表还设有其他扩展功能，如可测量温度、频率、三极管的放大倍数等。万用表的种类多种多样。在电子技术领域，常用的万用表主要有指针万用表和数字万用表两大类。

1. 指针万用表

指针万用表是一种模拟万用表，是利用一块灵敏的磁电式直流电流表（微安表）作为表头，通过表盘下面的功能旋钮设置不同的测量项目和挡位，并根据表盘指针指示的角度显示测量的结果。其最大的特点就是能够直观地显示电流、电压等参数的变化过程和变化方向，如图5-1所示。

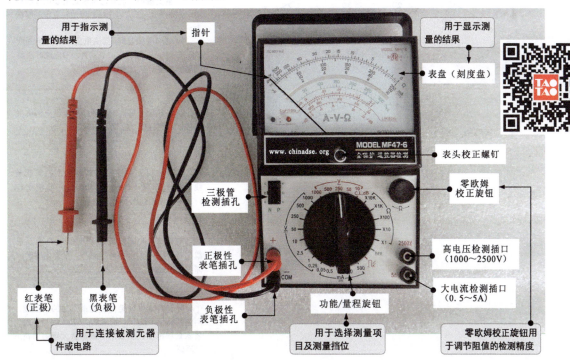

图5-1 指针万用表

（1）表盘（刻度盘）

表盘（刻度盘）位于指针万用表的最上方，由多条弧线构成，用于显示测量结果。由于指针万用表的功能很多，因此表盘上通常有许多标识刻度值的同心弧线（刻度线）。如图 5-2 所示，指针万用表的表盘由 6 条同心弧线构成，每一条弧线均标识出与量程选择旋钮相对应的刻度值。

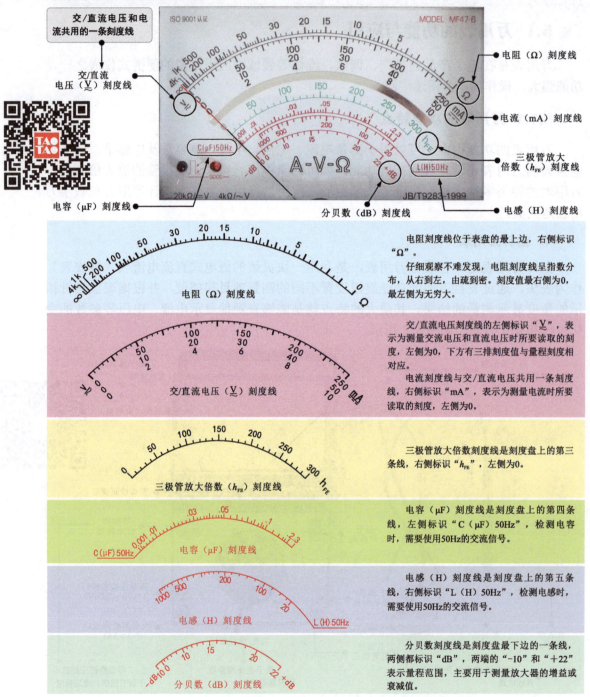

图 5-2　指针万用表的表盘（刻度盘）及表盘各刻度线的功能

（2）功能/量程旋钮

功能/量程旋钮位于指针万用表的主体位置，在其周围标有测量项目及量程，可通过旋转功能/量程旋钮进行选择，如图5-3所示。

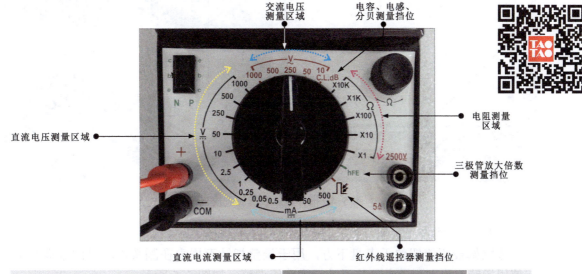

交流电压测量区域（V）
测量交流电压时选择该区域，根据被测的电压值，可选择的量程范围为10V、50V、250V、500V、1000V。

电容、电感、分贝测量挡位
测量电容器的电容量、电感器的电感量及分贝值时选择该挡位。

电阻测量区域（Ω）
测量电阻值时选择该区域，根据被测的电阻值，可选择的量程范围为×1、×10、×100、×1k、×10k。有些指针万用表的电阻检测区域还有标识"·))"（蜂鸣挡），主要用于检测二极管及线路的通、断。

三极管放大倍数测量挡位
h_{FE}挡位主要用于测量三极管的放大倍数。

红外线遥控器测量挡位
该挡位主要用于检测红外线遥控器，将红外线遥控器的发射头垂直对准表盘中的红外线遥控器测量挡位，并按下红外线遥控器的功能按键。如果红色发光二极管闪亮，则表示该红外线遥控器工作正常。

直流电流测量区域（mA）
测量直流电流时选择该区域，根据被测的电流值，可选择的量程范围为0.05mA、0.5mA、5mA、50mA、500mA。

直流电压测量区域（V）
测量直流电压时选择该区域，根据被测的电压值，可选择的量程范围为0.25V、1V、2.5V、10V、50V、250V、500V、1000V。

图5-3 指针万用表的功能/量程旋钮

（3）表头校正螺钉

指针万用表的表头校正螺钉位于表盘下方的中央位置，用于指针万用表的机械调零，如图5-4所示。

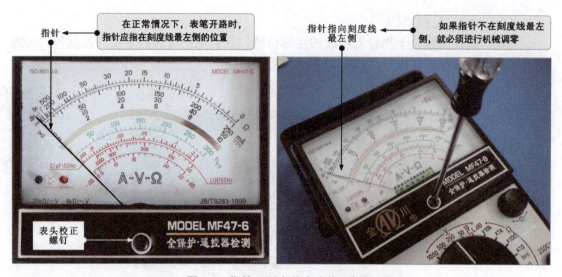

图 5-4 指针万用表的表头校正螺钉

（4）零欧姆校正旋钮

零欧姆校正旋钮位于表盘下方，用于调整指针万用表在测量电阻时的基准 0 位，在使用指针万用表测量电阻前要进行零欧姆调整，如图 5-5 所示。

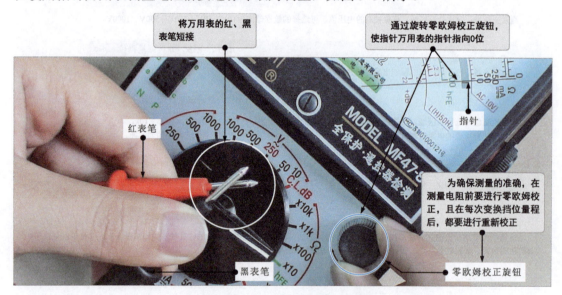

图 5-5 指针万用表零欧姆校正旋钮

（5）三极管检测插孔

三极管检测插孔位于操作面板的左侧，如图 5-6 所示，在三极管检测插孔下方标有 N 和 P。

（6）表笔插孔

在指针万用表的下边有 2～4 个插孔，用来与表笔连接（指针万用表的型号不同，表笔插孔的数量及位置不相同）。指针万用表的每个插孔都用文字或符号标识，如图 5-7 所示。

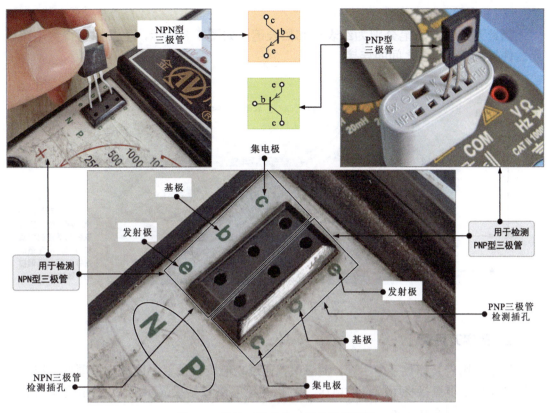

图 5-6　指针万用表的三极管检测插孔

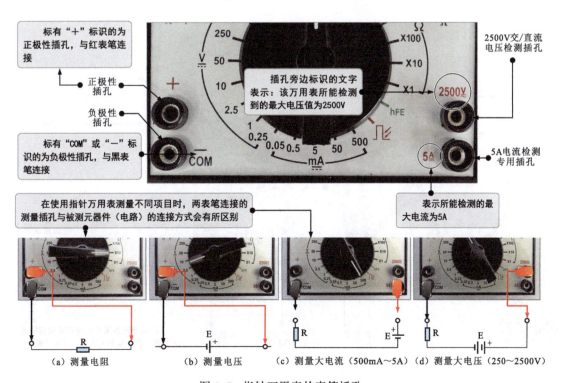

图 5-7　指针万用表的表笔插孔

（7）表笔

指针万用表的表笔分别为红表笔和黑表笔，如图5-8所示，主要用于待测电路、元器件与指针万用表之间的连接。

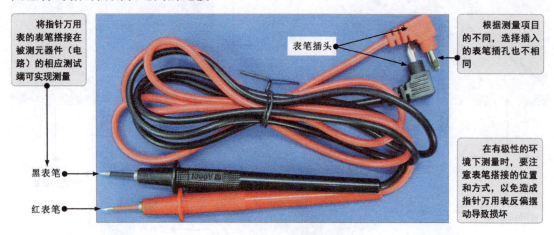

图5-8 指针万用表的表笔

2. 数字万用表

数字万用表又称数字多用表，测量时，通过功能旋钮设置不同的测量项目和挡位，通过液晶显示屏直接将所测量的电压、电流、电阻等测量结果显示出来，显示清晰、直观，读取准确，如图5-9所示。

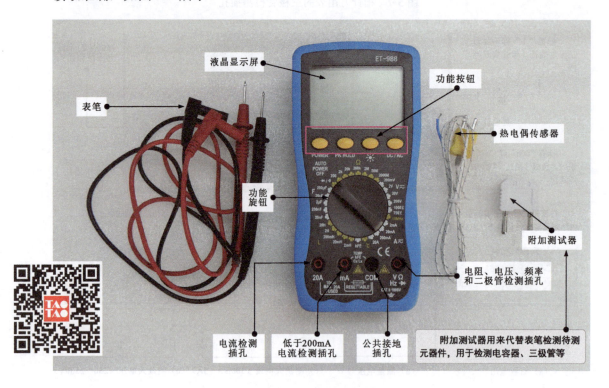

图5-9 数字万用表

（1）液晶显示屏

数字万用表的液晶显示屏是用来显示当前测量状态和最终测量数值的。由于数字万用表的功能很多，因此在液晶显示屏上会有许多标识，根据用户选择不同的测量功能而显示不同的测量状态，如图 5-10 所示。

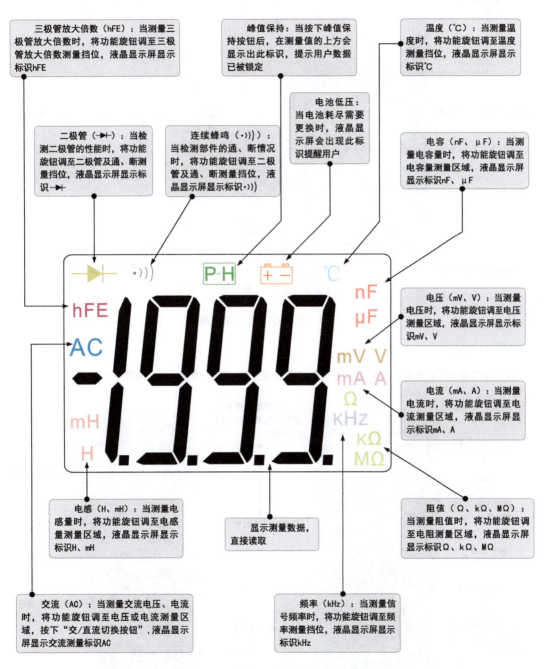

图 5-10　数字万用表的液晶显示屏

（2）功能旋钮

功能旋钮位于数字万用表的主体位置，旋转功能旋钮可选择不同的测量项目及测量挡位。在功能旋钮的周围有多种测量项目标识，测量时，仅需要旋转中间的功能旋钮，使其指示相应的挡位后，即可进入相应的测量状态。

图 5-11 为典型数字万用表的功能旋钮。

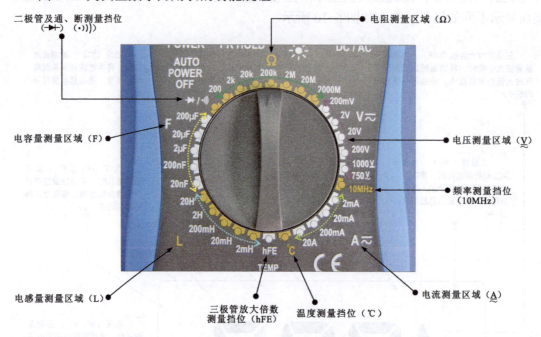

图 5-11　数字万用表的功能旋钮

> **资料与提示**
>
> 数字万用表主要分为手动量程数字万用表和自动量程数字万用表两大类，如图5-12所示。

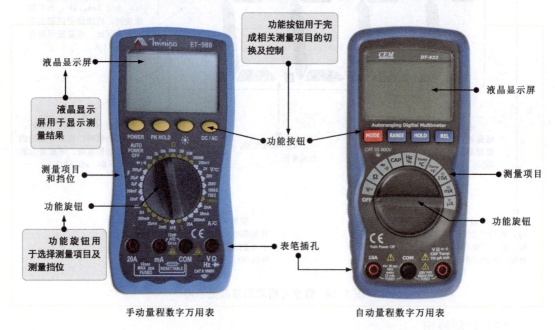

图 5-12　手动量程和自动量程数字万用表

图 5-13 为手动量程数字万用表的功能旋钮。一般来说，数字万用表都具有电阻测量、电压测量、频率测量、电流测量、温度测量、三极管放大倍数测量、电感量测量、电容量测量及二极管通、断测量 9 大功能。

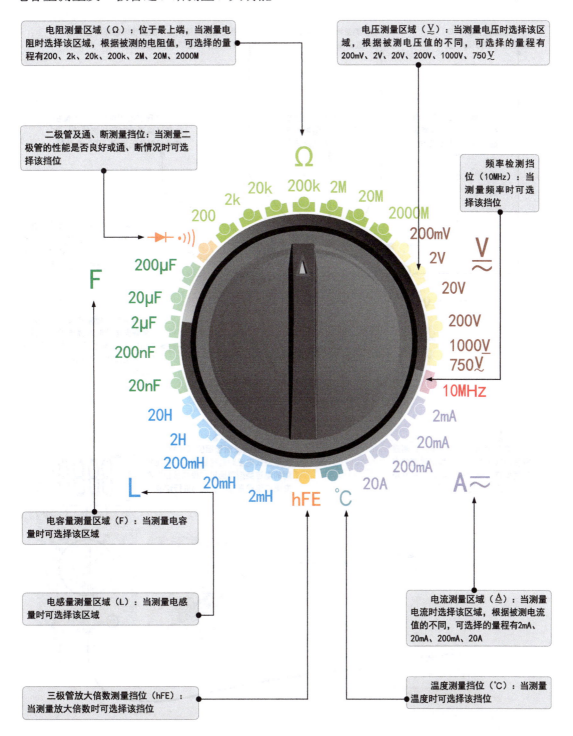

图 5-13　手动量程数字万用表的功能旋钮

自动量程数字万用表的功能旋钮周围仅标识测量项目，没有明确的量程标识。测量时，只需将功能旋钮调至相应的测量项目，自动量程数字万用表便会根据测量项目自动选择量程，智能、方便，如图 5-14 所示。

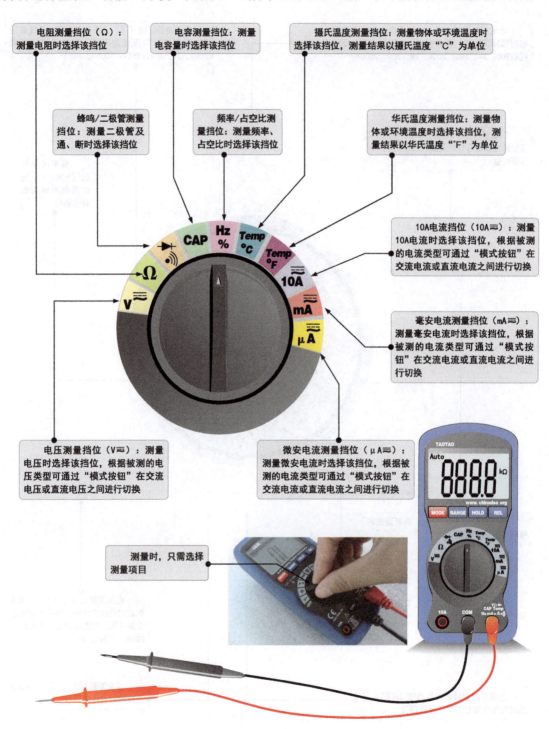

图 5-14　自动量程数字万用表的功能旋钮（CEM DT-922 型）

（3）功能按钮

数字万用表的功能按钮位于数字万用表液晶显示屏与功能旋钮之间，测量时，只需按动功能按钮，即可完成相关测量项目的切换及控制，如图 5-15 所示。数字万用表的功能按钮主要包括电源按钮、峰值保持按钮、背光灯按钮及交/直流切换按钮。

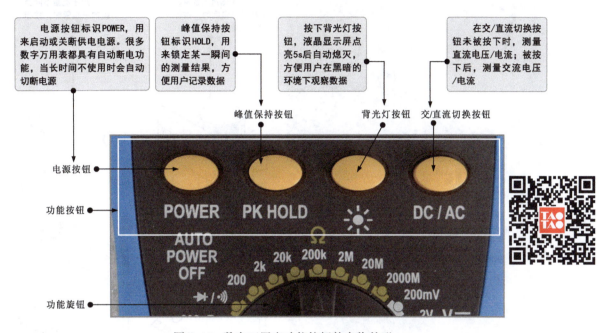

图 5-15　数字万用表功能按钮的实物外形

（4）表笔插孔

如图 5-16 所示，表笔插孔位于数字万用表的下方，用于连接测量表笔或附加测试器。

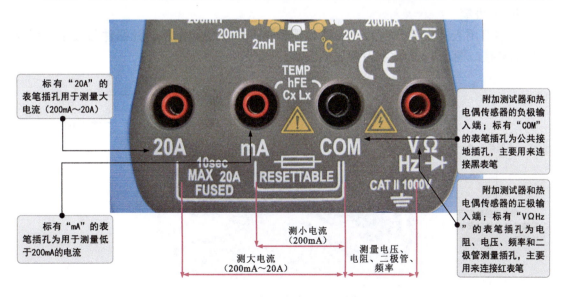

图 5-16　数字万用表的表笔插孔

(5) 附加测试器

附加测试器是数字万用表的附加配件,主要用于检测电容器的电容量、电感器的电感量、三极管的放大倍数等。

图 5-17 为数字万用表的附加测试器。

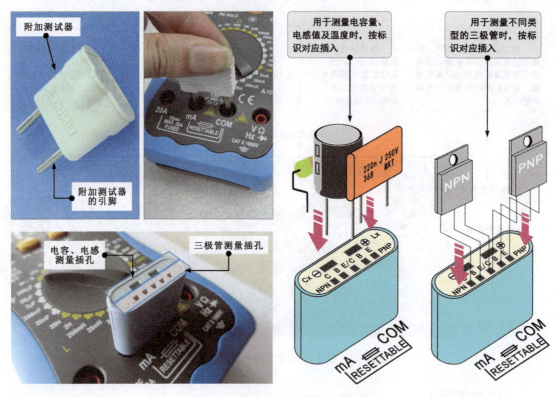

图 5-17　数字万用表的附加测试器

(6) 表笔

数字万用表的表笔分别为红表笔和黑表笔,用于待测电路、元器件与数字万用表之间的连接。图 5-18 为数字万用表的表笔。

图 5-18　数字万用表的表笔

5.1.2 万用表的操作与应用

万用表的操作与应用如图 5-19 所示。

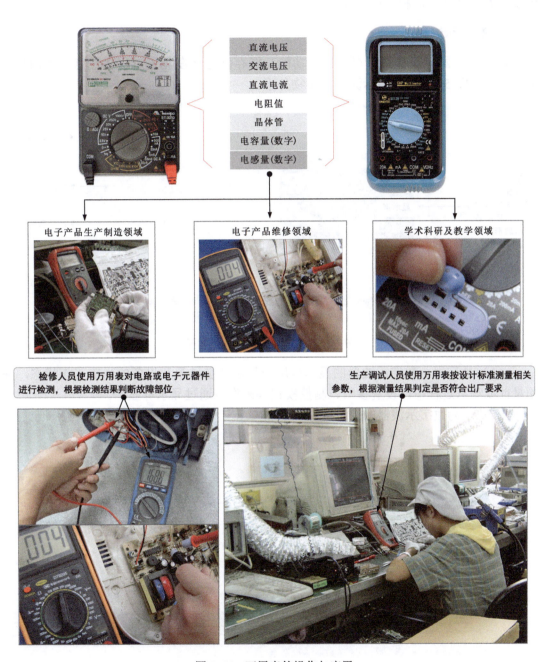

图 5-19 万用表的操作与应用

5.2 示波器的功能与应用

示波器是在电子产品生产、调试、维修等领域中应用较多的仪器之一，功能强大，操作简单，用途广泛。

5.2.1 示波器的功能特点

示波器是一种用于显示和观测信号波形及相关参数的电子仪器，根据功能的不同可以分为数字示波器和模拟示波器。

1. 数字示波器

数字示波器一般都具有存储记忆功能，能存储记忆在测量过程中任意时间的瞬时信号波形。图 5-20 为数字示波器的实物外形。

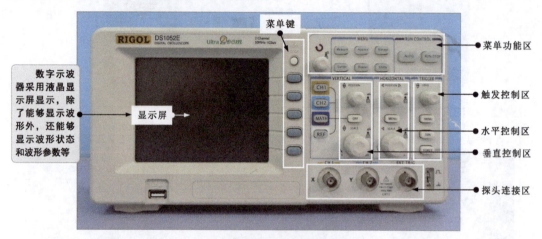

图 5-20　数字示波器的实物外形

（1）显示屏。数字示波器的显示屏用于显示测量结果和设备的当前工作状态，在测量前或测量过程中，设置参数、测量模式等操作也通过显示屏显示。

图 5-21 为数字示波器的显示屏。

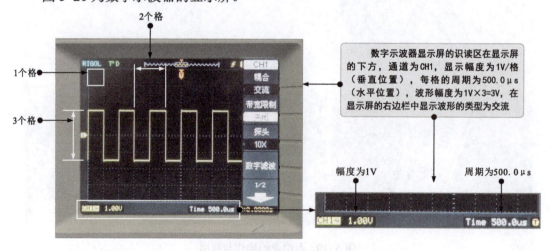

图 5-21　数字示波器的显示屏

由图 5-21 可知，显示屏能够直接显示波形的类型及每格表示的幅度、周期大小等，通过显示的数据可以很方便地读出波形的幅度和周期。

（2）数字示波器的菜单键如图 5-22 所示。

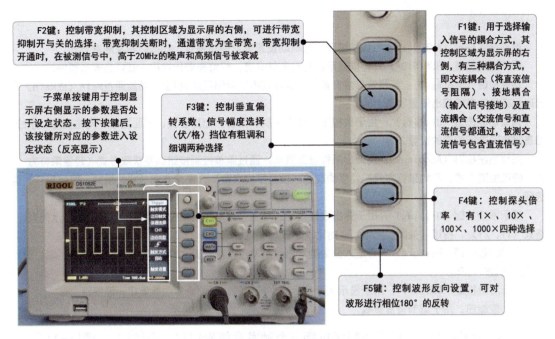

图 5-22 数字示波器的菜单键

（3）菜单功能区。菜单功能区主要包括自动设置按键、屏幕捕捉按键、功能按键、辅助功能按键、采样系统按键、显示系统按键、自动测量按键、光标测量按键、多功能旋钮等，如图 5-23 所示。

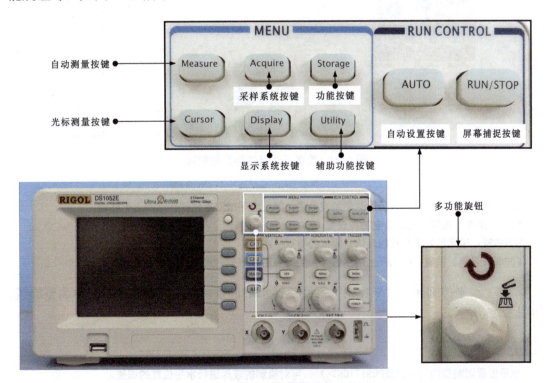

图 5-23 数字示波器的菜单功能区

资料与提示

自动设置按键（AUTO）：使用该按键后，可自动设置垂直偏转系数、扫描时基及触发方式。

屏幕捕捉按键（RUN/STOP）：可以显示绿灯亮和红灯亮，绿灯亮表示运行，红灯亮表示暂停。

功能按键（Storage）：可将波形或设置状态保存到内部存储区或U盘上，并能通过RefA（或RefB）调出所保存的信息或调出设置状态。

辅助功能按键（Utility）：用于自校正、波形录制、语言、出厂设置、界面风格、网格亮度、系统信息等选项进行相应的设置。

采样系统按键（Acquire）：可弹出采样设置菜单，通过菜单控制按钮调整获取方式（普通采样方式、峰值检测方式、平均采样方式）、平均次数（设置平均次数）、采样方式（实时采样、等效采样）等选项。

显示系统按键（Display）：用于弹出设置菜单，可通过菜单控制按钮调整显示方式，如显示类型、格式（YT、XY）、持续（关闭、无限）、对比度、波形亮度等信息。

自动测量按键（Measure）：可进入参数测量显示菜单，该菜单有5个可同时显示测量值的区域，分别对应菜单键F1～F5。

光标测量按键（Cursor）：用于显示测量光标或光标菜单，可配合多功能旋钮一起使用。

多功能旋钮：用于调节设置参数。

（4）触发控制区。触发控制区包括一个触发系统旋钮和三个按键，如图5-24所示。

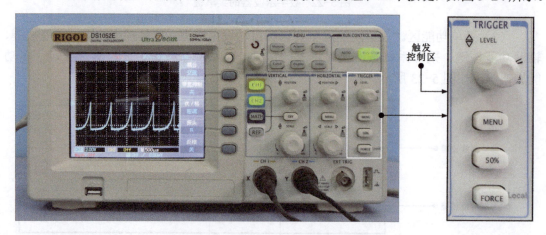

图 5-24 数字示波器的触发控制区

资料与提示

触发系统旋钮（LEVEL）：用于改变触发电平，触发电平线随旋钮的转动而上下移动。

MENU（菜单）按键：可以改变触发设置。

50%按键：设定触发电平在触发信号幅值的垂直中点。

FORCE（强制）按键：强制产生触发信号，主要应用在触发方式中的正常和单次模式。

（5）水平控制区。水平控制区主要包括水平位置调整旋钮和水平时间轴调整旋钮，如图5-25所示。

资料与提示

水平位置调整旋钮（＜缩放POSITION＞）：可对检测的波形进行水平位置的调整。

水平时间轴调整旋钮（＜SCALE＞）：可对检测的波形进行水平方向时间轴的调整。

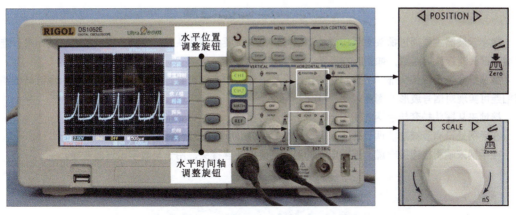

图 5-25　数字示波器的水平控制区

（6）垂直控制区。垂直控制区主要包括垂直位置调整旋钮和垂直幅度调整旋钮，如图 5-26 所示。

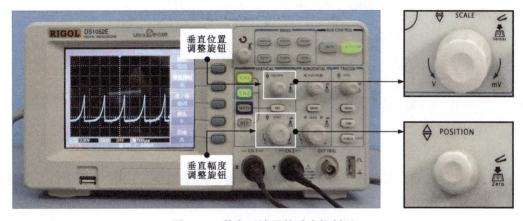

图 5-26　数字示波器的垂直控制区

资料与提示

垂直位置调整旋钮（SCALE）：可对检测的波形进行垂直方向的调整。
垂直幅度调整旋钮（POSITION）：可对检测的波形进行垂直方向幅度的调整。

（7）探头连接区。探头连接区主要包括 CH1 按键和 CH1（X）信号输入端、CH2 按键和 CH2（Y）信号输入端，如图 5-27 所示。

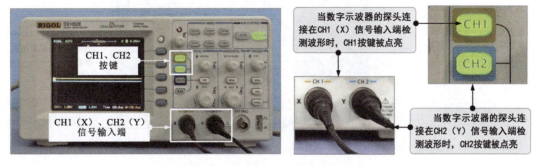

图 5-27　数字示波器的探头连接区

资料与提示

数字示波器主要通过探头来感应或检测信号。探头主要由探头头部、手柄、探头护套、接地夹、连接电缆及探头连接头等组成，如图5-28所示。

探头护套位于探头头部，主要起保护作用，拧下探头护套即可看到探针。检测时，使用探针与被测引脚相连可实现对信号波形的测量。

接地夹从探头护套与手柄之间引出，用于检测时接地。

在手柄处设有衰减功能调节开关，有×1挡和×10挡两个挡位选择。

在手柄末端引出连接电缆，连接电缆的另一端是探头连接头，用于与数字示波器连接。

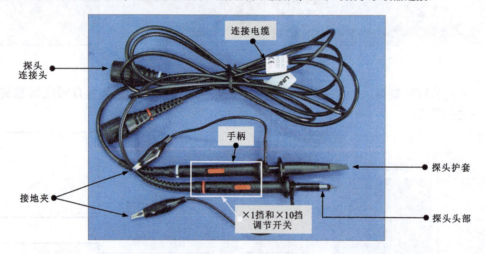

图 5-28 数字示波器的探头

（8）其他键钮。其他键钮主要包括关闭按键、REF 按键、USB 主机接口、电源开关，如图 5-29 所示。

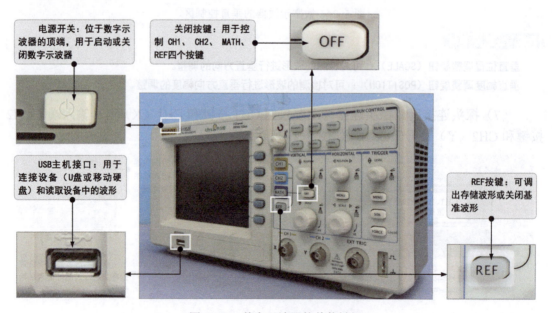

图 5-29 数字示波器的其他键钮

2. 模拟示波器

模拟示波器的使用比较广泛。图 5-30 为双踪模拟示波器的实物外形及面板。

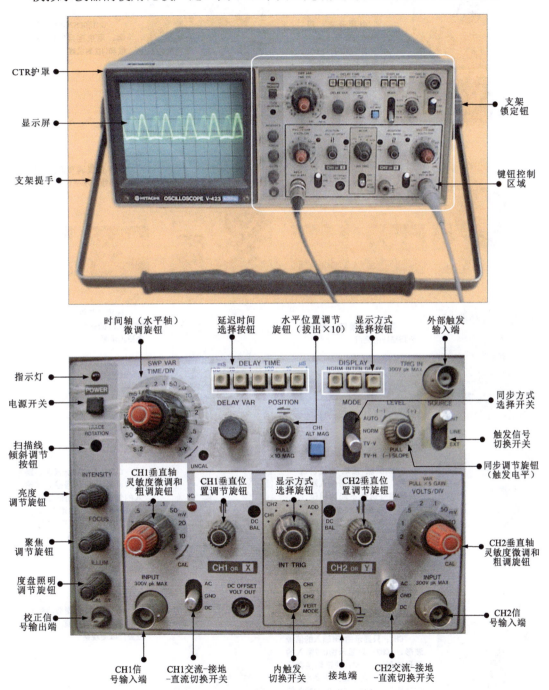

图 5-30 双踪模拟示波器的实物外形及面板

双踪示波器具有两个信号输入通道（CH1、CH2），可同时检测和显示两个信号的波形。

图5-31为模拟示波器键钮控制区域各个键钮的功能。

电源开关：用于接通和断开电源，当接通电源时，位于电源开关上方的指示灯亮

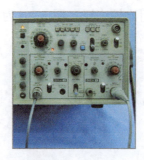
CH1和CH2信号输入端：用来连接CH1测试线和CH2测试线

时间轴（水平轴）微调旋钮：用于调节波形的时间轴（水平轴）
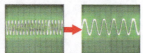

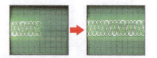
水平位置调节旋钮：用于调节扫描线的水平位置

亮度调节旋钮：用于调节扫描线的亮度

聚焦调节旋钮：用于调节波形的聚焦状态，使之更加清晰

CH1交流-接地-直流切换开关：根据CH1信号输入端输入的信号选择不同的挡位，"AC"为观测交流信号，"DC"为观测直流信号，"GND"为观测接地

CH2交流-接地-直流切换开关：根据CH2信号输入端输入的信号选择不同的挡位，"AC"为观测交流信号，"DC"为观测直流信号，"GND"为观测接地

显示方式选择旋钮：设置5个挡位。CH1：只显示由CH1输入的信号波形。CH2：只显示由CH2输入的信号波形。CHOP：快速切换显示方式。ALT：两个输入信号的波形交替显示。ADD：CH1和CH2输入信号波形的加法或减法处理

CH2垂直位置调节旋钮：用于移动波形在垂直方向上的位置，以便观察
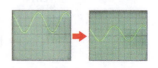

图5-31 模拟示波器键钮控制区域各个键钮的功能

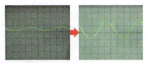

Ch1垂直轴灵敏度微调和粗调旋钮：两个旋钮是一个同心调节旋钮，外圆环形旋钮是灵敏度粗调旋钮，内圆旋钮是微调旋钮，可以根据被测信号的幅度调节输入电路的衰减量，使显示的波形在显示屏上有适当的大小

CH2垂直轴灵敏度微调和粗调旋钮：用于调节CH2信号波形的垂直灵敏度

同步方式选择开关：用于微调同步信号的频率或相位，使其与被测信号的相位一致（频率可为整数倍）

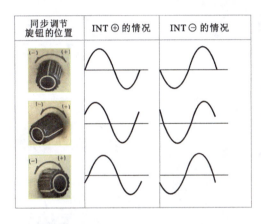

外部触发输入端：当示波器的内部扫描波形与外部信号波形同步时，可从该输入端加入外部同步信号

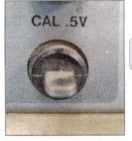

校正信号输出端：用于输出内部产生的标准信号

触发信号切换开关：用于使观测信号波形静止在显示屏上，INT为内同步源，LINE为线路输入信号，EXT为由外部输入的信号作为同步基准

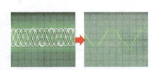

延迟时间选择按钮：设置5个延迟时间挡位供选择

显示方式选择按钮：设置NORM、INTEN、DELAY 3个挡位供选择

图 5-31　模拟示波器键钮控制区域各个键钮的功能（续）

5.2.2 示波器的操作与应用

示波器的功能强大，可对电子产品中的信号波形进行观测，判断电路性能是否符合要求，如图 5-32 所示。

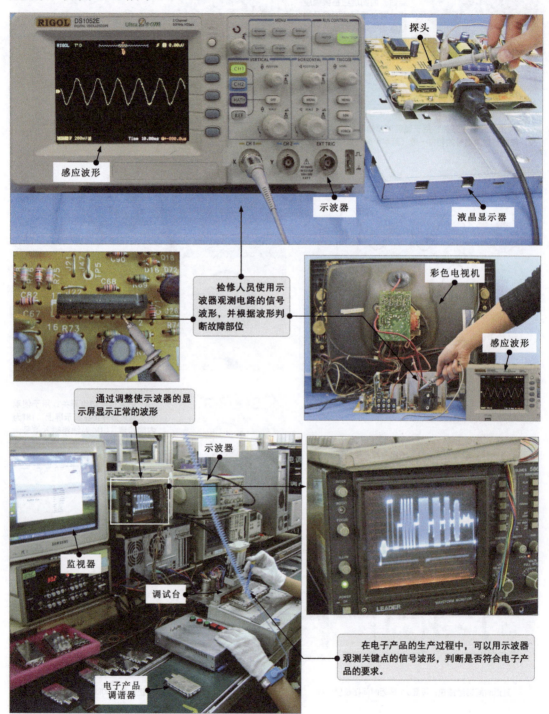

图 5-32 示波器的操作与应用

5.3 信号发生器的功能与应用

信号发生器是能够产生各种信号波形的仪器,在电子产品的生产、调试及维修中广泛应用。例如,在调试音频设备时使用音频信号发生器或低频信号发生器,在调试电视设备时使用电视信号发生器,在调试收音设备时使用高频信号发生器。

5.3.1 信号发生器的功能特点

图 5-33 为 RIGOL DG1022 信号发生器的前面板和背部面板。该信号发生器的前面板上包括各种功能按键、旋钮及菜单软键,可以进入不同的功能菜单或直接获得特定的功能应用。

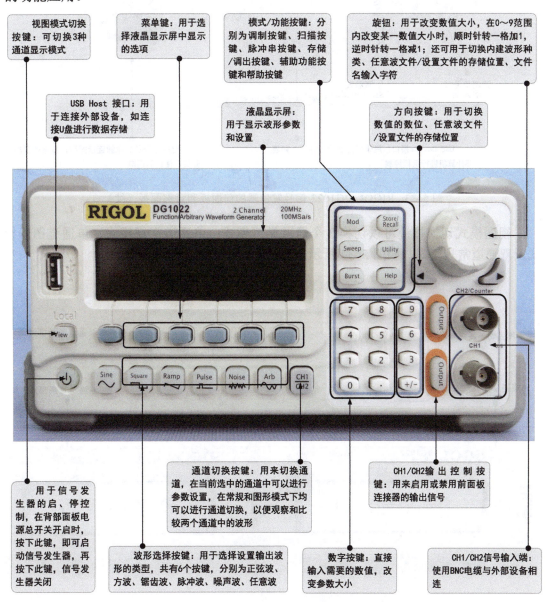

图 5-33 RIGOL DG1022 信号发生器的前面板和背部面板

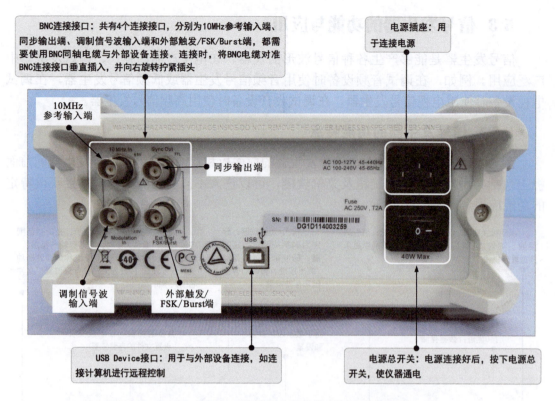

图 5-33　RIGOL DG1022 信号发生器的前面板和背部面板（续）

视图模式切换按键可以切换 3 个通道显示模式：单通道常规模式、单通道图形模式及双通道常规模式，如图 5-34 所示。

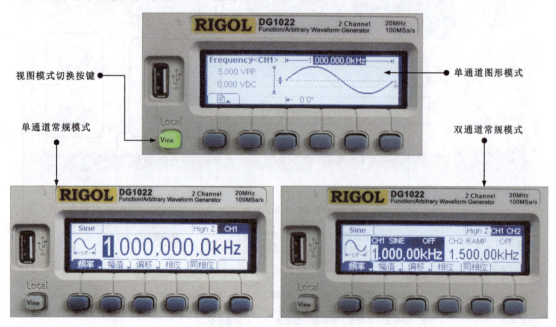

图 5-34　3 个通道显示模式

菜单键用于选择液晶显示屏中显示的频率、幅值、偏移、相位、同相位等选项，如图 5-35 所示。

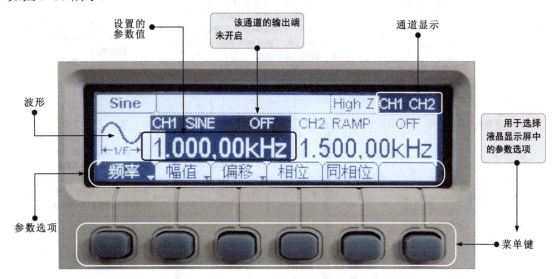

图 5-35 菜单键及其功能

图 5-36 为波形选择按键及其功能。使用波形选择键，选择波形类型、波形图标及字样变为选择的波形信号图标及字样，可输出一定范围的波形，通过设置频率/周期、幅值/高电平等参数，可以得到不同参数值的波形。

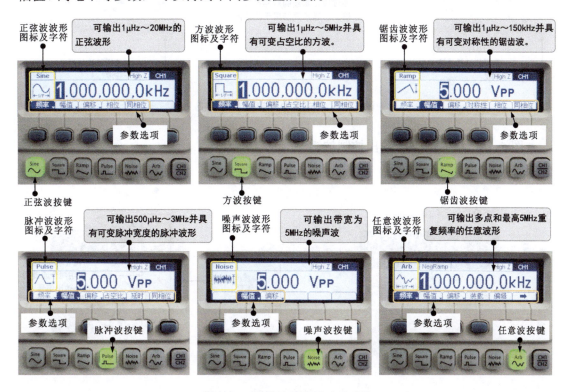

图 5-36 波形选择按键及其功能

101

图 5-37 为模式/功能按键及其功能。

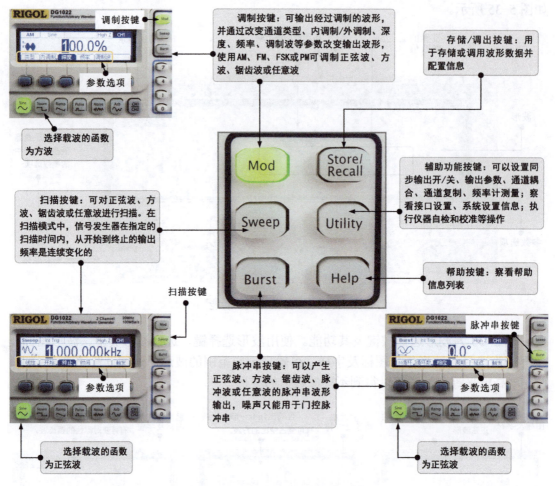

图 5-37　模式/功能按键及其功能

图 5-38 为 CH1/CH2 输出控制按键。

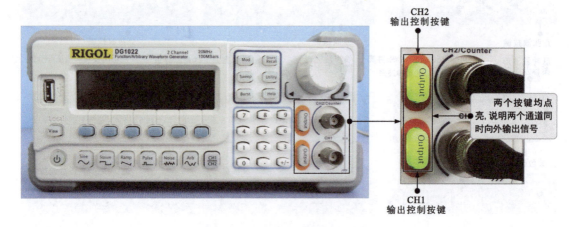

图 5-38　CH1/CH2 输出控制按键

5.3.2 信号发生器的操作与应用

信号发生器作为信号源直接连入被测电路的输入端，即可为被测电路提供标准的测试信号。输入的测试信号可根据需要进行选择、设定或调整，是电子技术领域中常用测试信号源，如图 5-39 所示。

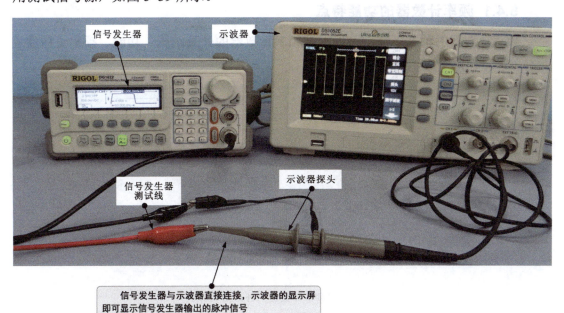

图 5-39 信号发生器的操作与应用

资料与提示

信号发生器的应用领域广泛，种类繁多，性能参数也各不相同。从输出波形类型来分，信号发生器可分为正弦信号发生器、函数（波形）信号发生器、脉冲信号发生器和随机信号发生器。

5.4 频率计数器的功能与应用

频率计数器是用来测量信号频率和周期的仪表,简称频率计,在电子产品的生产、调试及维修中广泛应用。

5.4.1 频率计数器的功能特点

频率计数器的种类多样,可以根据频率计数器的外形结构、功能、频率及精度等进行分类,如图5-40所示。

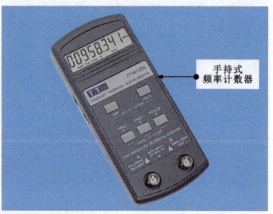

(a) 根据频率计数器的外形结构分类

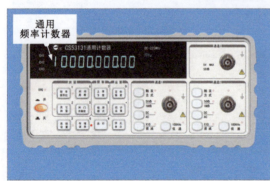
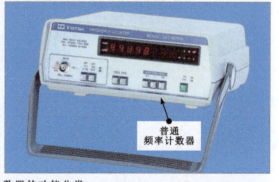

(b) 根据频率计数器的功能分类

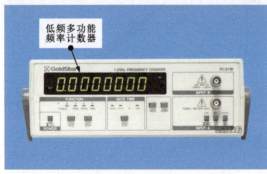
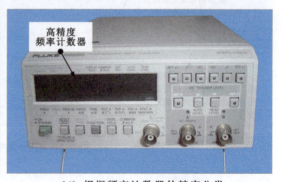

(c) 根据频率计数器的频率分类　　　(d) 根据频率计数器的精度分类

图 5-40 频率计数器的分类

资料与提示

便携式频率计数器可用于测量信号的频率、频率比、周期、时间间隔及计数等，能满足不同的工作需要，测量频率时，只需将频率计数器与被测信号连接，读取显示屏上的数值即可。手持式频率计数器体积较小，同样能满足不同的工作需求。

通用频率计数器是具有多种测量功能的计数器，可用来测量频率、频率比、时间间隔、周期、上升/下降时间、正/负脉冲宽度、占空比、相位、峰值电压、时间间隔平均、时间间隔延迟等。普通频率计数器主要用于测量频率和计数，检查或调节振荡器的频率。

频率计数器按照频率可分为低频多功能频率计数器和高频多功能频率计数器。

频率计数器按照精度可分为高精度、等精度和高带宽频率计数器，具有极限运算、数学运算、固定闸门内多次平均测量等多种运算功能，可自动存储当前参数且关机后不会丢失，用于测量频率、周期、时间间隔、脉宽、相位及占空比，测量精度高。

高频信号对元器件的要求很高，频率计数器能直接计数的频率一般在500MHz以下，要计数更高的频率（3GHz以上）通常采用多种频率转换技术，也就是将高频信号转换成1GHz以下的频率信号。

微波频率计数器的功能非常强大，主要性能指标有频率范围、显示数位、灵敏度、分辨率和准确度等，如图5-41所示。

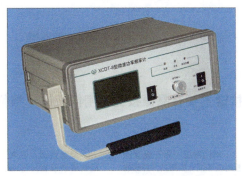

图5-41 微波频率计数器

频率计数器的外形结构如图5-42所示。

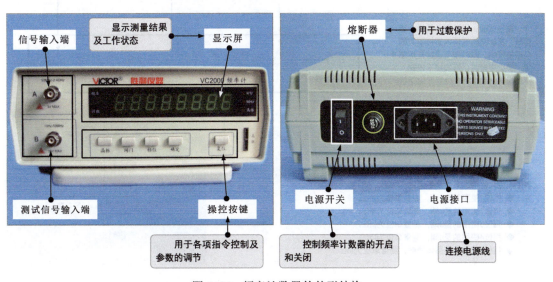

图5-42 频率计数器的外形结构

1. 信号输入端

信号输入端有 A 端、B 端，如图 5-43 所示。

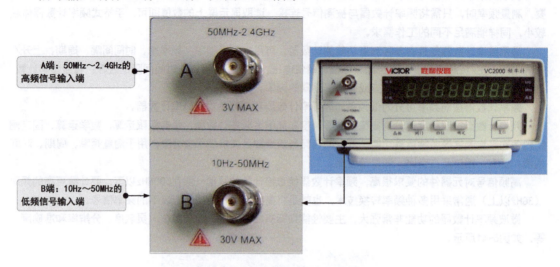

图 5-43　频率计数器的信号输入端

2. 操控按键

频率计数器的操控按键主要有晶振按键、闸门按键、挡位按键、确定按键和复位按键，如图 5-44 所示。

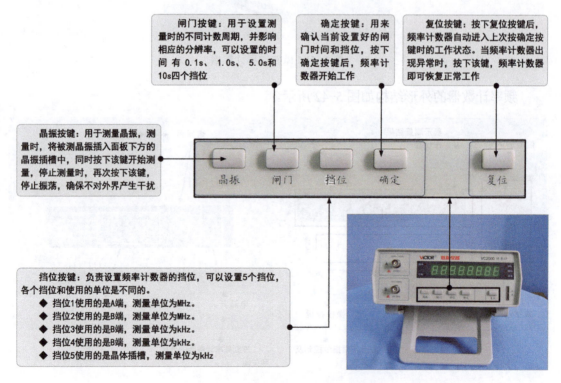

图 5-44　频率计数器的操控按键

3. 显示屏

显示屏用于显示设置和测量的参数，包括频率指示灯、计数指示灯、kHz 指示灯、MHz 指示灯和晶振指示灯，如图 5-45 所示。

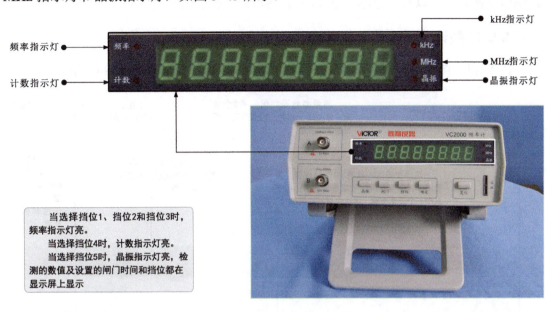

图 5-45 频率计数器的显示屏

5.4.2 频率计数器的操作与应用

频率计数器的操作与应用如图 5-46 所示。

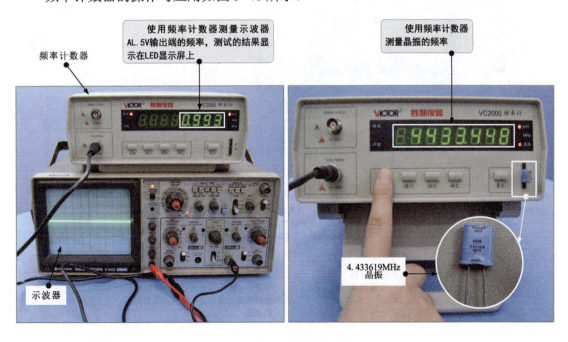

图 5-46 频率计数器的操作与应用

5.5 频谱分析仪的功能与应用

频谱分析仪是一种多用途的电子测量仪器，简称频谱仪（又可称为频域示波器或跟踪示波器），可以对一定频率范围的信号强度、带宽等进行测量。

5.5.1 频谱分析仪的功能特点

图 5-47、图 5-48 分别为频谱分析仪的前面板和后面板（惠普 8594E 型）。

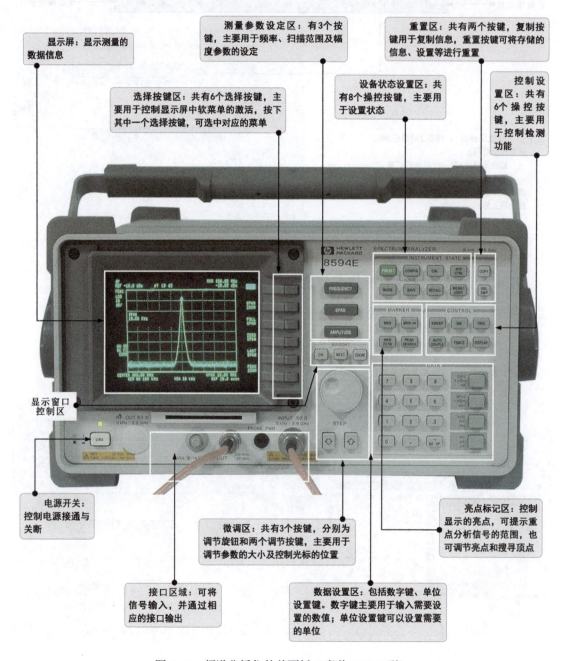

图 5-47 频谱分析仪的前面板（惠普 8594E 型）

图 5-48 频谱分析仪的后面板（惠普 8594E 型）

1. 显示屏

显示屏是重要的人机交互界面，可以显示测量结果、当前设备的工作状态及设置参数和设定测量模式等操作，如图 5-49 所示。

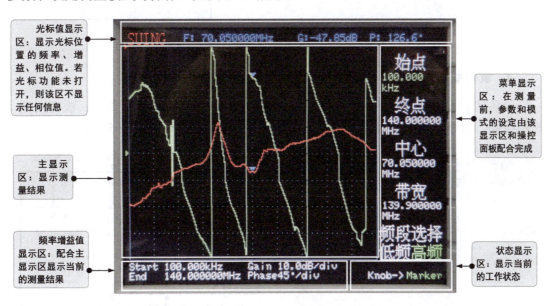

图 5-49 频谱分析仪的显示屏

2. 测量参数设定区

测量参数设定区有 3 个按键，分别为频率按键、频率范围按键、幅度设置按键，如图 5-50 所示。

3. 亮点标记区

亮点标记区共有 4 个操控按键，分别为亮点控制按键、点亮信号分析按键、亮点调节按键、顶点搜寻按键，如图 5-51 所示。

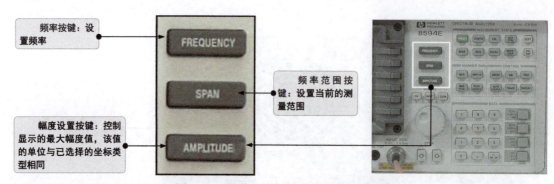

图 5-50　频谱分析仪的测量参数设定区

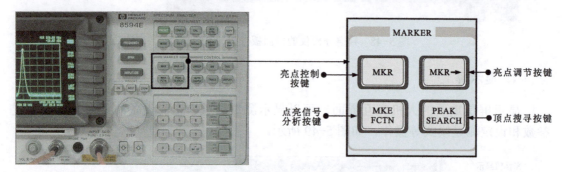

图 5-51　频谱分析仪的亮点标记区

✳ 4. 设备状态设置区

设备状态设置区有 8 个操控按键，分别为预设状态设置区、配置按键、语言按键、控制按键、命令按键、保存按键、取消按键及用户信息按键，如图 5-52 所示。

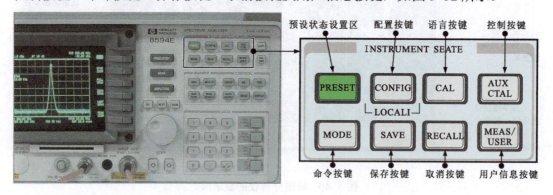

图 5-52　频谱分析仪的设备状态设置区

✳ 5. 控制设置区

控制设置区共有 6 个操控按键，主要包括扫描按键、带宽按键、触发按键、耦合方式按键、跟踪按键及显示按键，如图 5-53 所示。

✳ 6. 接口区域

频谱分析仪的接口区域如图 5-54 所示。

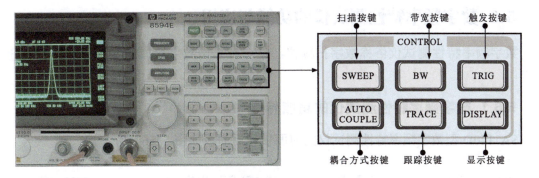

图 5-53 频谱分析仪的控制设置区

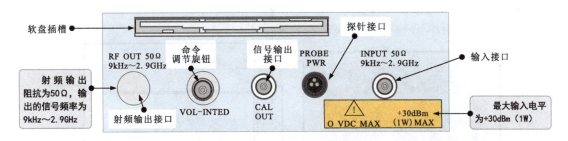

图 5-54 频谱分析仪的接口区域

5.5.2 频谱分析仪的操作与应用

频谱分析仪的操作与应用如图 5-55 所示。

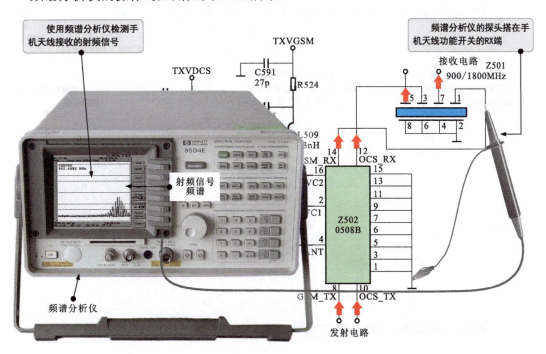

图 5-55 频谱分析仪的操作与应用

5.6 数字频率特性测试仪的功能与应用

数字频率特性测试仪俗称数字扫频仪,是一种采用数字合成技术(DDS)的测量仪表。

5.6.1 数字频率特性测试仪的功能特点

SA1140D 型数字频率特性测试仪的前面板和后面板如图 5-56 所示。

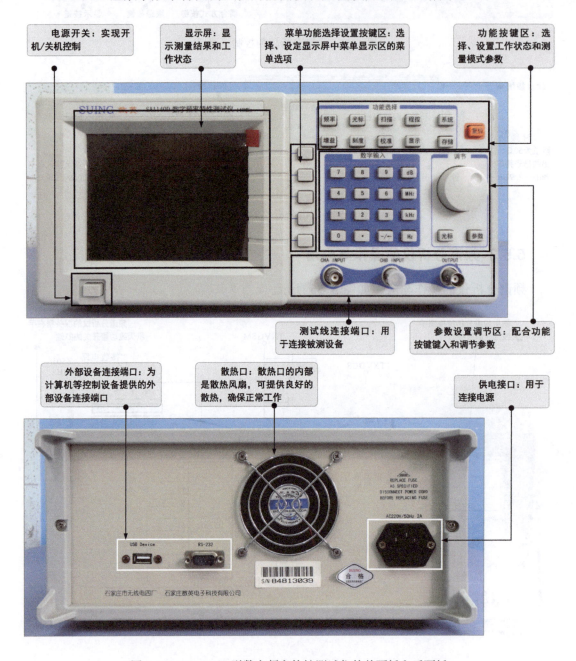

图 5-56 SA1140D 型数字频率特性测试仪的前面板和后面板

1. 显示屏

显示屏是重要的人机交互界面,可以显示测量结果和当前设备的工作状态,实现设置参数、设定测量模式等,如图 5-57 所示。

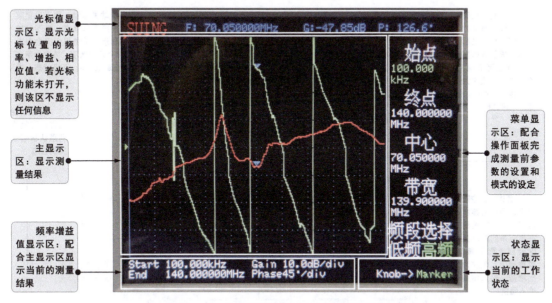

图 5-57 数字频率特性测试仪的显示屏

2. 菜单功能选择设置按键区

菜单功能选择设置按键区的 5 个按键如图 5-58 所示。

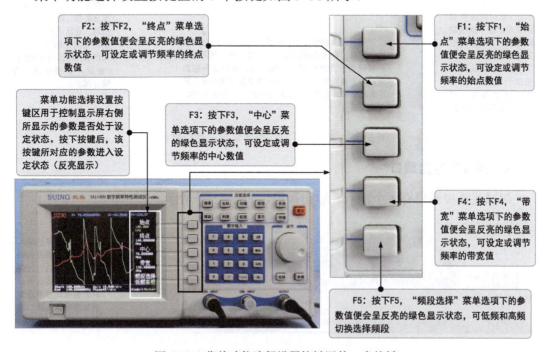

图 5-58 菜单功能选择设置按键区的 5 个按键

3. 功能按键区

功能按键区主要包括频率、增益、光标、刻度、扫描、校准、程控、显示、系统、存储和复位 11 个功能按键，如图 5-59 所示。

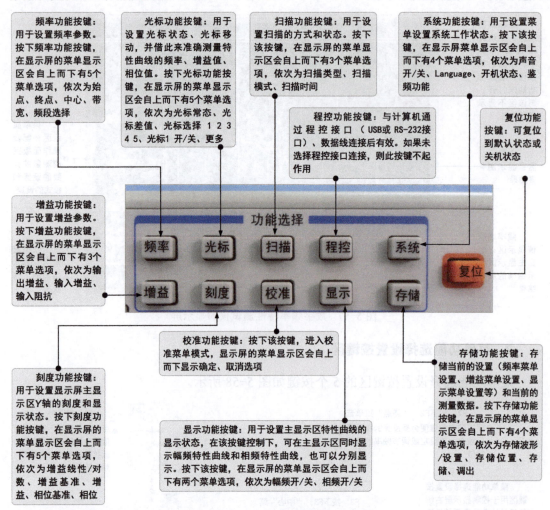

图 5-59 数字频率特性测试仪的功能按键区

4. 测试线连接端口

测试线连接端口有 3 个输入、输出接口，如图 5-60 所示。

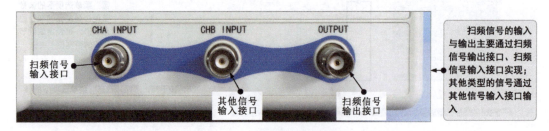

图 5-60 数字频率特性测试仪的测试线连接端口

5. 参数设置调节区

参数设置调节区的左侧为 16 个按键，右侧为一个圆形调节旋钮和两个按键，如图 5-61 所示。

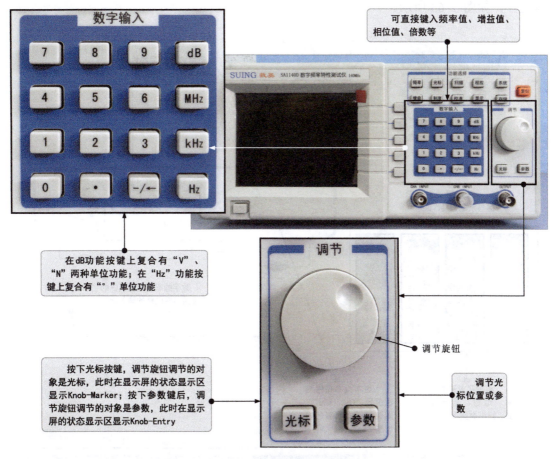

图 5-61 数字频率特性测试仪的参数设置调节区

6. 外部设备连接端口

外部设备连接端口为 USB Device、RS-232，如图 5-62 所示。

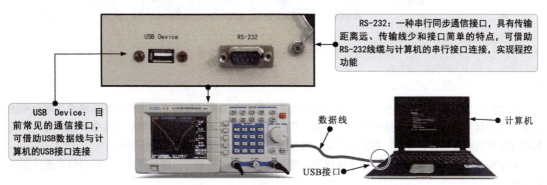

图 5-62 数字频率特性测试仪的外部设备连接端口

❖ 5.6.2 数字频率特性测试仪的操作与应用

数字频率特性测试仪主要用于测量信号传输网络或信号放大电路的频率特性，如滤波器、放大器、高频调谐器、双工器、天线等，是电子技术领域常用的电子测量仪器之一，如图 5-63 所示。

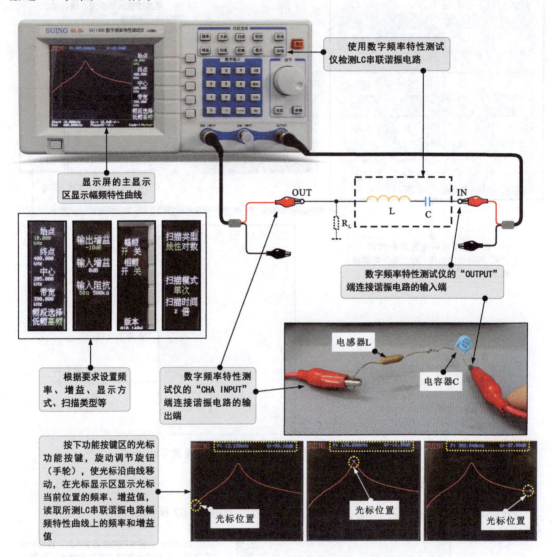

图 5-63 数字频率特性测试仪的操作与应用

资料与提示

频谱分析仪大多没有扫频信号源（或称跟踪源），是以频率的函数形式给出信号的振幅或功率分布的仪器，主要利用频域对信号进行分析、研究，多应用于频谱检测、电路和器件的特性分析及测量，射频和微波信号的幅频特性、调制、相位噪声等。其特点是能对更高频率的信号进行分析。

数字频率特性测试仪是一种网络测量仪器，需要首先产生测量信号，即扫频信号，再对信号进行测量和分析。

示波器是一种信号测量仪器，可以直接测量脉冲波形和交流信号。

第6章 信号的特点与测量

6.1 交流正弦信号的特点与测量

在一般情况下,放大电路均需要引入正反馈,使电路产生稳定可靠的振荡,从而产生交流正弦信号。

6.1.1 交流正弦信号的特点

在实际生活中使用最多的就是正弦交流电,即电压或电流的大小和方向随时间按正弦规律周期性变化。

1. 交流正弦信号的波形

图 6-1 为交流正弦信号波形及其他信号波形。

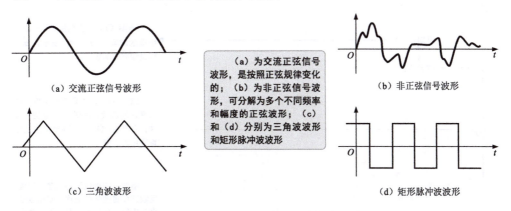

(a) 交流正弦信号波形
(b) 非正弦信号波形
(c) 三角波波形
(d) 矩形脉冲波波形

（a）为交流正弦信号波形,是按照正弦规律变化的；（b）为非正弦信号波形,可分解为多个不同频率和幅度的正弦波形；（c）和（d）分别为三角波波形和矩形脉冲波波形

图 6-1 交流正弦信号的波形与其他信号波形

图 6-2 为正弦交流电的波形图。正弦交流电有瞬时值和最大值（或称幅值）之分。瞬时值通常用小写字母（如 u、i）表示；最大值通常用 U_m、I_m 表示。

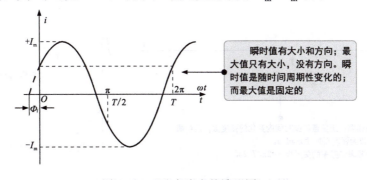

瞬时值有大小和方向；最大值只有大小,没有方向。瞬时值是随时间周期性变化的；而最大值是固定的

图 6-2 正弦交流电的波形图

资料与提示

由于交流电的方向是反复变化的，因此在分析交流电时总是人为地规定电流和电压的参考方向。需要注意的是，参考方向并不是实际方向。如果由参考方向计算的电流或电压为正值，则表明实际方向与参考方向相同；如果为负值，则表明实际方向与参考方向相反。

2. 交流正弦信号的主要物理参数

图6-3为交流正弦信号的主要物理参数解析。

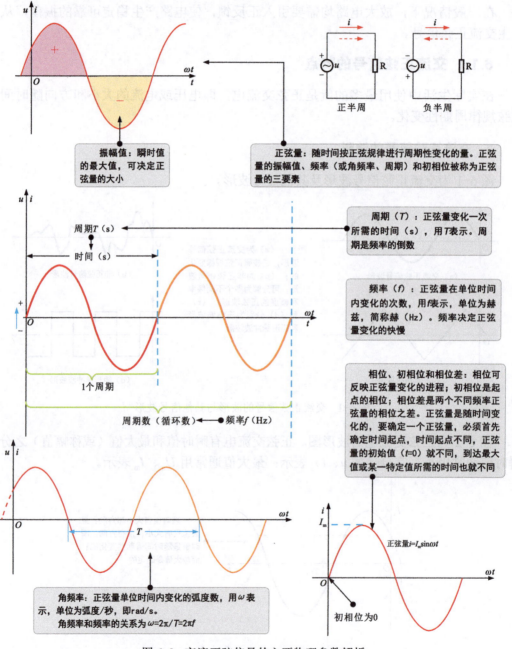

图6-3 交流正弦信号的主要物理参数解析

6.1.2 交流正弦信号的测量

1. 测量由放大器输出的交流正弦信号

使用函数信号发生器输出交流正弦信号并为放大器提供输入信号后,在放大器的输出端即可使用示波器测量经放大的交流正弦信号,如图 6-4 所示。

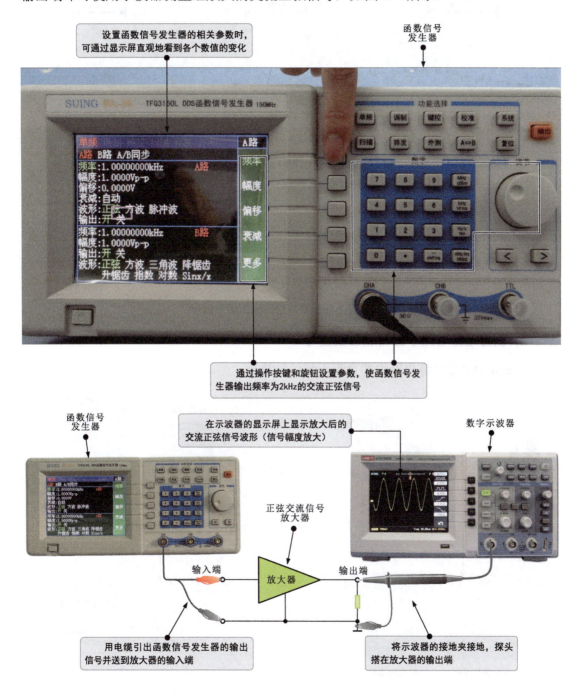

图 6-4 测量由放大器输出的交流正弦信号

资料与提示

函数信号发生器可以产生频率和幅度可调的交流正弦信号,其波形可显示在示波器的显示屏上。若频率发生变化,则波形也会发生变化,如图6-5所示。

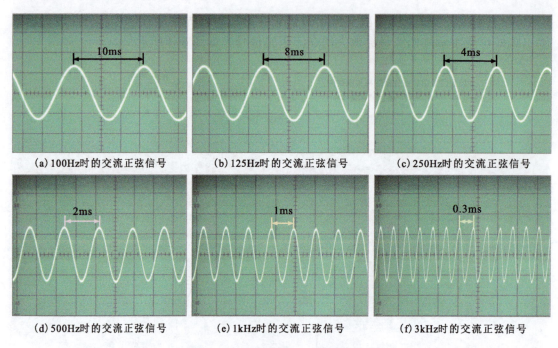

图6-5 不同频率的交流正弦信号波形

2. 测量电源电路中的交流正弦信号

图6-6为测量电源电路中的交流正弦信号波形。

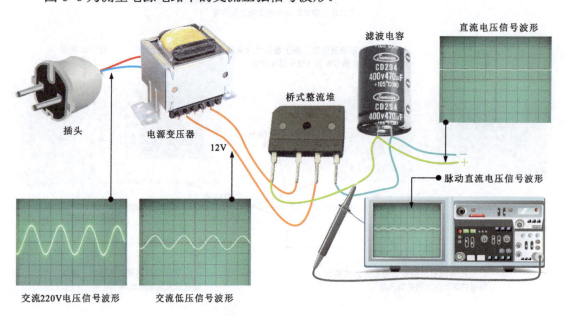

图6-6 测量电源电路中的交流正弦信号波形

6.2 音频信号的特点与测量

音频信号是电子电路中常见的一种信号,在彩色电视机、VCD/DVD 等影音产品中可以检测到。

6.2.1 音频信号的特点

音频信号是指语音、音乐之类的声音信号。音频信号的频率、幅度与声音的音调、强弱相对应。在电子产品中,音频信号分两种,即模拟音频信号和数字音频信号,如图 6-7 所示。

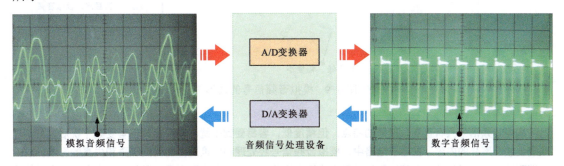

图 6-7 模拟音频信号和数字音频信号

资料与提示

音频信号是一种连续变化的模拟信号,可用一条连续的曲线来表示。模拟音频信号在进行数字处理时,要先变成数字音频信号。数字音频信号可以进行存储、编码、解码、压缩、解压缩、纠错等处理,经处理后,还要变回模拟音频信号。

1. 模拟音频信号的特点

模拟音频信号在时间轴上是连续的,可以模拟连续变化的物理量或物理量的大小。模拟音频信号的产生如图 6-8 所示。

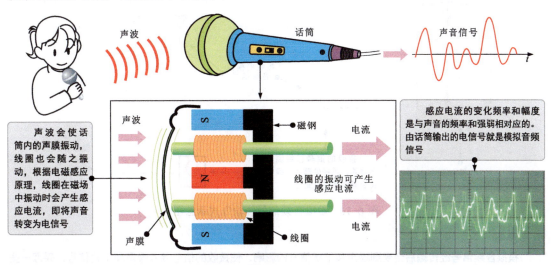

图 6-8 模拟音频信号的产生

在模拟音频信号中，用幅度模拟音量的高、低，用频率模拟音调的高、低，如图 6-9 所示。

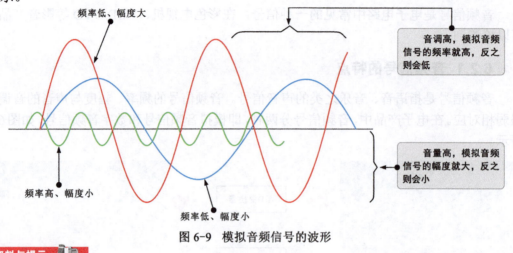

图 6-9 模拟音频信号的波形

资料与提示

模拟音频信号具有直观、形象的特点，但精度低，容易受到干扰。模拟音频信号受到干扰后，就不能准确反映原声音的内容。在电子电路中，模拟音频信号经处理和变换后，会受到噪声和失真的影响，从输入端到输出端，尽管模拟音频信号的波形大体没有变化，但其信噪比和失真度可能已经变差了。在模拟设备中，这种信号的劣化是无法避免的。

图 6-10 为模拟音频信号传输方式示意图。

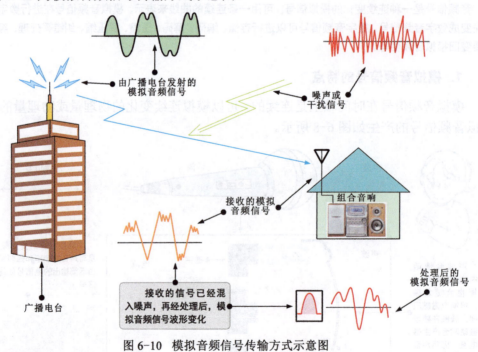

图 6-10 模拟音频信号传输方式示意图

资料与提示

模拟音频信号经传输后会受到噪声和干扰信号的影响，使接收的信号混入噪声和干扰信号，采取一些技术措施（滤波、陷波）也不能完全消除影响。

2. 数字音频信号的特点

数字音频信号在时间轴上是不连续的，如图6-11所示。

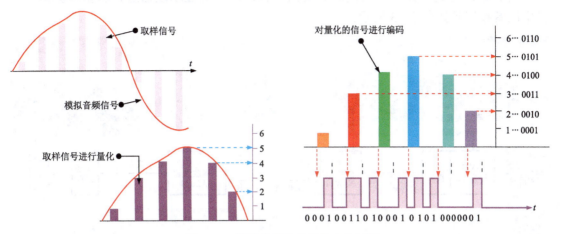

图6-11 模拟音频信号的数字化过程

资料与提示

模拟音频信号的数字化过程就是取样、量化和编码的过程，以一定的时间间隔对模拟音频信号进行取样，再将取样用编码表示。数字音频信号在时间轴上是离散的，表示幅度的编码也是离散的。因为幅度是由有限的状态数表示的，所以将模拟音频信号转换成数字音频信号后，以数字的形式进行处理、传输或存储，便可克服在传输模拟音频信号时的不足。

图6-12为数字音频信号传输方式示意图。

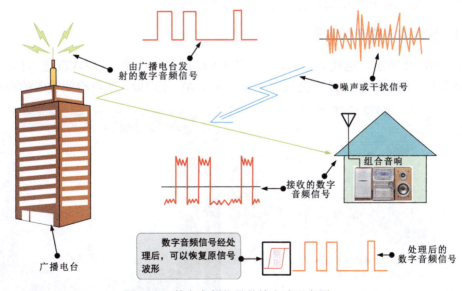

图6-12 数字音频信号传输方式示意图

资料与提示

数字音频信号在传输过程中同样会受到噪声和干扰信号的影响，由于数字音频信号传输的是脉冲信号，脉冲信号经限幅处理后，可以消除噪声和干扰信号的影响，因此采用数字音频信号的传输方式可以消除波形变化的问题。

6.2.2 音频信号的测量

将音频信号送入扬声器后便能够发出声音,可以通过示波器进行测量,测量电视机中的音频信号如图6-13所示。

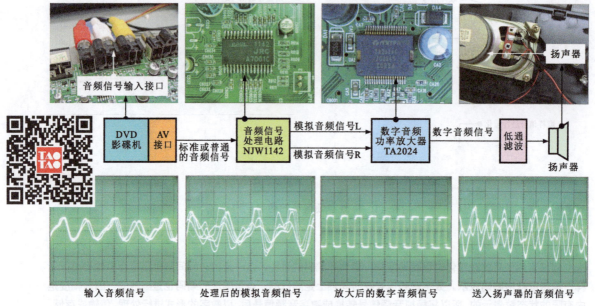

图6-13 音频信号的测量

由图6-13可知,在AV接口、音频信号处理电路、数字音频功率放大器及扬声器的音频信号输入和输出引脚都能够检测到音频信号。

1. 检测输入的音频信号

如图6-14所示,电视机的AV接口与DVD影碟机相连,由DVD送入标准或普通的音频信号,将示波器的接地夹接地,探头搭在AV接口处,即可检测输入的音频信号。

图6-14 检测输入的音频信号

2. 检测由音频信号处理电路输出的音频信号

如图6-15所示,将由AV接口送入的音频信号送到音频信号处理电路中,经过处理后，输出音频信号；将示波器的接地夹接地，探头搭在音频信号处理电路的输出引脚上，即可检测输出的音频信号。

 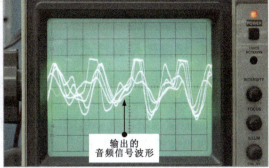

图 6-15　检测由音频信号处理电路输出的音频信号

❋ 3. 检测放大后的数字音频信号

如图 6-16 所示，将处理后的音频信号送入数字音频功率放大器中放大后，输出数字音频信号。

 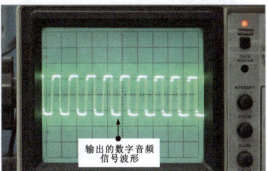

图 6-16　检测放大后的数字音频信号

❋ 4. 检测输出的音频信号

如图 6-17 所示，将经过转换后的数字音频信号送入扬声器中，使用示波器在扬声器的引脚处即可检测到输出的音频信号。

 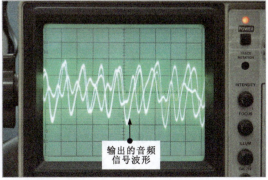

图 6-17　检测输出的音频信号

6.3 视频信号的特点与测量

视频信号是彩色电视机等显示设备中最常见的一种信号,在检测电子电路的过程中常会对视频信号进行检测。

6.3.1 视频信号的特点

视频信号包括亮度信号、色度信号、复合同步信号及色同步信号。图 6-18 为黑、白阶梯图像及其信号波形。在图像信号中用电平的高、低表示图像的明暗,图像越亮,电平越高;图像越暗,电平越低。白色物体的亮度电平最高。黑色电平和消隐电平基本相等,即显像管完全不发光。

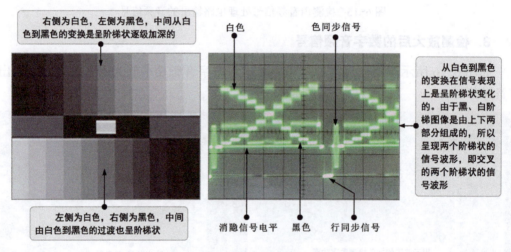

图 6-18 黑、白阶梯图像及其信号波形

图 6-19 为标准彩条图像及其信号波形。图像经过编码电路形成标准的彩条图像。每一条图像代表一种颜色。

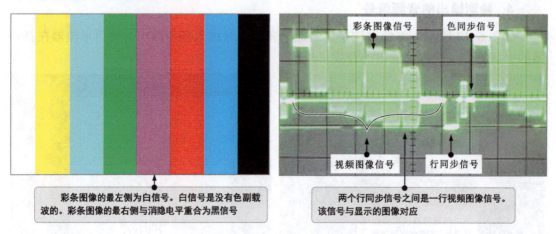

图 6-19 标准彩条图像及其信号波形

如图 6-20 所示，把标准彩条图像信号的波形展开，将行同步信号、色同步信号放大，左侧是行同步信号，在行同步信号的台阶上面是色同步信号，在色同步信号里面为 4.43MHz 的色副载波信号。

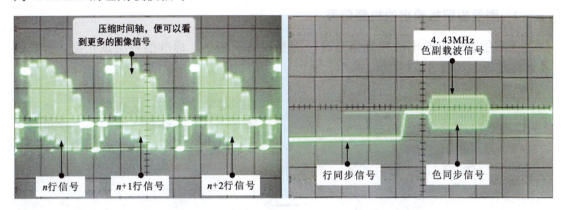

图 6-20　行同步信号及其展开图

如图 6-21 所示，左侧的空档是场同步信号，将场同步信号展开，从左向右依次是前均衡脉冲、场同步脉冲和后均衡脉冲。

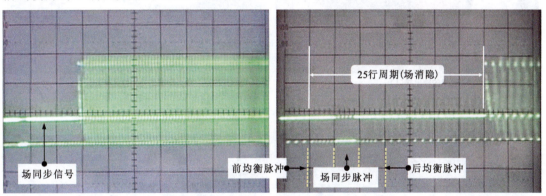

图 6-21　场同步信号及其展开图

图 6-22 为景物图像及其信号波形。

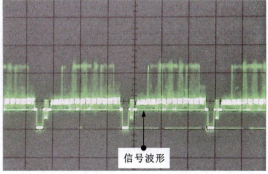

图 6-22　景物图像及其信号波形

6.3.2 视频信号的测量

视频信号的测量方法与音频信号基本相同，一般也使用示波器进行测量。

1. 测量影碟机输出的视频信号

在测量影碟机输出的视频信号时，需要用到示波器、标准信号测试光盘、影碟机及连接线等，如图 6-23 所示。

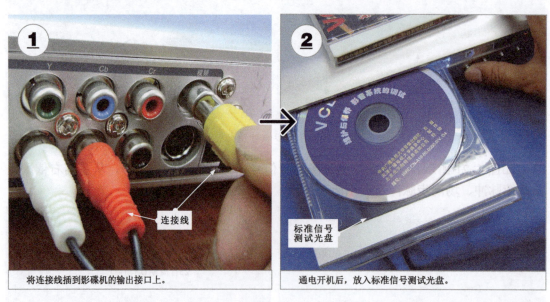

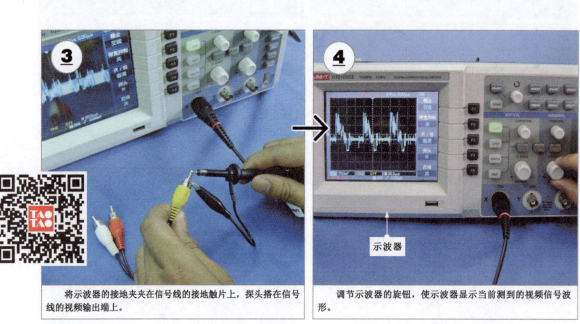

图 6-23 测量影碟机输出的视频信号

2. 测量彩色电视机中的视频信号

下面以 TCL-2116E 型彩色电视机中的单片集成电路 LA76810 为例，介绍视频信号的测量方法，如图 6-24 所示。

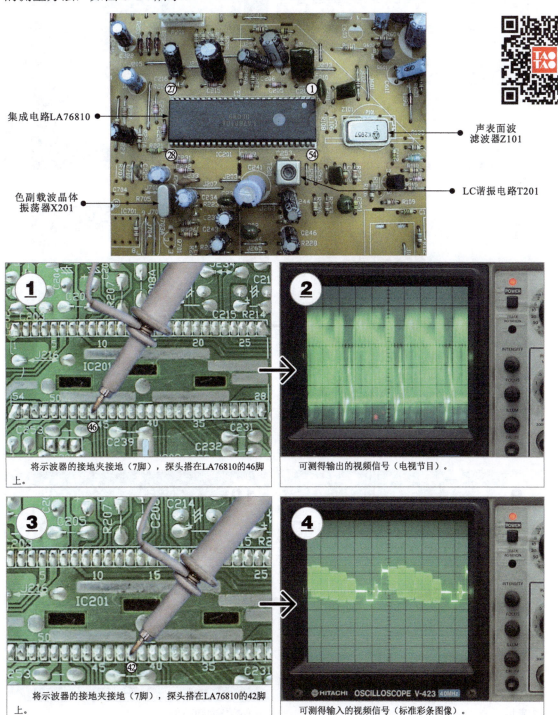

图 6-24 测量彩色电视机中的视频信号

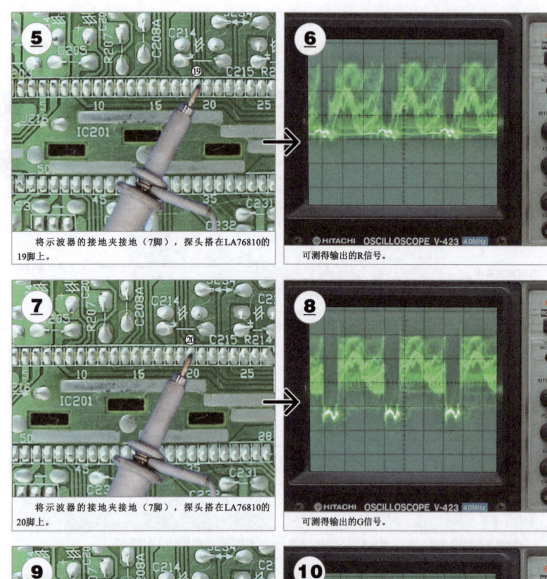

将示波器的接地夹接地（7脚），探头搭在LA76810的19脚上。

可测得输出的R信号。

将示波器的接地夹接地（7脚），探头搭在LA76810的20脚上。

可测得输出的G信号。

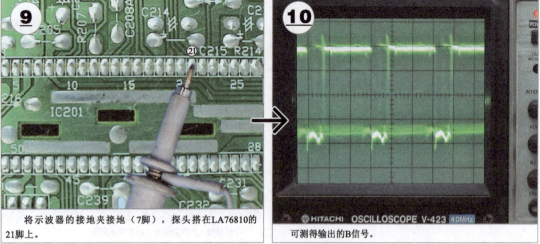

将示波器的接地夹接地（7脚），探头搭在LA76810的21脚上。

可测得输出的B信号。

图 6-24 测量彩色电视机中的视频信号（续）

6.4 脉冲信号的特点与测量

脉冲信号是一种持续时间极短的信号,如彩色电视机中的行/场扫描信号、键控脉冲信号等。

6.4.1 脉冲信号的特点

凡属于非正弦的脉动信号都可以称为脉冲信号。典型的脉冲信号如图 6-25 所示。

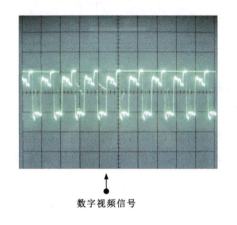 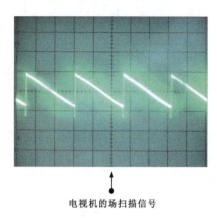

数字视频信号　　　　　　　　　电视机的场扫描信号

图 6-25　典型的脉冲信号

若按极性,常把相对于零电平或某一基准电平、幅值为正时的脉冲称为正极性脉冲(简称正脉冲);反之,称为负极性脉冲(简称负脉冲)。

图 6-26 为正、负脉冲信号波形。

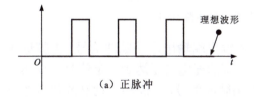 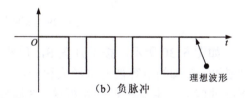

（a）正脉冲　　　　　　　　　　（b）负脉冲

图 6-26　正、负脉冲信号波形

理想的矩形脉冲信号波形由低电平到高电平或从高电平到低电平都是突然垂直变化的。但在实际上,脉冲信号从一种电平状态过渡到另一种电平状态总要经历一定的时间,与理想波形相比,波形也会发生一些畸变。图 6-27 为实际矩形脉冲信号波形。

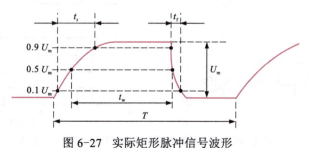

图 6-27　实际矩形脉冲信号波形

图 6-28 为脉冲信号波形各个部分的名称。

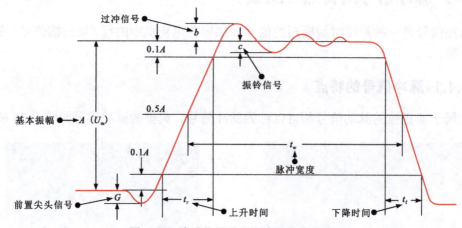

图 6-28 脉冲信号波形各个部分的名称

图 6-29 为脉冲上升时间和下降时间。脉冲上升时间是由脉冲峰值幅度的 10% 上升到 90% 时所需要的时间。脉冲下降时间是由脉冲峰值幅度的 90% 下降到 10% 所需要的时间。

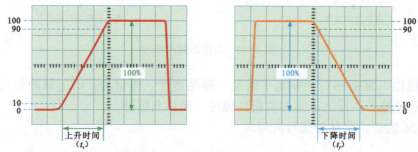

图 6-29 脉冲上升时间和脉冲下降时间

如图 6-30 所示，按下开关 S，反相器 A 的输出端输出启动脉冲信号，1 脚形成启动脉冲，2 脚的电容被充电形成积分信号，当 2 脚的充电电压达到一定值时，反相器控制脉冲信号产生电路 C 开始振荡，3 脚输出振荡脉冲信号，1 脚的启动脉冲信号经反相器 D 后，加到与非门 E，5 脚输出键控脉冲信号。

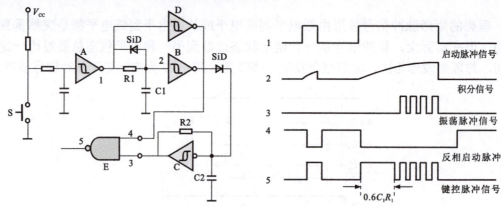

图 6-30 键控脉冲信号产生电路及波形时序关系

6.4.2 脉冲信号的测量

脉冲信号可使用示波器进行测量。

1. 矩形脉冲信号的测量

使用信号发生器输出一个矩形脉冲信号，使用示波器进行测量，如图 6-31 所示。

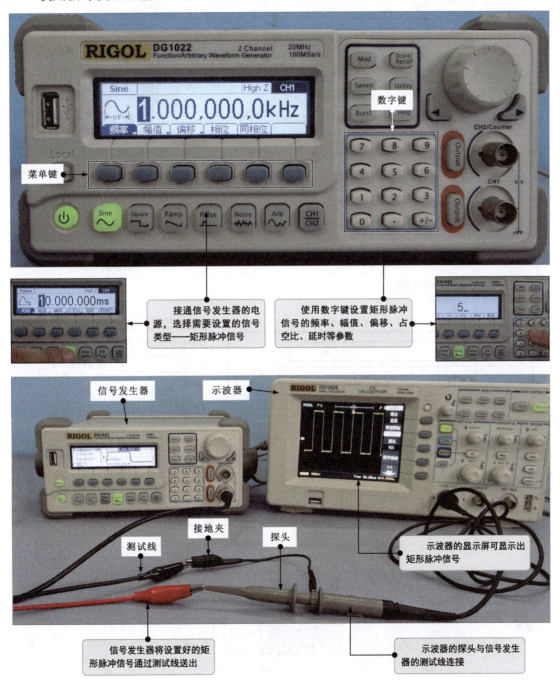

图 6-31 矩形脉冲信号的测量

2. 彩色电视机中脉冲信号的测量

图 6-32 为测量彩色电视机中行、场扫描电路的脉冲信号。

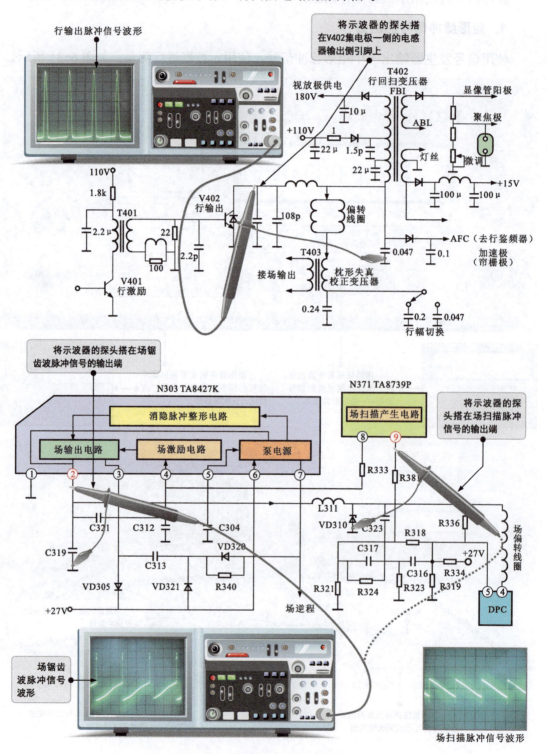

图 6-32　测量彩色电视机中行、场扫描电路的脉冲信号

6.5 数字信号的特点与测量

数字信号在电子产品中广泛应用,如影碟机、液晶电视机、显示器等。

6.5.1 数字信号的特点

数字信号的幅度取值是离散的,可以实现长距离、高质量的传输。例如,二进制码就是一种数字信号,受噪声影响小,可在数字电路中进行处理。

图 6-33 为卡拉 OK 电路中的数字信号波形。

图 6-33　卡拉 OK 电路中的数字信号波形

图 6-34 为 D/A 变换电路中的数字信号波形。

图 6-34　D/A 变换电路中的数字信号波形

6.5.2 数字信号的测量

图 6-35 为测量数字音频处理电路中的数字信号。

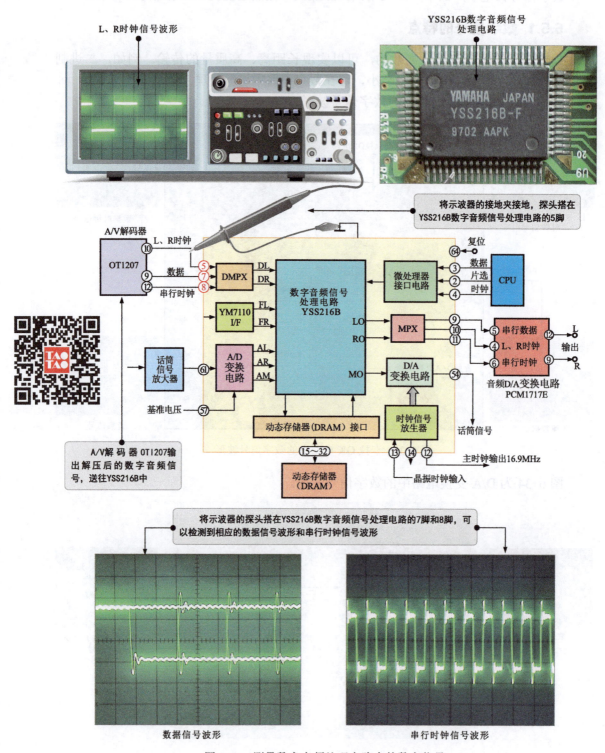

图 6-35 测量数字音频处理电路中的数字信号

6.6 高频信号的特点与测量

高频信号在电子电路中的应用较为广泛，如通过收音机接收高频无线电信号广播节目、通过电视机接收高频信号电视节目、计算机网络使用高频信号互通信号、手机借助特高频信号进行通话和收/发短信、卫星借助超高频信号进行通信和广播。

6.6.1 高频信号的特点

高频信号，顾名思义就是频率较高的信号，通常是由高频信号振荡器和调制器产生的。高频信号放大器就是放大高频信号的电路，如收音机、电视机、手机等产品中的高频放大电路。

图 6-36 为 AM 收音机的高频放大电路。其功能是放大由天线接收的微弱高频信号。此外，该电路还具有选频功能。

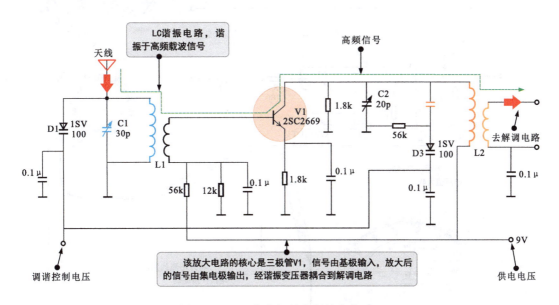

图 6-36　AM 收音机的高频放大电路

由天线接收的信号加到由 L1、C1 和 D1 组成的谐振电路上，改变线圈 L1 的并联电容，就可以改变谐振频率。AM 收音机的高频放大电路采用变容二极管的电调谐方式。变容二极管 D1 在电路中相当于一个电容，随加在其上的反向电压变化。改变电压就可以改变谐振频率。此外，高频放大电路输出变压器一次侧线圈的并联电容也使用变容二极管 D3，与 D1 同步变化。C1 和 C2 可微调，用于微调谐振点。

资料与提示

通常在无线广播领域中的高频为 3～30MHz，电视广播、卫星广播所涉及的频率高达数十 GHz。

手机中的高频放大电路可放大 900MHz 和 1800MHz 的射频信号；电视机中的高频放大电路可放大 VHF 和 UHF 频段的信号；FM 收音机的高频放大电路可放大 88～108MHz 的调频立体声广播信号；中波收音机的高频放大电路可放大 500～1650kHz 的高频信号；短波收音机的高频放大电路可放大 1.5～30MHz 的高频信号。

6.6.2 高频信号的测量

高频信号不仅可以使用示波器测量,还可以使用万用表、扫频仪、频谱分析仪等进行测量。

1. 用万用表测量高频信号

使用万用表测量高频信号时,通常是对高频信号放大电路中三极管的工作点电压进行测量,如图 6-37 所示。

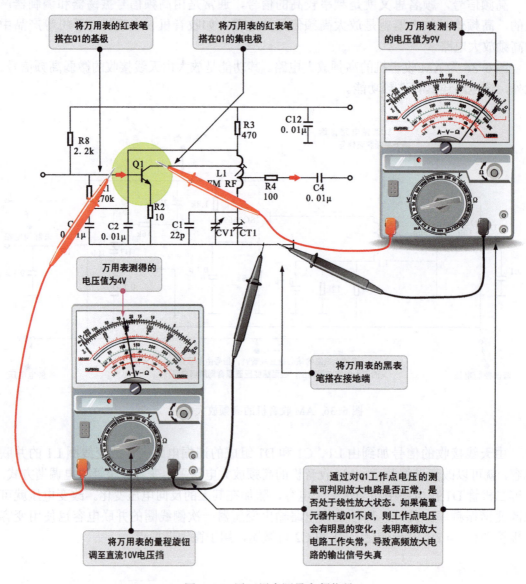

图 6-37 用万用表测量高频信号

2. 用扫频仪测量高频信号

图 6-38 为用扫频仪测量高频信号。

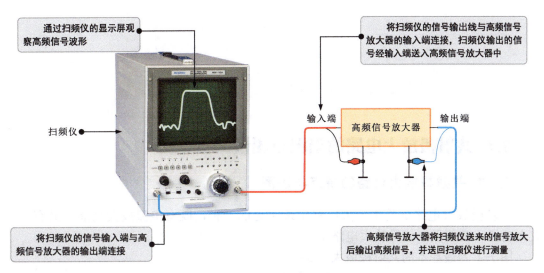

图 6-38 用扫频仪测量高频信号

资料与提示

由于高频信号放大器在很多电子产品中都需要有一定的频带宽度，因此可以通过测量频带宽度的扫频仪测量高频信号放大器的频率特性。

扫频仪有一个扫描信号发生器，可以连续输出一系列从低频到高频的信号，将这些信号送入高频信号放大器中放大后输出，再送回扫频仪中，由扫频仪接收这些信号，测量出这些信号的频带宽度，测量的结果由显示屏显示出来。

3. 用频谱分析仪测量高频信号

图 6-39 为用频谱分析仪测量高频信号。

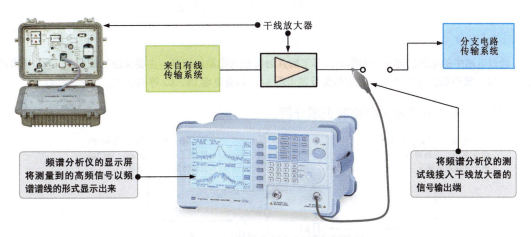

图 6-39 用频谱分析仪测量高频信号

资料与提示

干线放大器或分支分配放大器都是一个宽频带放大器，可放大有线电视系统中各频道的电视信号。

在工作状态下，将干线放大器的输出端或信号测量端的信号送给频谱分析仪，频谱分析仪对输入的信号进行分析和测量，将信号中包含的各种频率成分测量出来，并以频谱谱线的形式显示。显示屏上显示频谱谱线的高、低表示信号的强、弱。

第7章
基本放大电路的识图与测量

7.1 共射极放大电路的识图与测量

7.1.1 共射极放大电路的特点与识图

共射极放大电路是基本放大电路中最常见的一种,既有电流放大功能,又有电压放大功能,常用于小信号放大电路中。

图 7-1 为最基本的共射极放大电路。

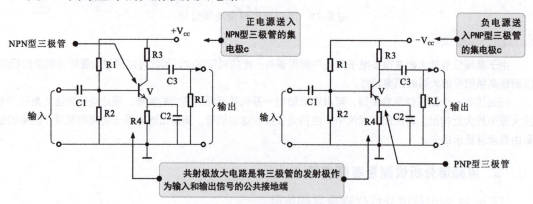

图 7-1 最基本的共射极放大电路

资料与提示

通过电路中的电路图形符号和标识,可了解共射极放大电路的组成,主要是由三极管 V,基极偏置电阻 R1、R2,集电极负载电阻 R3,发射极负反馈电阻 R4,耦合电容 C1、C3 等构成的。

图 7-2 为共射极放大电路的识图分析。

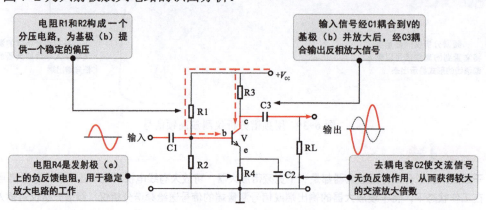

图 7-2 共射极放大电路的识图分析

资料与提示

图 7-2 中，+V_cc 是电压源；电阻 R1 和 R2 构成一个分压电路，通过分压给基极（b）提供一个稳定的偏压；电阻 R3 是集电极负载电阻；交流输出信号经电容 C3 输出加到负载电阻上；电阻 R4 是发射极（e）上的负反馈电阻，用于稳定放大电路的工作，阻值越大，放大倍数越小；电容 C1 是输入耦合电容；电容 C3 是输出耦合电容；与电阻 R4 并联的电容 C2 是去耦电容，相当于将发射极（e）交流短路，使交流信号无负反馈作用，从而获得较大的交流放大倍数。

图 7-3 为共射极放大电路的放大原理。输入信号加到三极管的基极 b 和发射极 e 之间，经三极管放大后，在三极管的集电极 c 和发射极 e 之间输出反相放大信号。

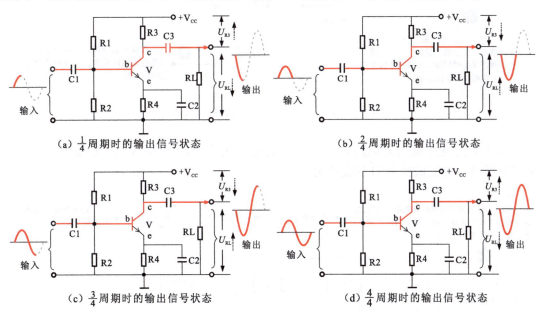

图 7-3 共射极放大电路的放大原理

资料与提示

共射极放大电路在 1/4 周期时，电流呈增大状态，根据三极管的放大功能 $I_c=\beta I_b$ 可知，电流也呈增大趋势，根据欧姆定律 $U_{R3}=I_c R_3$，$I_c\uparrow$，$U_{R3}\uparrow$，$U_{RL}=V_{cc}-U_{R3}$，V_{cc} 不变，$U_{RL}\downarrow$，输出反相放大信号。其他周期依次类推。

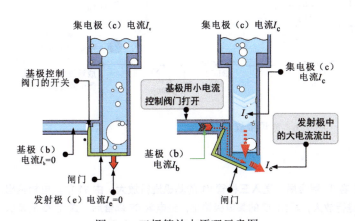

图 7-4 三极管放大原理示意图

三极管的放大作用可以理解为一个水闸，在水闸上方储存水，存在水压，相当于集电极电流 I_c。在水闸侧面流入的水流称为基极电流 I_b。当 I_b 有水流流过，冲击闸门时，闸门便会开启。水闸侧面很小的水流流量（相当于电流 I_b）与水闸上方的大水流流量（相当于电流 I_c）汇集到一起流下（相当于发射极 e 的电流 I_e），发射极便产生放大的电流，如图 7-4 所示。

图7-5为采用自偏压方式的共射极放大电路。该电路由集电极为基极提供直流偏压，形成电压负反馈，具有稳定性高的特点。

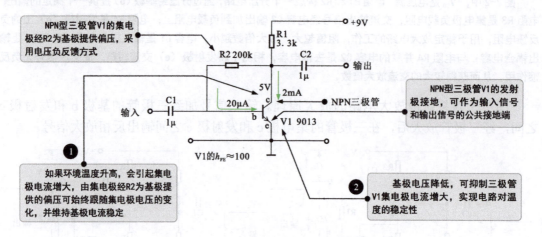

图7-5 采用自偏压方式的共射极放大电路

图7-6为宽频带放大电路。该电路主要由三极管V1、V2、V3及分压电阻、耦合电容等组成，可完成信号的多级放大。

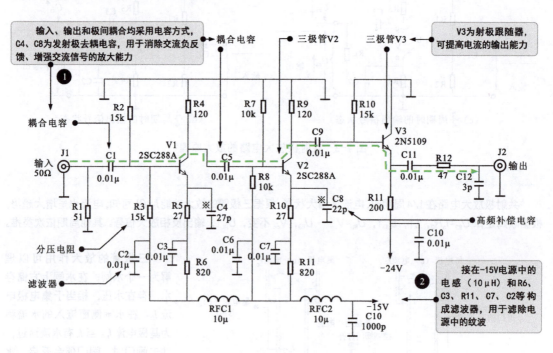

图7-6 宽频带放大电路

资料与提示

输入信号由接口J1送入，经电容C1耦合后，送入三极管V1的基极进行放大，由V1的集电极输出，经电容C5耦合后，送往V2的基极进行放大，再由V2的集电极输出，经电容C9耦合后，送往V3的基极，由V3的发射极送往输出接口J2。

7.1.2 共射极放大电路的测量

测量基本放大电路的性能参数通常会用到示波器、频谱分析仪、失真度测试仪和交流毫伏表，为了能够测量相应的信号参数，还需要用到低频/高频信号发生器为电路提供输入信号。图 7-7 为基本放大电路的检修方式。

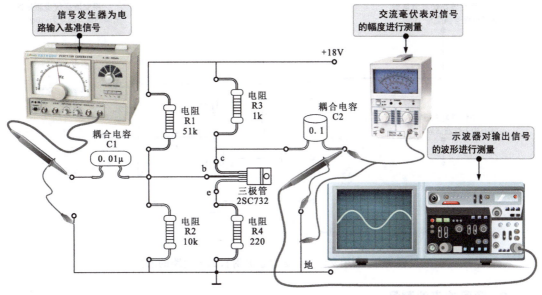

图 7-7　基本放大电路的检修方式

使用检测仪表测量共射极放大电路的参数，如增益、频率响应和失真度等，可判断共射极放大电路是否正常。

1. 增益（放大倍数）的测量

增益是放大电路的放大倍数。共射极放大电路增益的测量如图 7-8 所示。将低频信号发生器接到被测放大电路的输入端，双踪示波器的两个探头分别搭在放大电路的输入端和输出端。

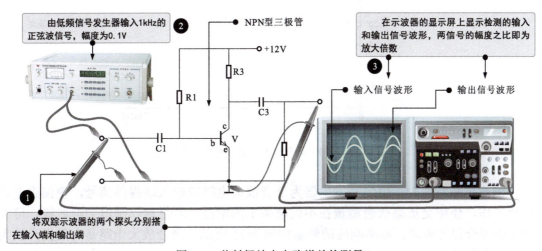

图 7-8　共射极放大电路增益的测量

另外，还可以通过交流毫伏表测量共射极放大电路的增益，如图7-9所示。测量时，分别测量输出信号电压 U_o 和输入信号电压 U_i 的数值，两者之比即为增益。如果以 dB（分贝）为单位，则输出信号的幅度减去输入信号的幅度即为增益。该电路的增益为20dB。

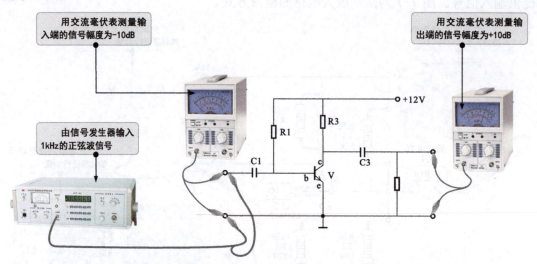

图 7-9 利用交流毫伏表测量共射极放大电路的增益

2. 频率响应的测量

频率响应是放大电路对不同频率的响应特性。图 7-10 为录音放大电路的频响曲线。

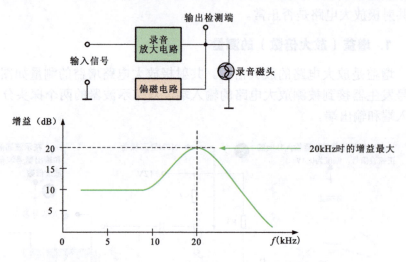

图 7-10 录音放大电路的频响曲线

测量频响特性时，由信号发生器为录音放大电路的输入端提供信号，使偏磁电路停止工作，使用交流毫伏表测量在不同频率下的增益。测量后，画出频响曲线，可判断是否符合设计要求。频率响应的测量如图 7-11 所示。录音放大电路是高频提升放大电路，在高频处（20kHz）增益最大。

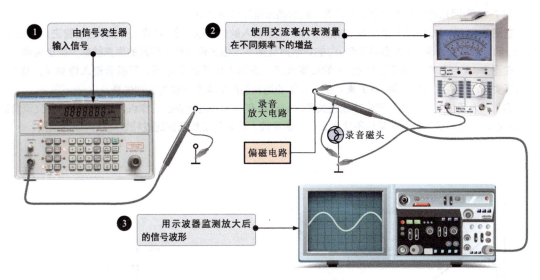

图 7-11 频率响应的测量

3. 失真的测量

共射极放大电路的失真需要使用失真度测试仪进行测量，如图 7-12 所示。

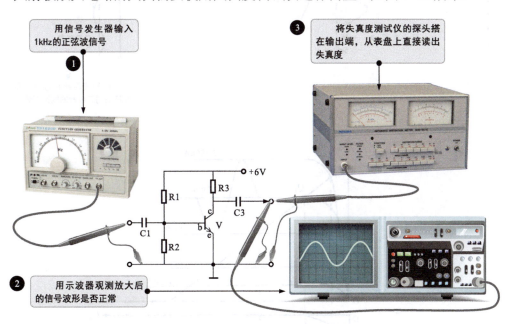

图 7-12 共射极放大电路失真的测量

资料与提示

对放大电路的基本要求就是在具有一定放大量（或衰减量）的同时，输出的信号尽可能失真小。所谓失真，是指输出信号的波形与输入信号的波形相比变形。引起失真的原因有很多，最基本的原因是除了三极管的非线性之外，就是由于三极管的静态工作点不合适或信号过大，使放大电路的工作范围超出了三极管特性曲线的线性范围。这种失真通常被称为非线性失真。

图 7-13 为因几种静态工作点不合适而引起的输出电压波形失真。

在图 7-13（a）中，静态工作点 Q_1 的位置太低。如果输入的是正弦电压，则在负半周，三极管进入截止区，i_b、u_{ce} 和 i_c 都严重失真，i_b 的负半周和 u_{ce} 的正半周被削平。由三极管截止引起的失真被称为截止失真。

在图 7-13（b）中，静态工作点 Q_2 的位置太高。在输入电压的正半周，三极管进入饱和区，这时 i_b 可能不失真，但是 u_{ce} 和 i_c 都严重失真。由三极管的饱和引起的失真被称为饱和失真。

因此，为了使放大电路不产生非线性失真，必须要有一个合适的静态工作点，且应大致选在交流负载线的中心。此外，输入信号的幅值不能太大，以避免放大电路的工作范围超过特性曲线的线性范围。

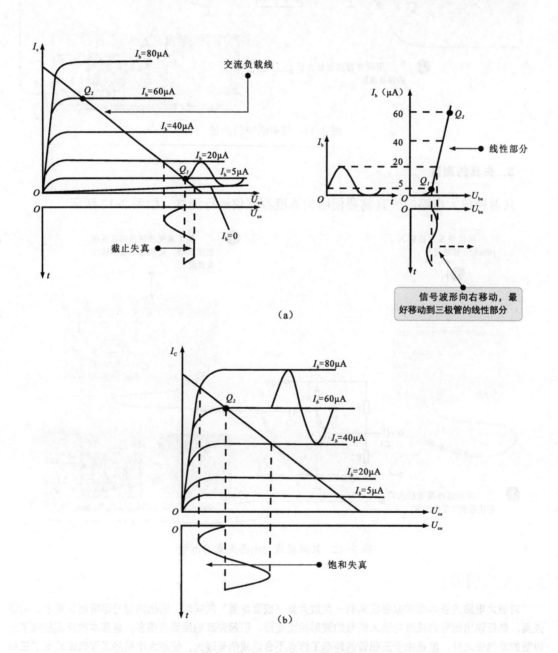

图 7-13　因几种静态工作点不合适而引起的输出电压波形失真

7.2 共基极放大电路的识图与测量

7.2.1 共基极放大电路的特点与识图

共基极放大电路也是常用的基本放大电路之一，具有频带宽的特点，常用作宽带电压放大器。图 7-14 为最基本的共基极放大电路。

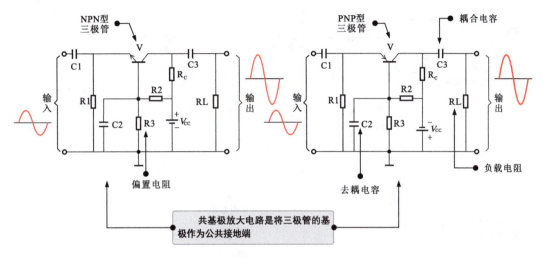

图 7-14 最基本的共基极放大电路

资料与提示

通过电路中的电路图形符号和标识可了解共基极放大电路的组成，是由三极管 V，偏置电阻 R1、R2、R3，负载电阻 RL 和耦合电容 C1、C3 等组成的。

其中，R_c 是集电极（c）的负载电阻；RL 是负载电阻；C1 和 C3 是起通交流、隔直流作用的耦合电容；C2 可使基极（b）的交流直接接地，起去耦合的作用，具有消除交流负反馈的作用。

图 7-15 为共基极放大电路的识图分析。

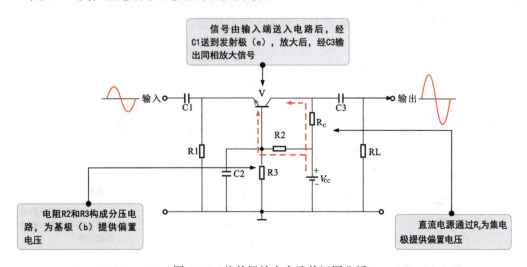

图 7-15 共基极放大电路的识图分析

图 7-16 为调频（FM）收音机高频放大电路识图分析，由天线接收的高频信号（约为 100 MHz）经放大电路进行放大，具有高频特性好、在高频范围工作比较稳定的特点。

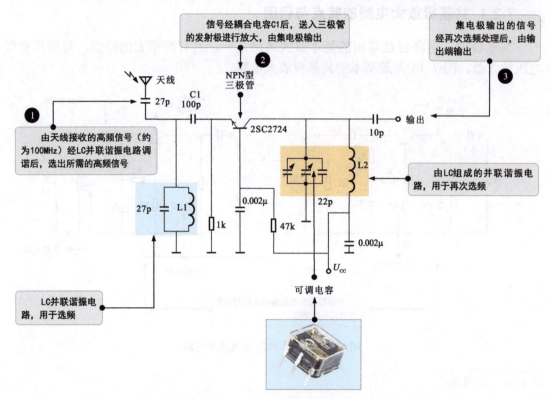

图 7-16　调频（FM）收音机高频放大电路识图分析

7.2.2 共基极放大电路的测量

共基极放大电路一般可通过由频谱分析仪测量信号的频谱来判断电路状态。图 7-17 为调频（FM）收音机高频放大电路（共基极放大电路）的测量方法，由天线接收射频信号后，可使用频谱分析仪测量放大后的 FM 信号频谱。

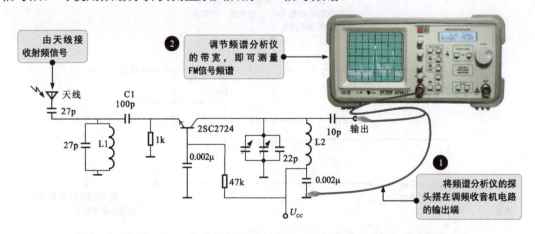

图 7-17　调频（FM）收音机高频放大电路（共基极放大电路）的测量方法

将信号发生器连接在输入端并送入一定频率的信号,频谱分析仪仍连接输出端,调节频谱分析仪的旋钮,可以观察信号发生器的输入信号在经过电路放大后的输出信号频谱。

信号发生器与频谱分析仪配合使用可测量 FM 收音机高频放大电路的频率特性,如图 7-18 所示。

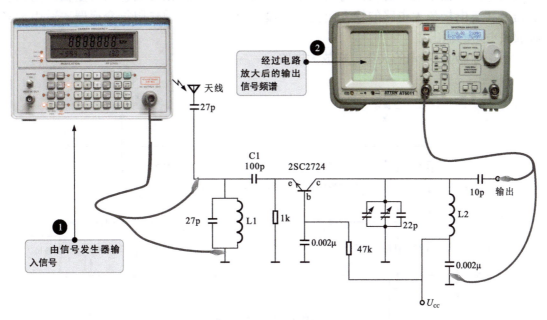

图 7-18　FM 收音机高频放大电路频率特性的测量

当天线与地短路或信号发生器无信号输入时,FM 收音机高频放大电路无信号输入,频谱分析仪无信号波形显示,如图 7-19 所示。

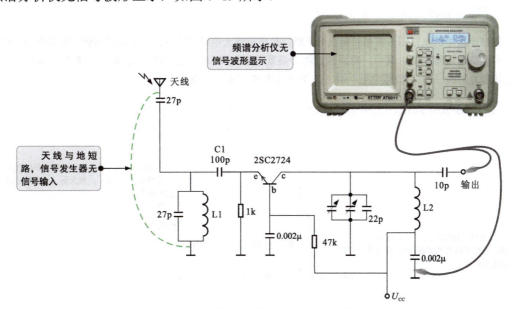

图 7-19　天线与地短路或信号发生器无信号输入

7.3 共集电极放大电路的识图与测量

7.3.1 共集电极放大电路的特点与识图

共集电极放大电路的基本特点是放大电流，输出电压的幅度没有放大，常用作缓冲放大电路，输出信号的相位与输入相同，被称为射极输出器或射极跟随器，简称射随器。共集电极放大电路的输入阻抗高，输出阻抗低，可用作阻抗变换器，适用于多级放大电路的输出级。

图 7-20 为最基本的共集电极放大电路。

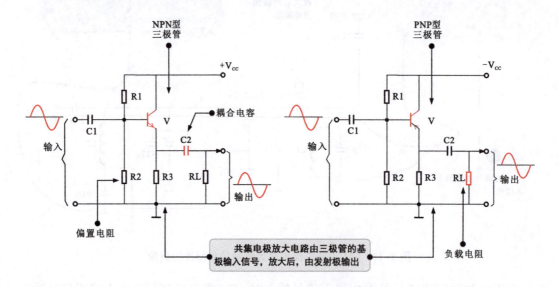

图 7-20 最基本的共集电极放大电路

资料与提示

通过电路中的电路图形符号和标识可了解共集电极放大电路的组成，主要由三极管、偏置电阻、耦合电容和负载电阻等构成。其中，电源通过两个偏置电阻 R1 和 R2 给三极管的基极（b）提供偏置电压；R3 是三极管发射极（e）的负载电阻；C1、C2 为耦合电容；RL 为负载电阻。

共集电极放大电路的识图分析如图 7-21 所示。

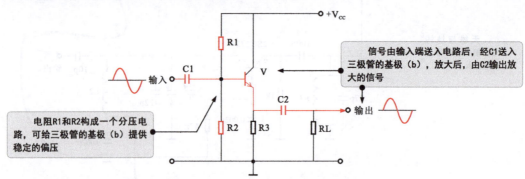

图 7-21 共集电极放大电路的识图分析

图 7-22 为高输入阻抗缓冲放大电路。该电路采用由共漏极和共集电极组合的放大电路结构，主要是由场效应晶体管 VF1、三极管 V2 等组成的。

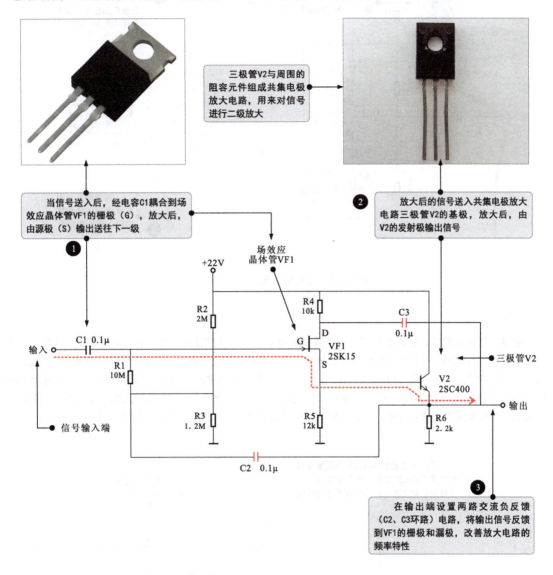

图 7-22　高输入阻抗缓冲放大电路

资料与提示

共射极、共基极和共集电极放大电路是三种最基本的单元电路，所有其他放大电路都可以看成是它们的变形或组合，因此掌握三种基本放大电路的特点是非常有必要的。

7.3.2　共集电极放大电路的测量

共集电极放大电路的测量主要是对输入、输出信号的波形进行检测，可判断电路是否良好。首先利用信号发生器为电路提供 1kHz 的正弦波信号，然后使用示波器分别测量输入端、输出端的信号波形，如图 7-23 所示。

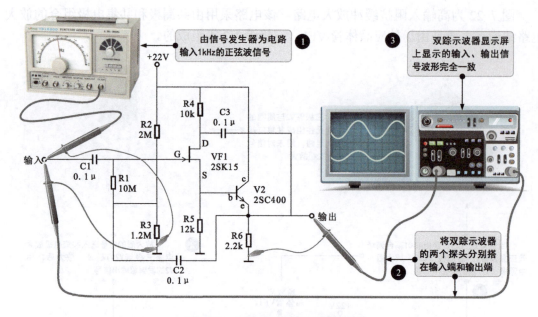

图 7-23 共集电极放大电路的测量

> **资料与提示**

在基本放大电路中，静态工作点是一个重要的参数信息，是在没有信号输入（$u_i=0$）的情况下，三极管处于直流工作状态。其各极电压和电流都处于一个恒定值，即处于相对"静止"状态，故称为"静态"。而各极对应的电流、电压值（用 I_b、I_c、U_{be} 和 U_{ce} 表示）代表输入和输出特性曲线上的一个点，称其为"静态工作点"，如图 7-24 所示。改变电路的静态工作点，可调整放大信号的动态范围。调整静态工作点主要是通过改变电路参数来实现的。负载电阻的变化不影响电路的静态工作点，只影响电路的电压放大倍数。

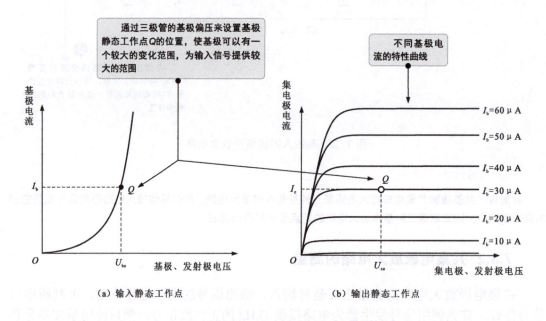

(a) 输入静态工作点　　　　　　　　　(b) 输出静态工作点

图 7-24 静态工作点

7.4 运算放大电路的识图与测量

7.4.1 运算放大电路的特点与识图

运算放大电路是具有很高放大倍数的电路单元,可以进行加、减等运算,用途十分广泛。运算放大电路的电路图形符号、供电形式及内部结构如图 7-25 所示。

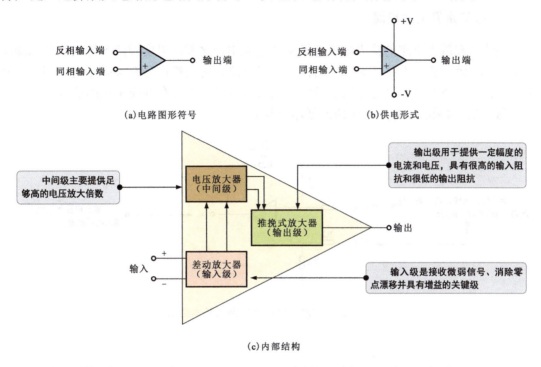

图 7-25 运算放大电路的电路图形符号、供电形式及内部结构

常用的运算放大电路主要有加、减法运算放大电路及电压比较器等。

1. 加法运算放大电路

加法运算放大电路的输出电压等于各输入电压之和,可实现多个输入信号的加法运算。图 7-26 为具有三个输入信号的反相加法运算放大电路。

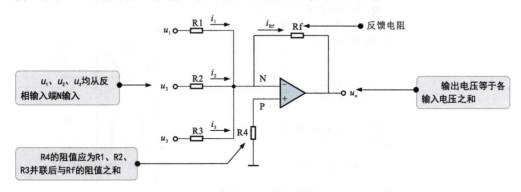

图 7-26 具有三个输入信号的反相加法运算放大电路

> 资料与提示
>
> 加法运算放大电路一般采用反相输入方式，即反相加法运算放大电路，将要相加的信号通过电阻输入到加法运算放大电路的反相输入端。
>
> 图 7-26 中，输入信号 u_1、u_2、u_3 均从反相输入端 N 输入，Rf 为反馈电阻，同相输入端 P 经平衡电阻 R4 接地。平衡电阻 R4 的阻值应为 R1、R2、R3 并联后与 Rf 的阻值之和。

2. 减法运算放大电路

减法运算放大电路的输出电压等于两个输入电压之差，可实现两个输入信号的减法运算。减法运算放大电路又称为差动输入运算电路，对共模信号有抑制作用。因此，减法运算放大电路不仅可以进行减法运算，还可以用于放大含有共模干扰的信号。

图 7-27 为减法运算放大电路的基本结构。

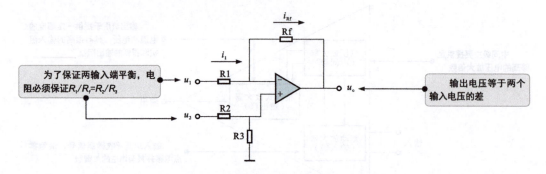

图 7-27 减法运算放大电路的基本结构

> 资料与提示
>
> u_1 通过 R1 加到减法运算放大电路的反相输入端，u_2 通过 R2、R3 分压后加到减法运算放大电路的同相输入端，u_o 通过 Rf 反馈到反相输入端。

3. 电压比较器

电压比较器为运算放大电路的非线性状态，可比较两个电压的大小。图 7-28 为基本电压比较器及理想的电压传输特性。

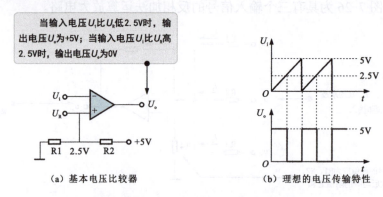

（a）基本电压比较器　　（b）理想的电压传输特性

图 7-28 基本电压比较器及理想的电压传输特性

资料与提示

在电压比较器中,一个输入端加入基准电压 U_R(一般为直流基准电压),另一个输入端加入信号电压 U_i,输出电压 U_o 是 U_i 与 U_R 比较的结果:

① 当 $U_i > U_R$ 时,电压比较器处于负饱和状态,输出电压为负饱和值(U_o-);当 $U_i < U_R$ 时,电压比较器处于正饱和状态,输出电压为正饱和值(U_o+)。

② 当输入电压为正弦电压时,输出电压为矩形波。矩形波正、负半周的宽度受参考电压的控制,幅度受电源电压的限制。

③ 当基准电压为零,输入信号每次过零时,输出电压就要发生一次突变。这种电路被称为过零比较电路。

图 7-29 为典型 MP3 电源电压比较器的识图分析。

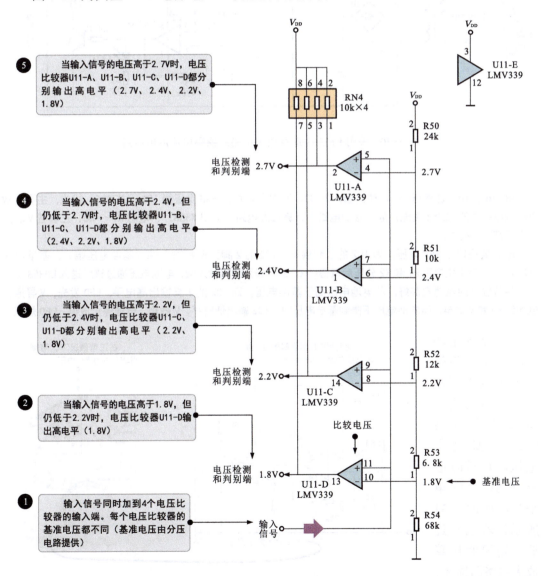

图 7-29 典型 MP3 电源电压比较器的识图分析

7.4.2 运算放大电路的测量

通常使用万用表测量运算放大电路各引脚的电压，根据测量结果判断运算放大电路是否良好。

图 7-30 为采用 LM358 运算放大电路的镍镉电池放电电路，由电源电路和放电检测电路组成，可用于单节电池放电，在电池电压下降到 0.95～1.0V 时自动停止放电。

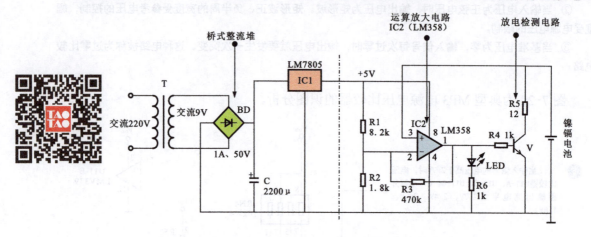

图 7-30　采用 LM358 运算放大电路的镍镉电池放电电路

资料与提示

电源电路由电源变压器 T、桥式整流堆 BD、滤波电容 C 和三端稳压器 IC1（LM7805）组成，主要为放电检测电路中的 LM358 供电；放电检测电路由运算放大电路 IC2（LM358）、电阻 R1～R6、三极管 V 和放电指示灯 LED 组成。

电源电路输出 +5V 电压，为 IC2 的 8 脚供电；IC2 的 2 脚为反相输入端（基准电压端），基准电压（0.95～1.0V）由电阻 R1 和 R2 分压后取得；IC2 的 3 脚为同相输入端，电池电压通过该脚送入 LM358 中。

将待放电的电池安装好，若电池电压高于基准电压，则 IC2 的 1 脚输出高电平，LED 发光，V 导通，电池经 R5 和 V 放电；当电池电压下降到基准电压时，IC2 输出低电平，V 截止，电池停止放电，LED 熄灭。

结合电路功能，可在电路处于放电状态下，借助万用表测量运算放大电路 IC2 的 1 脚输出电压，正常时应接近 5V（高电平），如图 7-31 所示。若电压过低，则说明运算放大电路已损坏。

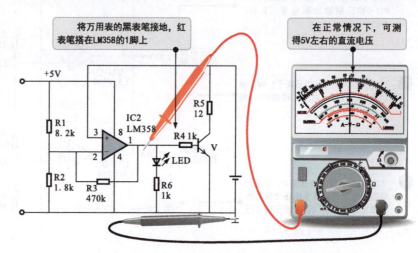

图 7-31　测量运算放大电路 IC2 的 1 脚输出电压

若 IC2 的 1 脚输出电压正常,将电池正极端电路断开,再将万用表的红表笔连接电池的正极,黑表笔连接电阻 R5 的输入端,可测得放电电流约为 75 mA,如图 7-32 所示。

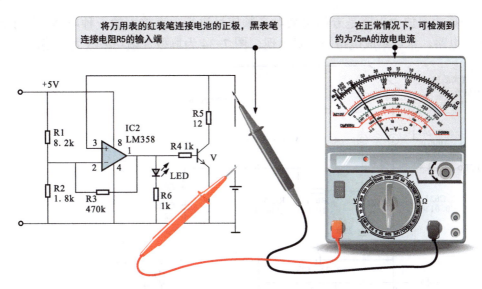

图 7-32　用万用表测量电池的放电电流

电池放电结束时,用万用表测量 IC2 的 1 脚输出电压为 0 V(低电平),如图 7-33 所示。

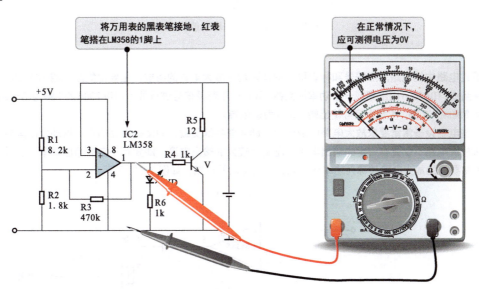

图 7-33　用万用表测量电池放电结束后 IC2 的 1 脚输出电压

资料与提示

若在实际测量过程中,电池放电开始时,IC2 的 1 脚输出电压约为 5V,说明 IC2 正常;若 1 脚输出电压较低,则说明 IC2 存在异常;当电池放电结束时,IC2 的 1 脚输出电压应为 0V;若电压过高,则说明 IC2 不良。

7.5 音频功率放大电路的识图与测量

7.5.1 音频功率放大电路的特点与识图

音频功率放大电路是专门用来对音频信号进行功率放大的一种电路,属于低频信号放大电路,常以集成电路的形式出现。图 7-34 为典型音频功率放大电路。

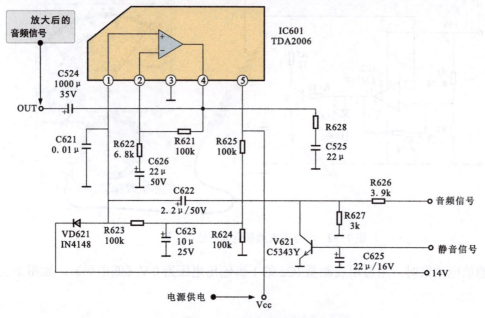

图 7-34 典型音频功率放大电路

资料与提示

通过电路中的电路图形符号和标识可了解音频功率放大电路的组成,主要由集成电路 TDA2006 及外围元器件组成。TDA2006 内部集成一个功率放大器,可对一路音频信号进行放大。TDA2006 的 1 脚为信号输入端,3 脚为接地端,2 脚、4 脚为信号输出端,5 脚为供电端。

一些电子设备常常要求放大电路的输出能带动某些特殊负载,如使扬声器的音圈振动发出声音等。这就要求放大电路不仅要有一定的输出电压,还要有较大的输出电流,即要有一定的输出功率。这种以输出功率为主要目的放大电路被称为功率放大电路,简称功放电路,如图 7-35 所示。

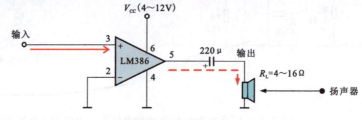

图 7-35 典型的功放电路

功率放大电路实质上是能量转换电路。从能量控制上来说,功率放大电路和电压放大电路没有本质的区别。但功率放大电路和电压放大电路所要完成的任务不同。电压放大电路的主要要求是使负载得到不失真的电压信号,主要指标是电压增益、输入和输出阻抗等,输出功率并不大。功率放大电路与其不同,要求获得一定的不失真(或失真较小)输出功率,通常在大信号状态下工作。

图 7-36 为典型音频功率放大电路的识图分析。

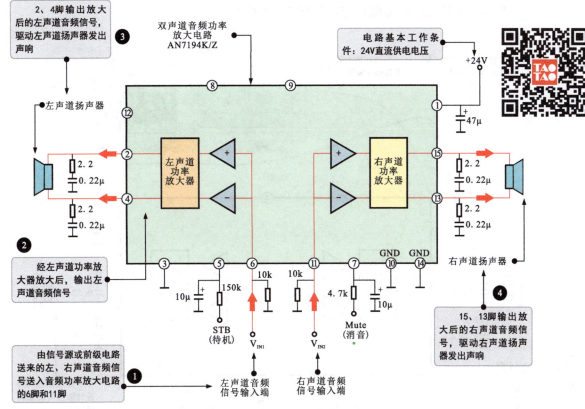

图 7-36　典型音频功率放大电路的识图分析

资料与提示

在实际电路中，音频功率放大电路多以集成电路的形式体现，可根据集成电路的型号查询内部结构和引脚功能。图 7-37 为 AN7194K/Z 的内部结构和引脚功能。

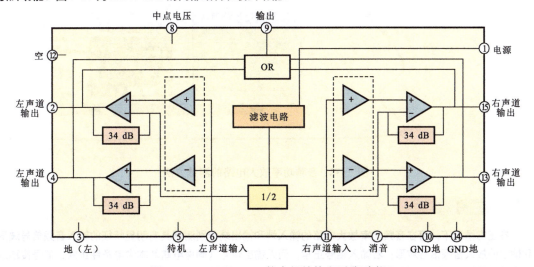

图 7-37　AN7194K/Z 的内部结构和引脚功能

7.5.2 音频功率放大电路的测量

音频功率放大电路的测量方法如图 7-38 所示。

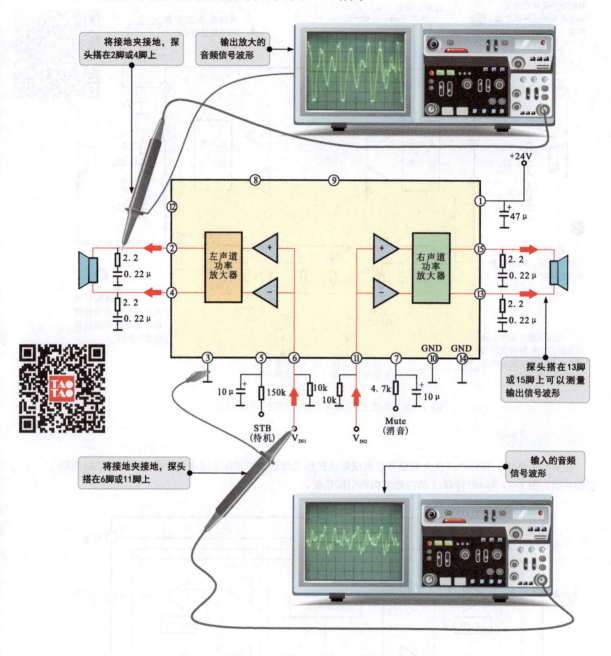

图 7-38 音频功率放大电路的测量方法

资料与提示

在正常情况下，可在音频功率放大电路的输入端和输出端分别测得具有明显特征的输入音频信号波形和输出的放大音频信号波形；若输入信号正常，而无输出信号（确保电路基本供电条件正常、信号传输线路中的元器件正常），则多为音频功率放大电路 AN7194K/Z 损坏。

7.6 基本放大电路的应用实例

7.6.1 三极管宽频带视频放大电路

图 7-39 为三极管宽频带视频放大电路。

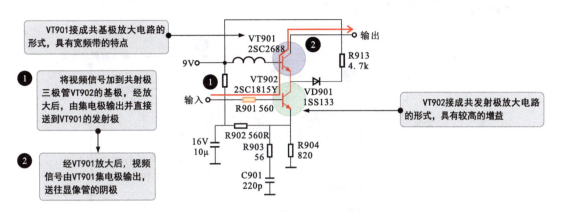

图 7-39 三极管宽频带视频放大电路

7.6.2 FM 收音机场效应晶体管高频放大电路

图 7-40 为 FM 收音机场效应晶体管高频放大电路。

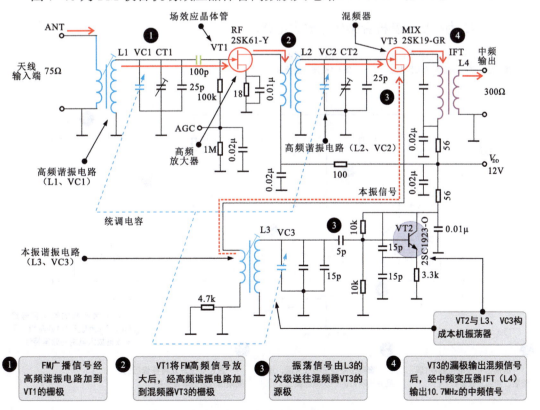

图 7-40 FM 收音机场效应晶体管高频放大电路

7.6.3 绝缘栅型场效应晶体管宽频带放大电路

图 7-41 为绝缘栅型场效应晶体管宽频带放大电路。该电路是由共栅极和共漏极放大器（场效应晶体管）构成的，用于放大 1～30MHz 的高频信号。

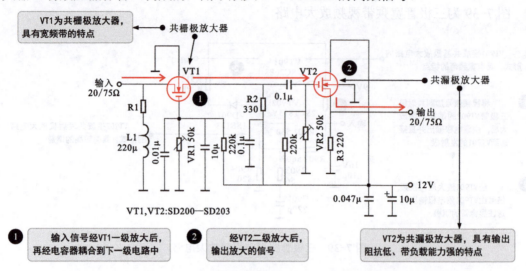

图 7-41 绝缘栅型场效应晶体管宽频带放大电路

7.6.4 小型录音机音频信号放大电路

图 7-42 为小型录音机音频信号放大电路。

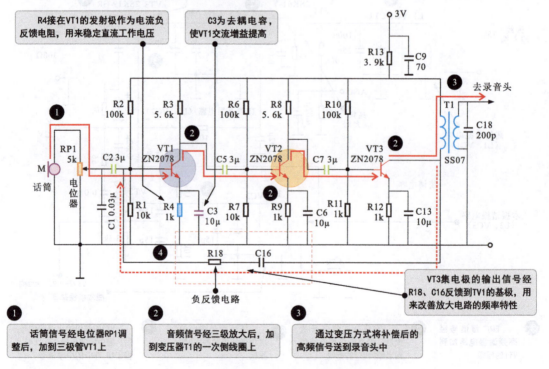

图 7-42 小型录音机音频信号放大电路

7.6.5 宽频带高输出放大电路

图 7-43 为宽频带高输出放大电路。

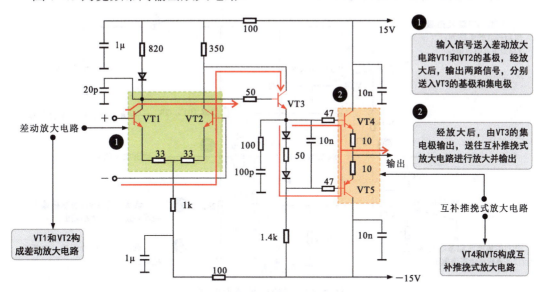

图 7-43 宽频带高输出放大电路

7.6.6 互补推挽式末级视频驱动放大电路

图 7-44 为互补推挽式末级视频驱动放大电路。该电路是一个典型电容耦合式两级放大电路，采用共射极放大电路的形式，具体增益高的特点。

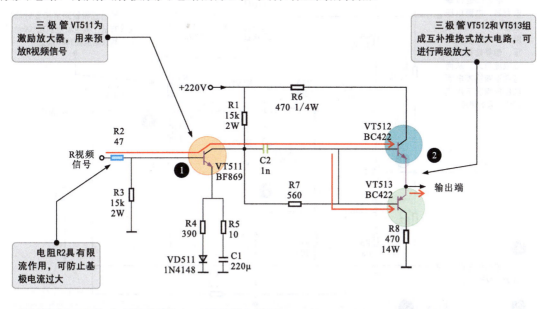

图 7-44 互补推挽式末级视频驱动放大电路

7.6.7 话筒信号放大电路

图 7-45 为话筒信号放大电路。

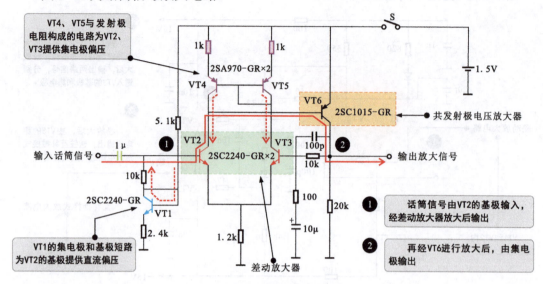

图 7-45 话筒信号放大电路

7.6.8 车载音频功率放大电路

图 7-46 为车载音频功率放大电路。

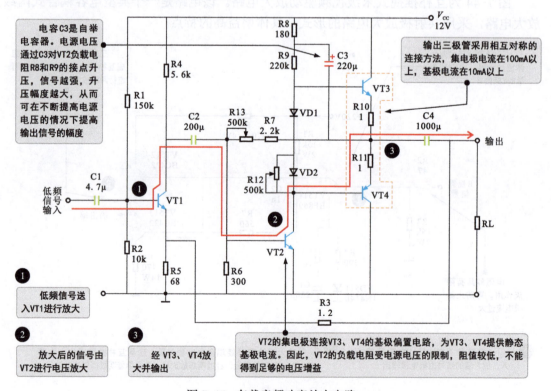

图 7-46 车载音频功率放大电路

7.6.9 录音均衡放大电路

图 7-47 为录音均衡放大电路。

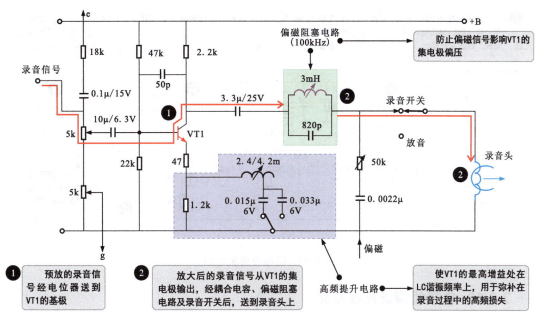

图 7-47 录音均衡放大电路

7.6.10 调幅超外差式收音机的中频放大电路

图 7-48 为调幅超外差式收音机的中频放大电路。

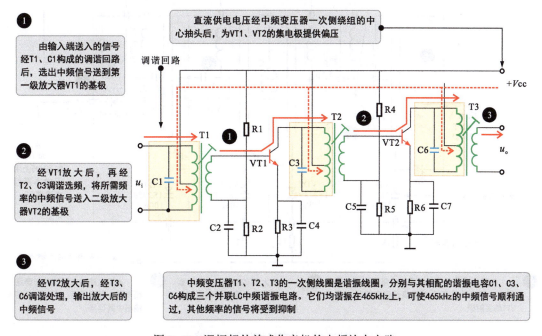

图 7-48 调幅超外差式收音机的中频放大电路

7.6.11 调幅收音机电路

图 7-49 为调幅收音机电路。

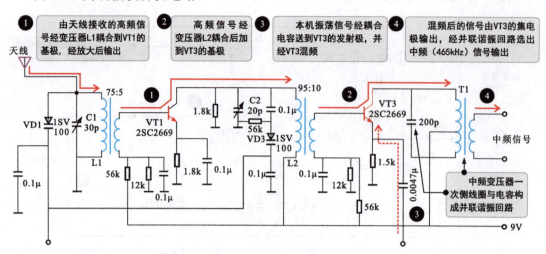

图 7-49 调幅收音机电路

7.6.12 电视机调谐接收电路

图 7-50 为电视机调谐接收电路。

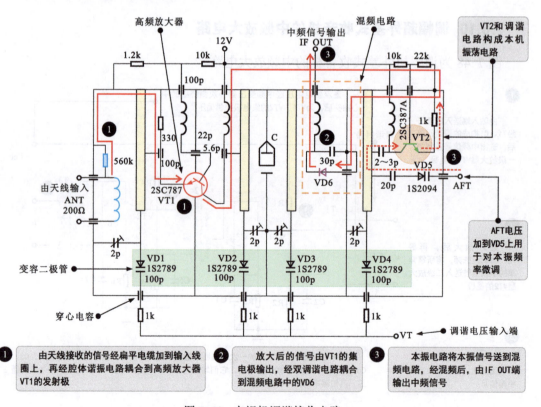

图 7-50 电视机调谐接收电路

第8章
电源电路的识图、应用与检测

8.1 电源电路的识图

8.1.1 了解电源电路的特征

在家用电子产品中，电源电路的主要功能是为功能电路提供工作电压。通常，电源电路可以分为线性电源电路和开关电源电路。

图 8-1 为线性电源电路的特征。

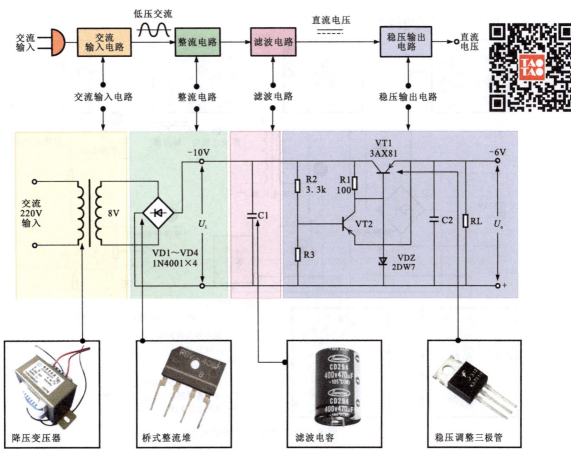

图 8-1 线性电源电路的特征

资料与提示

线性电源电路（串联稳压电路）主要是由交流输入电路、整流电路、滤波电路和稳压输出电路构成的。工作时，交流电压通过降压变压器降压，经整流电路得到脉动直流电压后，再经滤波电容得到微小波纹的直流电压，由稳压输出电路输出较为稳定的直流电压。

图 8-2 为开关电源电路结构简图。

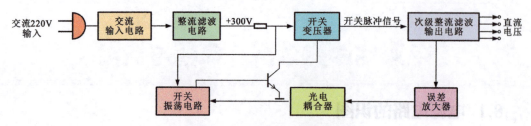

图 8-2　开关电源电路结构简图

资料与提示

交流 220V 输入电压经交流输入电路、整流滤波电路变成约为 +300V 直流电压后分两路：一路加到开关变压器；另一路加到开关振荡电路。开关振荡电路工作后维持开关变压器开关条件。开关变压器将 +300V 电压变成多路交流低压，经次级整流滤波输出电路输出直流电压为其他单元电路提供工作电压。

图 8-3 为开关电源电路的特征。

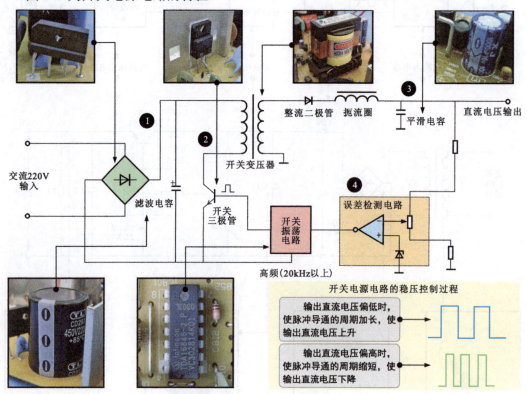

图 8-3　开关电源电路的特征

资料与提示

❶交流 220V 输入电压经整流滤波电路整流和滤波后，变成约为 +300V 的直流电压，为开关振荡电路供电。
❷开关振荡电路产生的高频脉冲信号驱动开关三极管输出高频振荡脉冲，驱动开关变压器。
❸开关变压器二次侧输出开关脉冲信号，经次级整流滤波输出电路输出直流电压。
❹在输出电路中设有输出电压变化量的检测电路（误差检测电路），可将输入信号与基准电压进行比较，其误差形成控制信号。控制信号是负反馈信号，可控制开关振荡电路，使开关电源电路稳定输出。

8.1.2 厘清电源电路的信号处理过程

分析电源电路时，应首先找到主要元器件和核心控制部件，然后根据各主要元器件的功能特点厘清信号处理过程，从而建立完善的电路关系。

1. 典型 DVD 影碟机中电源电路的信号处理过程分析

图 8-4 为典型 DVD 影碟机中的电源电路。该电路主要是由交流输入和整流滤波电路、开关振荡电路、次级整流滤波输出电路、稳压电路四大部分构成的。

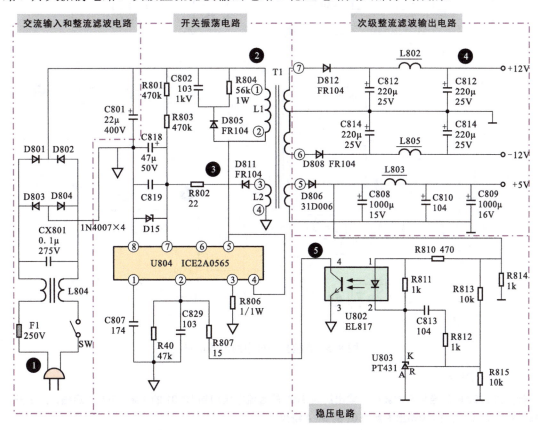

图 8-4　典型 DVD 影碟机中的电源电路

资料与提示

❶ 交流 220V 输入电压经熔断器 F1、电源开关 SW、互感滤波器 L804 送到桥式整流电路，经桥式整流电路整流和滤波后，输出约为 +300V 直流电压。

❷ +300V 直流电压经开关变压器一次侧绕组的 1 脚、2 脚为开关振荡集成电路 U804 的 5 脚供电，同时 +300V 经启动电阻 R801、R803 为 U804 的 7 脚提供启动电压，使 U804 内部的振荡器启振。

❸ U804 启振后，5 脚输出开关脉冲信号，使 T1 的一次侧绕组有振荡电流出现，二次侧正反馈绕组 3 脚、4 脚的输出电压经 D811 整流、C819 滤波后形成正反馈电压，也加到 U804 的启动端，维持 7 脚的直流电压，使 U804 进入稳定振荡状态。

❹ 开关变压器 T1 的二次侧绕组分三路输出，经整流、滤波后，输出 ±12V 和 +5V 电压为整机供电。

❺ 误差检测电路接在 +5V 输出电路中，+5V 经分压电路为误差检测放大器 U803 的 R 端提供取样电压，经光耦反馈到 U804 的 2 脚。这是一个负反馈环路，可以实现自动稳定输出电压的功能。

2. 典型打印机中电源电路的信号处理过程分析

图 8-5 为典型打印机中的电源电路。该电路主要由交流输入和整流滤波电路、开关振荡集成电路、开关变压器、稳压控制电路、过载保护电路等构成。

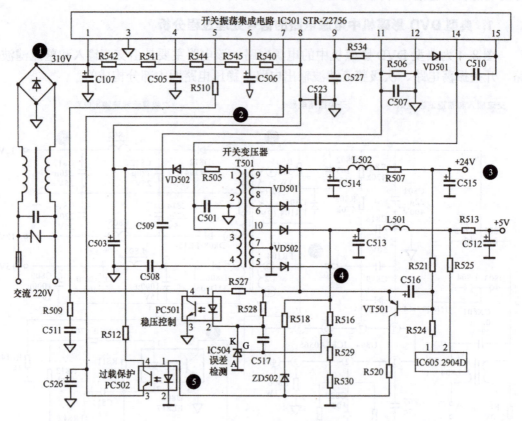

图 8-5 典型打印机中的电源电路

资料与提示

❶ 交流 220V 电压经整流滤波后，输出约为 310V 的直流电压加到 IC501 的 1 脚，IC501 启振，产生开关振荡脉冲信号，由 14 脚输出加到 T501 的 3、4 绕组。

❷ T501 的 1、2 绕组感应出开关脉冲电压，经 R505、VD502 整流，C503 滤波后，形成正反馈信号叠加到 IC501 的 8 脚，保持 8 脚有足够的直流电压维持 IC501 振荡，使开关电路进入稳定的振荡状态。

❸ T501 的 6、9 绕组和 5、10 绕组感应出开关脉冲电压，经整流二极管全波整流和 LC 滤波输出 +24V 和 +5V 直流电压。

❹ 误差检测电路设在 +5V 输出电路中。+5V 电压经分压电阻器 R516、R529、R530 形成取样点电压输入到误差检测放大器 IC504 的 G 端。IC504 的输出端 K 连接到光电耦合器 PC501 的 2 脚。当 IC504 的 G 端电压上升时，K-A 间内阻减小，使流过 PC501 内发光二极管的电流增加，发光二极管的发光强度增强。发光二极管亮度增强后，经内部光敏三极管反馈到 IC501 中，限制 IC501 的导通周期，使开关电源的输出电压自动下降，达到自动稳压的目的。如果开关电源的输出电压下降，则电路工作过程相反，使输出电压自动增加。

❺ 过载保护电路设在 +24V 输出电路中。+24V 电压经分压电阻器 R521、R524 形成取样点电压。取样点电压输入 VT501 的基极。

当 +24V 负载电路有过载情况时，+24V 电压会降低，取样点电压下降，VT501 导通，经 PC502 送给 IC501 的 8 脚电压就会下降，使开关振荡电路停振进行保护。

8.2 电源电路的应用

8.2.1 步进式可调集成稳压电源电路

图 8-6 为步进式可调集成稳压电源电路。该电路设有挡位开关，可以通过调节不同的挡位改变三端稳压器调节端的分压电阻，从而改变控制电压，使三端稳压器的输出电压可调。

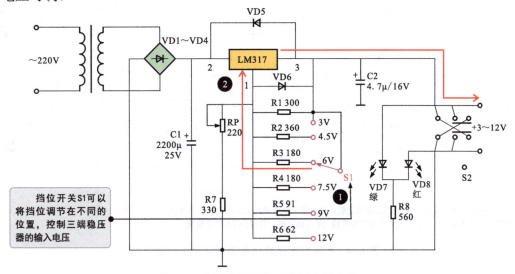

图 8-6 步进式可调集成稳压电源电路

资料与提示

❶ 当调节挡位开关 S1 的位置时，三端稳压器的调节端接入不同的分压电路中，从而改变三端稳压器的输入电压。

❷ 三端稳压器根据输入电压改变自身的工作状态，输出不同的直流电压。

8.2.2 典型直流并联稳压电源电路

图 8-7 为典型直流并联稳压电源电路。

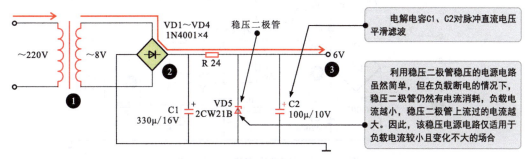

图 8-7 典型直流并联稳压电源电路

资料与提示

❶ 交流 220V 电压经变压器降压后输出 8V 交流电压。

❷ 8V 交流电压经桥式整流电路输出约 11V 的直流电压。

❸ 11V 直流电压经 C1 滤波，R、VD5 稳压，C2 滤波后，输出 6V 稳定的直流电压。

8.2.3 具有过压保护功能的直流稳压电源电路

图 8-8 为具有过压保护功能的直流稳压电源电路，可以提高稳压电源电路的安全可靠性。

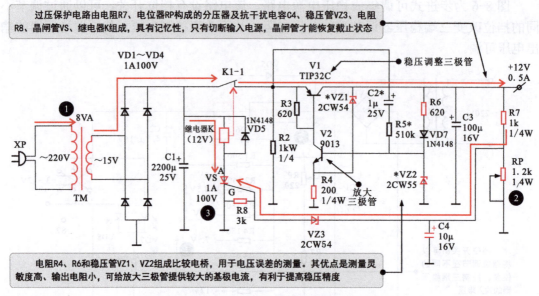

图 8-8 具有过压保护功能的直流稳压电源电路

资料与提示

❶ 交流 220V 电压经变压器、桥式整流堆处理后，输出直流电压送往后级整流滤波电路，最终输出 +12V 直流电压。

❷ 当输出电压因某种故障原因升高到超过 RP 所设定的值时，VZ3 发生击穿。

❸ VZ3 被击穿后，晶闸管 VS 被触发导通，继电器 K 得电动作，其常闭触点 K1-1 断开，保护用电负载。

8.2.4 典型可调直流稳压电源电路

图 8-9 为典型可调直流稳压电源电路。

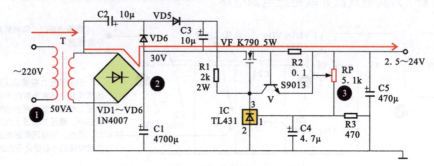

图 8-9 典型可调直流稳压电源电路

资料与提示

❶ 交流 220V 电压经变压器输出交流低压，送入桥式整流堆。

❷ 桥式整流堆将送来的交流低压整流为直流电压，经后级稳压部分输出直流低压。

❸ 调节电位器 RP 的阻值使输出电压为 2.5～24V。

8.2.5 典型开关电源电路

图 8-10 为典型开关电源电路，可将交流 220V 转换成不同电压值的直流电压。该电路主要是由熔断器 F1、互感滤波器 LF1、滤波电容 C1、桥式整流堆 VD1～VD4、滤波电容 C2、开关振荡集成电路 U1（TEA1523P）、开关变压器 T1、光电耦合器、误差检测放大器 U3（TL431A）及取样电阻 R14、R11 等部分构成的。

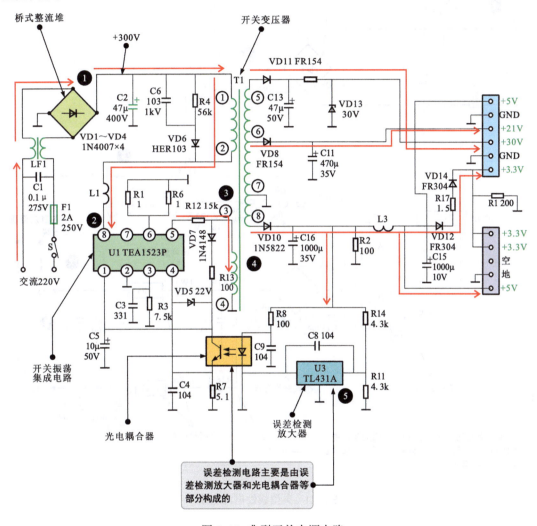

图 8-10 典型开关电源电路

> **资料与提示**
>
> ❶ 交流 220V 电压经电容和互感滤波器滤除干扰后，由桥式整流堆整流并输出约为 +300V 的直流电压。
> ❷ +300V 直流电压经开关变压器 T1 的一次侧 1、2 绕组为开关振荡集成电路U1的8脚供电。
> ❸ 开关变压器 T1 的正反馈 3、4 绕组为 U1 提供正反馈电压，使 U1 进入开关振荡状态。
> ❹ 开关变压器 T1 的二次侧 7、8 绕组和 5、6 绕组分别经整流滤波和稳压电路，输出 +3.3V、+5V、+21V 和 +30V 直流电压。
> ❺ 当输出电压不稳定时，误差检测电路的反馈信号经光电耦合器输入 U1的4脚，对开关振荡集成电路U1的振荡输出进行控制，实现稳压的目的。

8.2.6 典型线性电源电路

图 8-11 为典型线性电源电路。

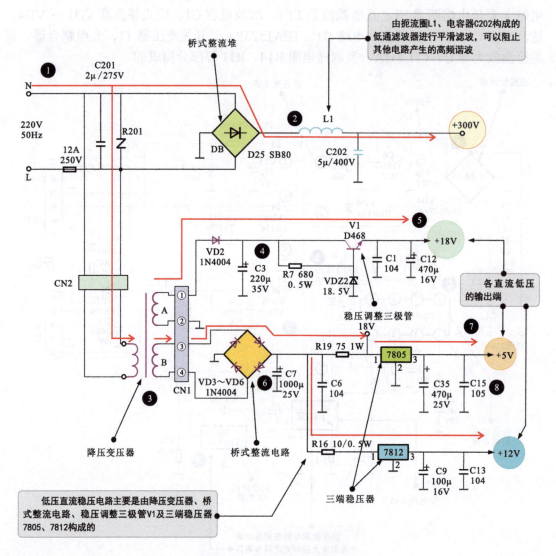

图 8-11 典型线性电源电路

资料与提示

❶ 交流 220V 电压经插件送入电路后分为两路：一路送入桥式整流堆 DB；另一路送入降压变压器。

❷ 交流 220V 电压经桥式整流堆 DB 整流后，输出约为 +300V 的直流电压。

❸ 降压变压器的二次侧有两个绕组 A、B。

❹ 绕组 A 经连接插件 CN1 的 1 脚输出，经整流滤波电路（VD2、C3）整流滤波后，送入稳压电路。

❺ 经稳压电路（V1、VDZ2）稳压后，输出 +18V 直流电压。

❻ 绕组 B 经连接插件 CN1 的 3 脚和 4 脚输出交流低电压，再经桥式整流电路（VD3～VD6）整流滤波后分为两路。

❼ 一路经电阻器 R19 和三端稳压器 7805 输出 +5V 的直流电压。

❽ 另一路经电阻器 R16 和三端稳压器 7812 输出 +12V 的直流电压。

8.3 电源电路的应用

8.3.1 电饭煲中的电源电路

图 8-12 为电饭煲中的电源电路。

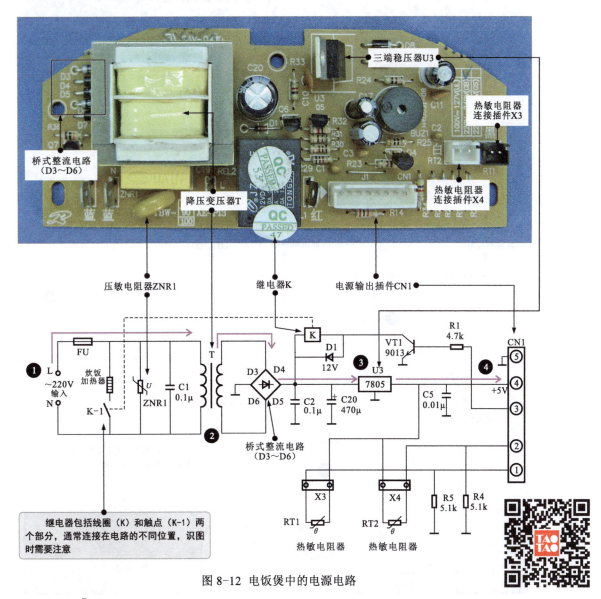

图 8-12 电饭煲中的电源电路

资料与提示

❶ 交流 220V 电压送入电路后,通过 FU(热熔断器)送到电源电路中。热熔断器主要起保护电路的作用,当电饭煲中的电流过大或温度过高时,热熔断器熔断,切断电饭煲的供电。

❷ 交流 220V 电压经降压变压器降压后,输出交流低压。

❸ 交流低压经桥式整流电路和滤波电容整流滤波后变为直流低压,送入三端稳压器。

❹ 三端稳压器对整流电路输出的直流电压进行稳压后,输出 +5V 的稳定直流电压,为微电脑控制电路提供工作电压。

8.3.2 微波炉中的电源电路

图 8-13 为微波炉中的电源电路。

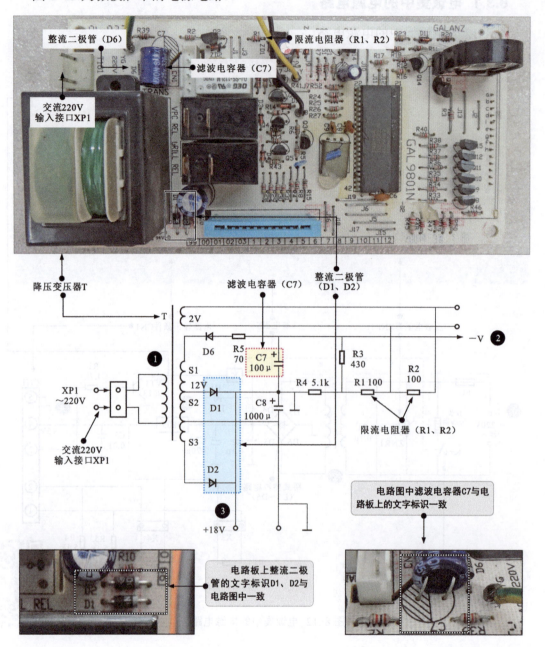

图 8-13 微波炉中的电源电路

资料与提示

❶交流 220V 电压经接口 XP1 送入降压变压器 T 的一次侧绕组。

❷降压变压器二次侧绕组 S1 输出的交流电压经二极管 D6 整流滤波后输出负电压。

❸降压变压器二次侧绕组 S2、S3 输出的交流电压经整流二极管 D1、D2 和滤波电容 C8 后，输出 +18V 直流电压。

8.3.3 洗衣机中的电源电路

图 8-14 为洗衣机中的电源电路。

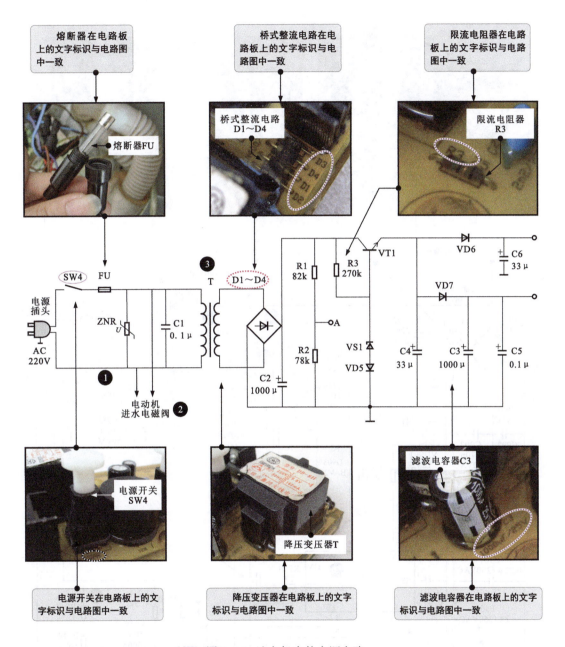

图 8-14 洗衣机中的电源电路

> **资料与提示**
>
> ❶ 交流 220V 电压经电源插头送入电源电路中,经熔断器 FU、电源开关 SW4、过压保护器 ZNR 后分为两路。
> ❷ 一路为电动机、进水电磁阀等供电。
> ❸ 另一路经过降压变压器降压后,送入桥式整流电路 D1～D4 进行整流,输出的直流电压经滤波电容 C2 滤波、VT1 稳压后,输出稳定的直流电压,为微处理器和其他需要直流供电的部件供电。

8.3.4 康佳 LC-TM2018 型液晶电视机中的电源电路

图 8-15 为康佳 LC-TM2018 型液晶电视机中的电源电路。

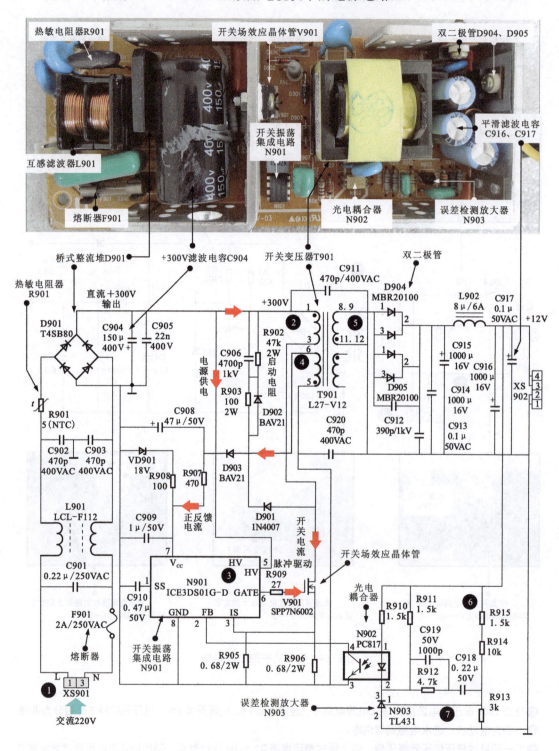

图 8-15 康佳 LC-TM2018 型液晶电视机中的电源电路

资料与提示

❶ 交流 220V 电压经互感滤波器 L901 和桥式整流堆 D901 后变成约为 +300V 的直流电压。

❷ +300V 直流电压经开关变压器 T901 的 1、3 绕组为开关场效应晶体管的漏极提供偏压，同时为开关振荡集成电路 N901 的 5 脚提供启动电压。

❸ 开机后，启动电压使 N901 内的振荡电路开始工作，由 N901 的 6 脚输出驱动脉冲使开关场效应晶体管 V901 工作在开关状态，V901 的漏极、源极之间形成开关电流。

❹ 开关变压器的 5、6 绕组为正反馈绕组，6 脚的输出电压经整流二极管 D903 正反馈到 N901 的 7 脚，维持 N901 的振荡。

❺ 开关变压器 8、9～11、12 绕组的输出电压经 D904、D905 整流形成 +12V 直流电压。

❻ +12V 直流电压经 R915、R914、R913 形成的分压电路，在 R913 上为 N903（TL431）提供误差取样电压。

❼ N903（TL431）的输出电压控制光电耦合器 N902 中的发光二极管，+12V 直流电压的波动会使光电耦合器中发光二极管的发光强度有变化。这种变化经光电耦合器中的光敏三极管反馈到 N901 的 2 脚形成负反馈环路，产生 PWM 信号进行稳压控制。

资料与提示

图 8-16 为开关振荡集成电路 N901 的内部功能框图和外部相关电路。交流电压经整流形成的直流电压由开关变压器一次侧绕组加到开关场效应晶体管的漏极 D，同时为 N901 的 5 脚提供启动电压，N901 启动，开关场效应晶体管启动，开关变压器产生的正反馈电流加到 N901 的 7 脚，N901 进入振荡状态，6 脚输出开关脉冲电压。误差检测电路形成的负反馈信号经光电耦合器送到 N901 的 2 脚，N901 的 3 脚为电流检测输入端，1 脚外接软启动电容。

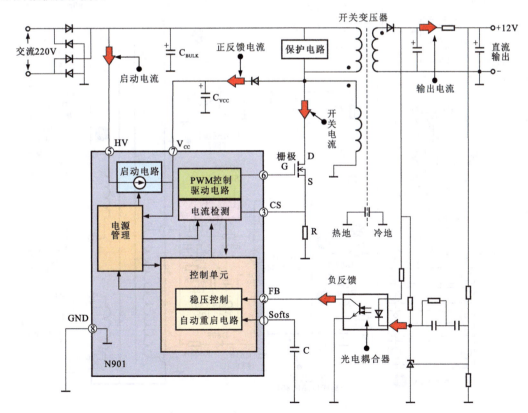

图 8-16 开关振荡集成电路 N901 的内部功能框图和外部相关电路

8.3.5 TCL-AT2565 型彩色电视机中的电源电路

图 8-17 为 TCL-AT2565 型彩色电视机中的电源电路。

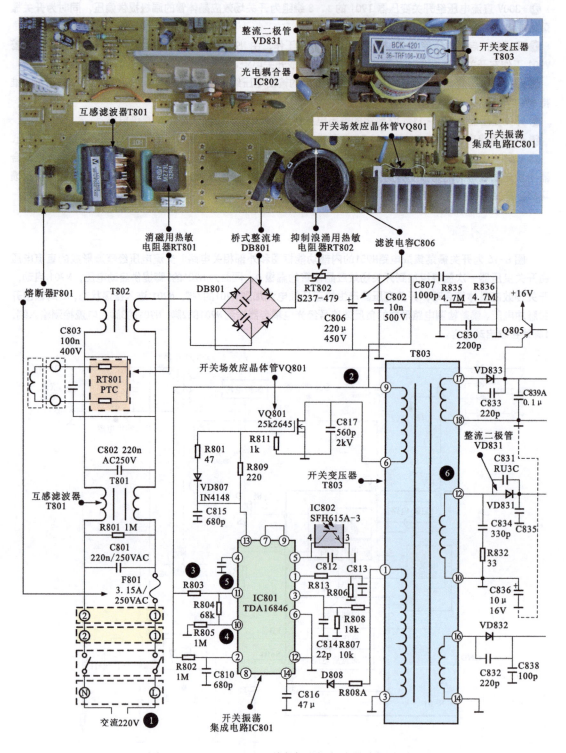

图 8-17 TCL-AT2565 型彩色电视机中的电源电路

资料与提示

TCL—AT2565 型彩色电视机中的电源电路主要由熔断器（F801）、互感滤波器（T801）、起消磁作用的热敏电阻器（RT801）、桥式整流堆（DB801）、起抑制浪涌作用的热敏电阻器（RT802）、滤波电容（C806）、开关变压器（T803）、开关振荡集成电路（IC801）、光电耦合器（IC802）等构成。

❶ 交流220V电压送入电路后，经互感滤波器加到桥式整流堆DB801变成脉动直流电压，经热敏电阻器RT802及C806和C807滤波形成+300V直流电压，送到变压器T803的9脚。

❷ +300V直流电压由T803的9~6脚加到开关场效应晶体管VQ801的漏极（D）。VQ801的源极（S）接地，栅极（G）受开关振荡集成电路13脚的控制。

❸ +300V直流电压经启动电阻R803、R804为IC801的11脚提供启动电压，使IC801中的振荡器启振，为开关场效应晶体管VQ801的栅极（G）提供振荡信号，使VQ801处于开关工作状态，在T803的6、9绕组上形成开关电流，通过变压器T803的互感作用，在T803的1、3绕组上产生感应脉冲电压。T803的1脚产生的感应脉冲电压经D808整流、C816滤波、R808A限流后加到IC801的14脚，同时经R808加到IC801的3脚，维持IC801正常振荡。

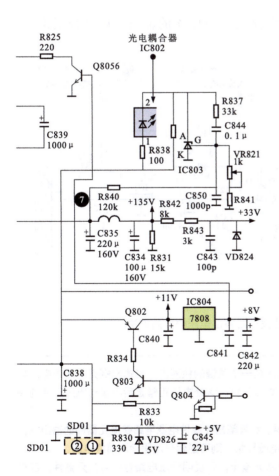

❹ IC801的2脚为电流信号检测端，通过R802与+300V相连，用于过压检测控制。当输入电压过高时，C810的充电幅度上升，通过内部控制放大器可以减小输出脉冲占空比。当该脚电压过高时，内部的保护电路会切断IC801的13脚的输出激励脉冲。

❺ IC801的11脚为启动电压输入端，同时也作为欠压保护和取样电压输入端，外接R804和R803分压电路与整流滤波电路相连。

❻ 开关电源启振后，经变压器T803的17、18绕组，12、10绕组，16、14绕组输出开关脉冲信号，分别经整流二极管VD833、VD831、VD832整流和滤波电容滤波后，输出+16V、+135V、+33V、+11V、+8V、+5V电压。其中，+135V电压经电阻器R842、R843降压限流后输出+33V电压，+11V电压经过三端稳压器（IC804）后输出+8V电压。

❼ 误差检测电压设在+135V输出电路中，+135V电压经R840、VR821、R841到地，构成分压电路。IC803的K端接地，G端接在R840和VR821的分压点上。若+135V电压有波动，则IC803的A端电流就会有变化。IC803的A端接在光电耦合器中光电二极管的负极。其电流变化必然会引起发光强弱的变化。光电耦合器将电流的变化转换成电压加到IC801的5脚，经IC801的负反馈控制，从而实现稳压。

图 8-17 TCL-AT2565 型彩色电视机中的电源电路（续）

8.4 电源电路的检测

8.4.1 线性电源电路的检测方法

图8-18为线性电源电路（典型电压力锅的电源供电电路）输出电压的检测方法。

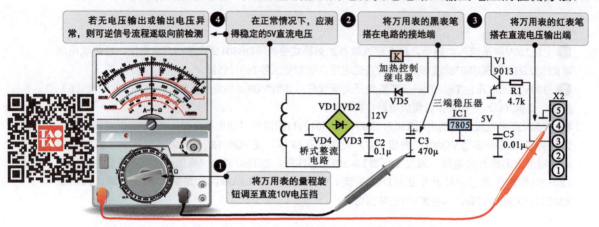

图8-18 线性电源电路输出电压的检测方法

逆信号流程逐级向前检测，即首先检测整流滤波电路的输出电压是否正常，如图8-19所示。

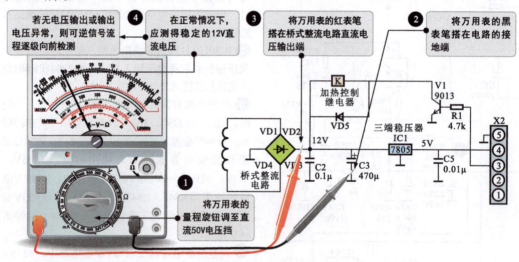

图8-19 线性电源电路整流滤波电路输出电压的检测方法

资料与提示

在线性电源电路中，整流滤波电路输出的直流电压是一个关键的检测点，当输出端无电压或电压异常时，可用万用表检测整流滤波电路输出的直流电压是否正常。该处电压正常是后级输出电压正常的关键条件。

在正常情况下，将万用表的黑表笔搭在电路接地端，红表笔搭在线性电源电路整流元器件的输出端，应能够测得一定值的直流电压；若无电压输出或输出电压异常，则可逆信号流程检测前级电路。

若整流滤波电路的输出电压正常，而线性电源电路无输出，则说明稳压电路存在异常元器件，应根据实测结果进行更换、调整或修复，即可恢复电路的性能。

若整流滤波电路无电压输出，则应检测前级电路的输出电压，即检测降压变压器的输出电压是否正常，如图 8-20 所示。

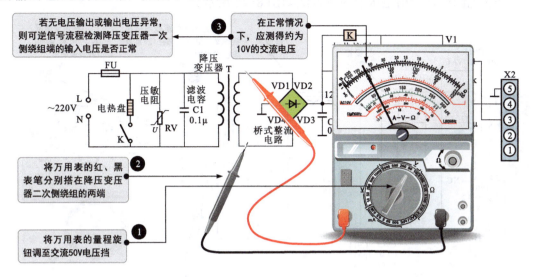

图 8-20　线性电源电路降压变压器输出电压的检测方法

资料与提示

在线性电源电路中，降压变压器的输入端为交流 220V 电压，输出端为降压后的交流低电压，经整流滤波电路后变成直流电压。若降压变压器二次侧绕组电压正常，而整流滤波电路无输出，则说明整流滤波电路存在异常元器件，根据实测结果进行更换、调整或修复后，即可恢复电路性能；若输出电压异常，则应重点对交流输入电路进行检测。

线性电源电路交流输入电路输入电压的检测方法如图 8-21 所示。

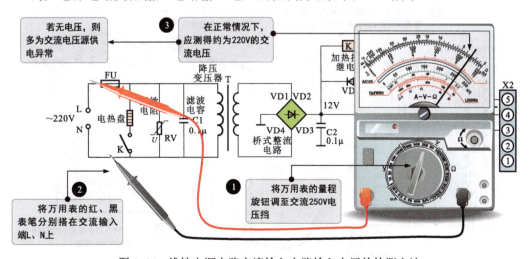

图 8-21　线性电源电路交流输入电路输入电压的检测方法

资料与提示

在线性电源电路中，交流输入电压是整个电路的供电来源。若供电不正常，则整个线性电源电路也无法进入工作状态。若交流输入电压正常，即降压变压器一次侧绕组电压正常，二次侧绕组无电压输出，则降压变压器损坏，可通过更换、调整或修复降压变压器等措施来恢复电路性能。

8.4.2 开关电源电路的检测方法

开关电源电路输出电压的检测方法如图 8-22 所示。

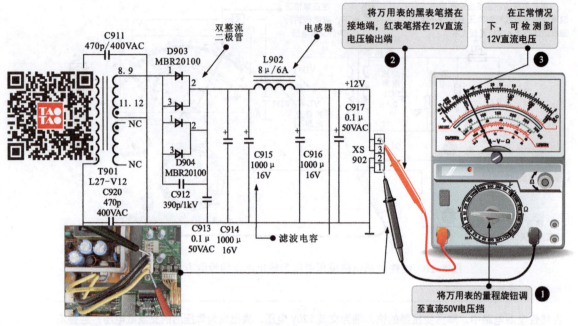

图 8-22 开关电源电路输出电压的检测方法

若开关电源电路无任何电压输出,则应重点检测开关变压器的输出电压是否正常,如图 8-23 所示。

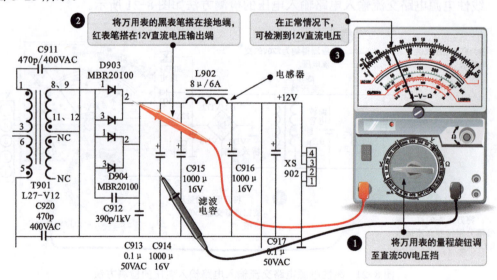

图 8-23 开关电源电路开关变压器输出电压的检测方法

资料与提示

若开关变压器的输出电压异常,则应检测交流输入电路;若开关变压器的输出电压正常,而开关电源电路仍无任何电压输出,则说明开关电源电路的整流滤波元器件有故障。

开关电源电路中开关振荡集成电路的检测方法如图 8-24 所示。

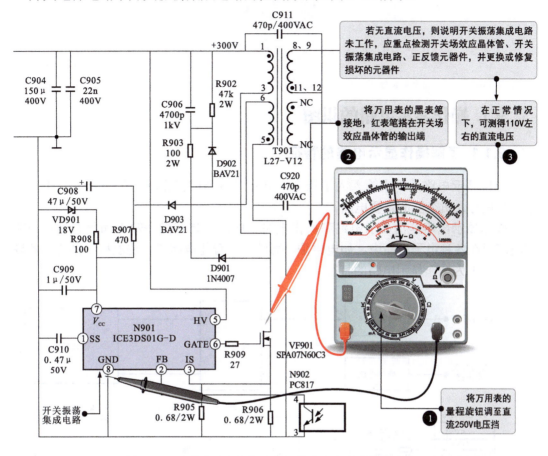

图 8-24　开关电源电路中开关振荡集成电路的检测方法

第9章
操作显示电路的识图、应用与检测

9.1 操作显示电路的识图

9.1.1 了解操作显示电路的特征

操作显示电路是用来输入人工指令,显示设备当前工作状态的电路,是用户与电子产品进行人机交互的重要电路。

操作显示电路是由显示电路和操作电路组成的,具有指令输入和状态显示功能,广泛应用在各种电子产品中,如电磁炉、微波炉、智能电冰箱、洗衣机、办公设备等。

图 9-1 为操作显示电路的特征。

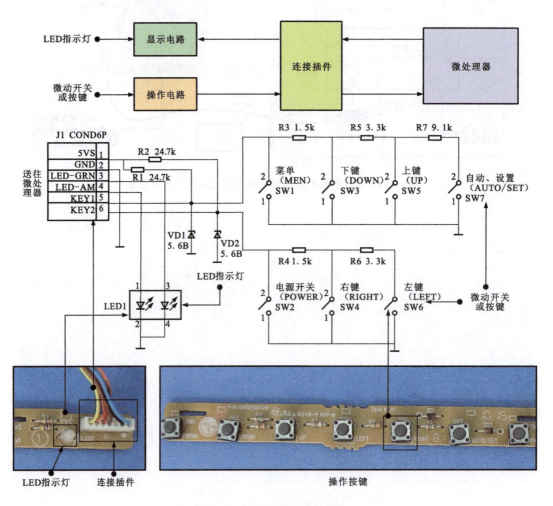

图 9-1 操作显示电路的特征

9.1.2 厘清操作显示电路的信号处理过程

图 9-2 为典型操作显示电路的信号处理过程。

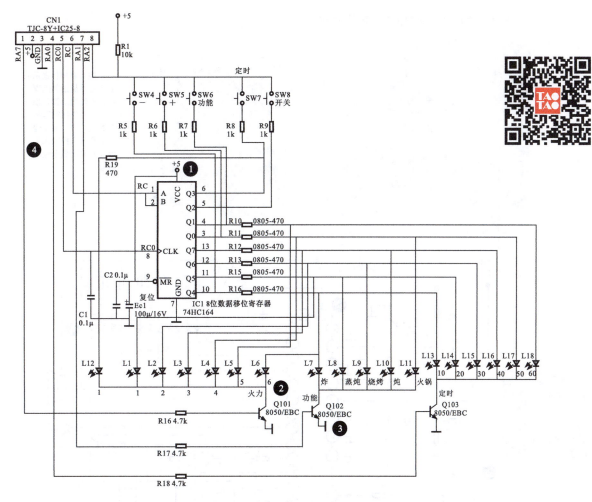

图 9-2 典型操作显示电路的信号处理过程

资料与提示

❶ 操作显示电路的核心元器件是芯片 IC1（74HC164）。它是一个 8 位数据移位寄存器，可将微处理器送来的一路串行数据信号变成 8 路并行数据信号输出。其中，1 脚和 2 脚为串行数据信号输入端，接收来自微处理器的数据信号；8 脚为时钟信号输入端；9 脚为清零信号输入端，开机时，+5V 电压送到此脚。IC1 在数据信号和时钟信号的作用下，由 Q0~Q7 端输出不同时序的脉冲信号。

❷ IC1 的输出端与发光二极管 L1~L18 的正极端连接，发光二极管的负极端连接到驱动三极管 Q101~Q103 的集电极。当 Q101 的基极有正极性脉冲时，Q101 导通，与其相连接的发光二极管有正极性脉冲，发光二极管发光。

❸ 多个发光二极管正极端脉冲信号的时序不同，只有与 Q101 基极控制脉冲的时序相同时才能发光。18 个发光二极管分成 3 组，由 Q101、Q102、Q103 和 8 位数据移位寄存器控制。

❹ IC1 的 Q0~Q4 端外接操作按键，按下任意按键时，相应时序的脉冲信号经 CN1 的 8 脚送给微处理器，并通过 CN1 的 1 脚、4 脚、7 脚输出控制信号，控制 Q101~Q103 导通，从而控制相应的发光二极管发光。

9.2 操作显示电路的应用

9.2.1 电饭煲中的操作显示电路

图 9-3 为电饭煲中的操作显示电路。

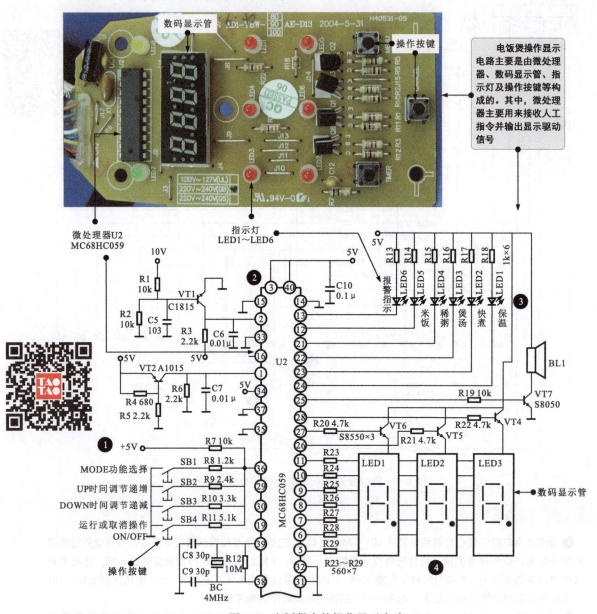

图 9-3 电饭煲中的操作显示电路

资料与提示

❶电饭煲通电，操作电路有 +5V 的工作电压后，按动操作按键，输入人工指令。

❷人工指令信号输入微处理器后，控制指示灯的显示。

❸指示灯根据电饭煲当前的工作状态进行相应的显示。

❹当进行定时设置时，数码显示管会显示定时时间。

9.2.2 微波炉中的操作显示电路

图9-4为微波炉中的操作显示电路。

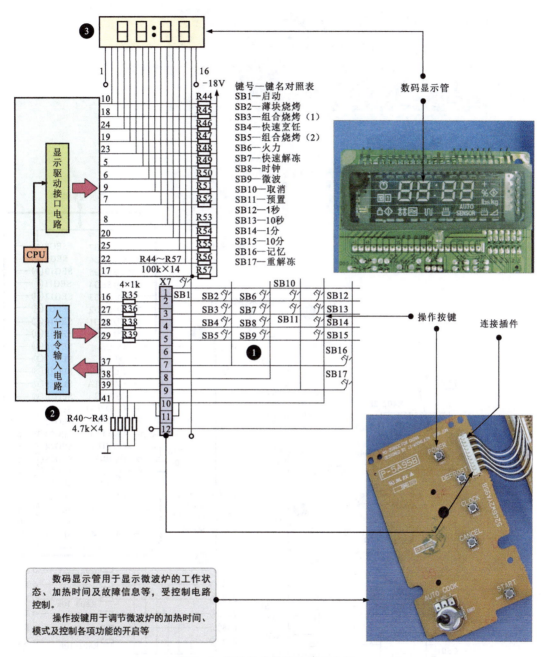

图9-4 微波炉中的操作显示电路

资料与提示

❶微波炉通电后，通过操作按键输入人工指令，并送到微处理器中进行识别处理。
❷由操作按键送来的人工指令经微处理器处理后，将显示信号送入数码显示管。
❸通过数码显示管显示微波炉当前的工作状态。

9.2.3 电冰箱中的操作显示电路

图 9-5 为电冰箱中的操作显示电路。

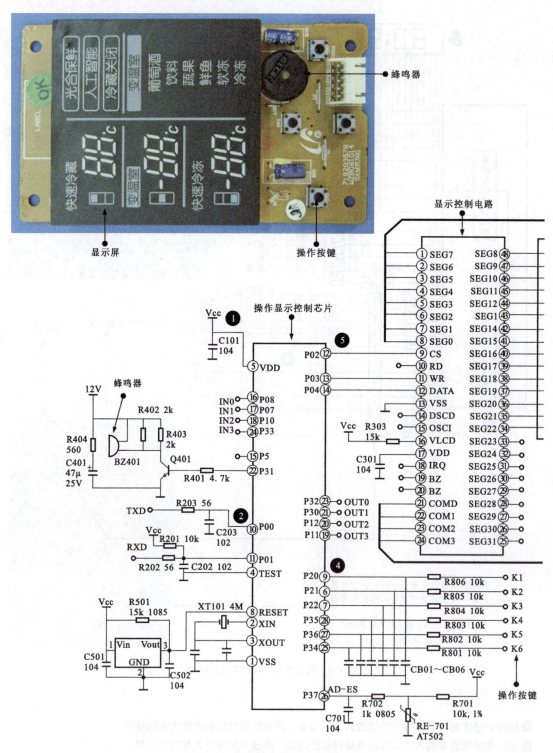

图 9-5 电冰箱中的操作显示电路

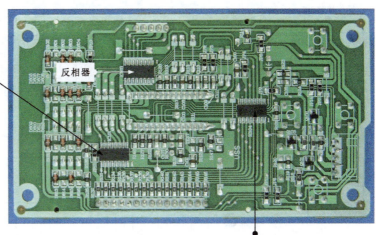

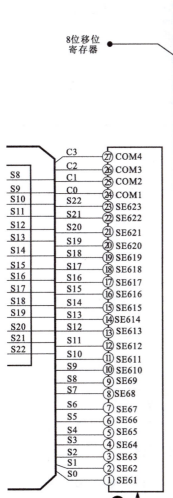

❶ 操作显示控制芯片的5脚为+5V供电端，用于提供工作电压；8脚用于输入复位信号。晶体XT101与操作显示控制芯片构成振荡电路，用于提供晶振信号。

❷ 当操作显示控制芯片正常工作后，10脚和11脚作为通信接口与主控微处理器相连并进行信息互通。其中，TXD为发送端，输送人工指令信号；RXD为接收端，可接收显示信息、提示信息等内容。

❸ 数码显示屏分为多个显示单元，每个显示单元可以显示特定的字符或图形，因而需要多种驱动信号进行控制。显示控制电路可将操作显示控制芯片输出的显示数据转换成多种驱动信号。

❹ 操作按键K1～K6输入人工指令，通过9脚、6脚、7脚、28脚、27脚、25脚送入操作显示控制芯片中，经内部处理后，将可执行指令传送到主控微处理器中。

❺ 操作显示控制芯片将显示信号通过12脚、13脚和14脚送到显示控制电路中。显示控制电路的12脚用来接收由操作显示控制芯片送来的串行数据信号（DATA），11脚为写入控制信号（WR），9脚接收选择和控制信号（CS），并由34～48脚输出并行数据，对数码显示屏进行控制。

图9-5 电冰箱中的操作显示电路（续）

9.2.4 汽车音响中的操作显示电路

图 9-6 为汽车音响中的操作显示电路（JVC KD-S283 型汽车音响）。

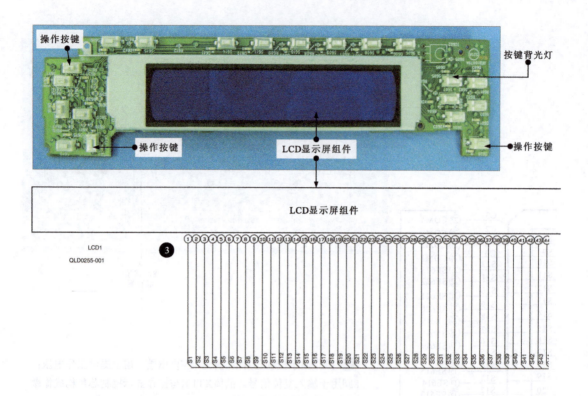

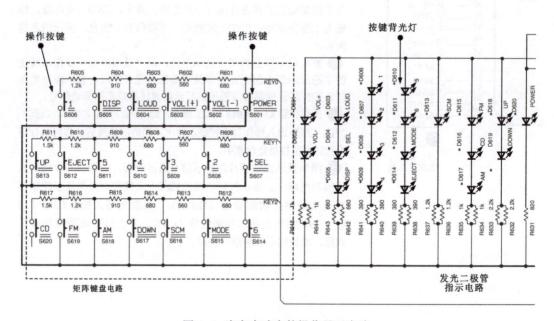

图 9-6 汽车音响中的操作显示电路

资料与提示

❶ 在操作显示电路中，按下任何一个操作按键都可与其分压电阻构成回路，输出相应的电压；按下不同的操作按键，相应的输出电压不同；不同的输出电压代表不同的人工操作指令（键控信号），该信号经接口插件 CJ601 的 12~14 脚输出，送往后级微处理器中。

❷ 微处理器对送来的键控信号进行识别和处理后，输出控制信号控制音响电路，同时经接口插件 CJ601 的 9~11 脚送至 LCD 显示屏驱动芯片 IC601（PT6523LQ）的 62~64 脚，显示工作状态。

❸ LCD 显示屏驱动芯片 IC601（PT6523LQ）将控制信号处理后，输出多组驱动信号至 LCD 显示屏组件，显示汽车音响当前的工作状态及相关信息。

❹ CJ601 的 2 脚为 10V 直流电压输入端。该直流电压在操作显示电路中分为两路：一路为操作按键背光灯（发光二极管）提供直流电压；另一路经限流电阻 R651、R652 为 LCD 显示屏驱动芯片提供工作电压。

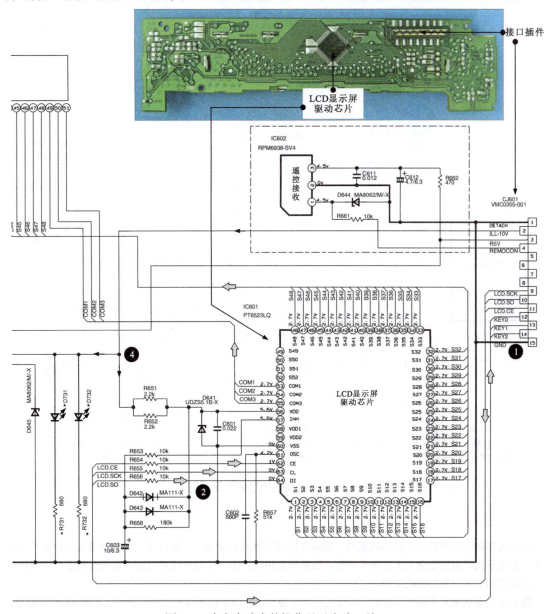

图 9-6 汽车音响中的操作显示电路（续）

9.2.5 液晶电视机中的操作显示电路

图 9-7 为液晶电视机中的操作显示电路（厦华 LC-32U25 型）。

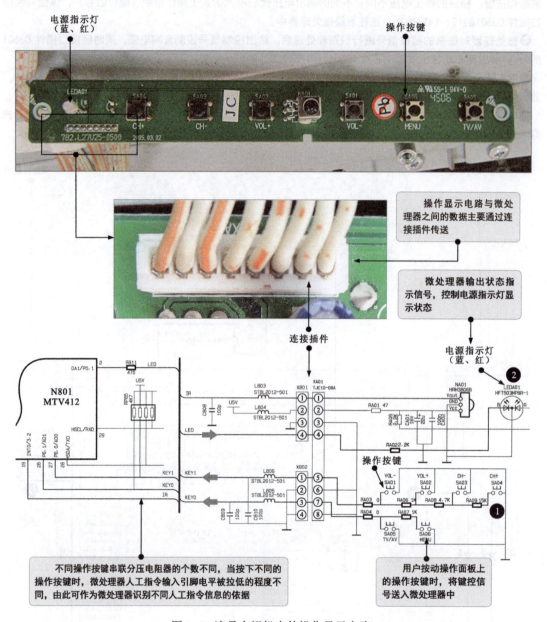

图 9-7 液晶电视机中的操作显示电路

资料与提示

❶ 当用户按下其中的一个操作按键时，该操作按键的触点被接通，微处理器人工指令输入引脚电平被拉低，相当于为微处理器送入人工指令信息。微处理器将送入的人工指令信息或遥控编码信息进行译码转换成各种控制信号，控制整机工作。

❷ 当液晶电视机处于待机状态时，5V 低电压为电源指示灯中的红色发光二极管供电，电源指示灯呈红色；开机后，微处理器的 2 脚输出高电平使蓝色发光二极管点亮，指示灯变为蓝色。

9.2.6 洗衣机中的操作显示电路

图 9-8 为洗衣机中的操作显示电路。

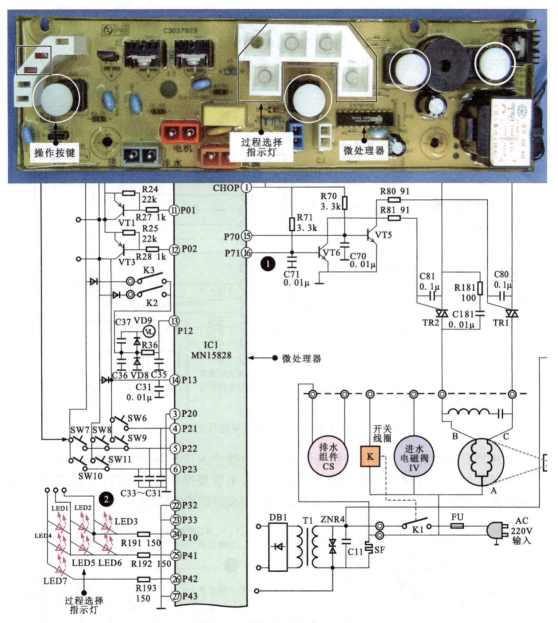

图 9-8 洗衣机中的操作显示电路

资料与提示

❶ 当定时时间到，微处理器在内部程序的控制下，由 15 脚、16 脚轮流输出驱动信号，经三极管 VT5、VT6 后，送到双向晶闸管 TR1、TR2 的控制极。

❷ 双向晶闸管 TR1、TR2 轮流导通，电动机得电开始正、反向旋转，通过皮带将动力传输给离合器，离合器带动洗衣机内波轮转动，洗衣机进入"洗涤"状态，操作显示面板上的"洗衣"指示灯点亮。当洗衣机处于不同的工作状态时，由微处理器输出的状态信号通过过程选择指示灯显示出来。

9.3 操作显示电路的检测

9.3.1 电饭煲操作显示电路的检测方法

检修电饭煲操作显示电路时，可根据电路的信号流程，借助万用表对供电电压及主要组成部件的性能进行测量，进而完成对电路的调试或故障判别。

首先对操作显示电路中按键部分、显示部分的供电电压进行检测。图 9-9 为电饭煲操作显示电路供电电压的检测方法。

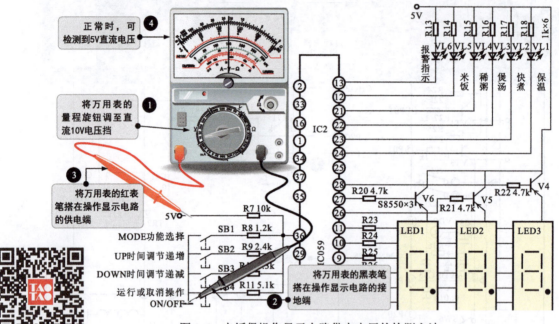

图 9-9 电饭煲操作显示电路供电电压的检测方法

在操作显示电路中，操作按键是操作显示电路中人工指令的输入器件。可以说，操作按键的好坏是实现人工指令输入的关键。若电饭煲操作按键异常，则需重点检测操作按键。图 9-10 为电饭煲操作显示电路中操作按键的检测方法。

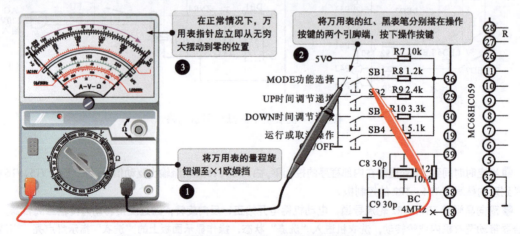

图 9-10 电饭煲操作显示电路中操作按键的检测方法

指示灯（发光二极管）是电饭煲操作显示电路中的显示器件之一，用来显示电饭煲当前的工作状态。如果操作显示电路指示异常时，对指示灯进行检测是非常必要的。图 9-11 为电饭煲操作显示电路中指示灯的检测方法。

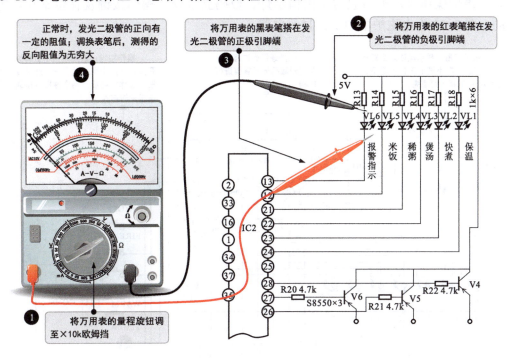

图 9-11　电饭煲操作显示电路中指示灯的检测方法

资料与提示

无论输入人工指令，还是显示当前工作状态，均是由微处理器完成的。若供电正常，主要功能部件都正常，则对微处理器工作状态的检测也是非常有必要的。

图 9-12 为使用示波器检测微处理器时钟信号波形的方法。

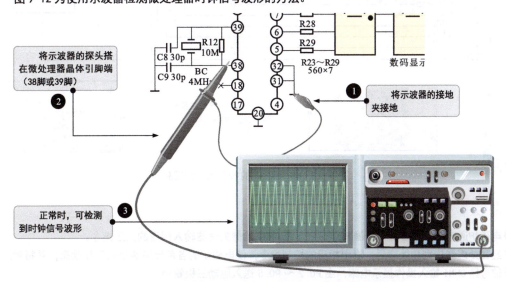

图 9-12　使用示波器检测微处理器时钟信号波形的方法

197

9.3.2 电磁炉操作显示电路的检测方法

电磁炉的操作显示电路主要用来输入人工指令信号，显示电磁炉的当前工作状态。

电磁炉操作显示电路通常是由指示灯、数码显示管、操作按键及移位寄存器等构成的。图 9-13 为电磁炉中的操作显示电路。

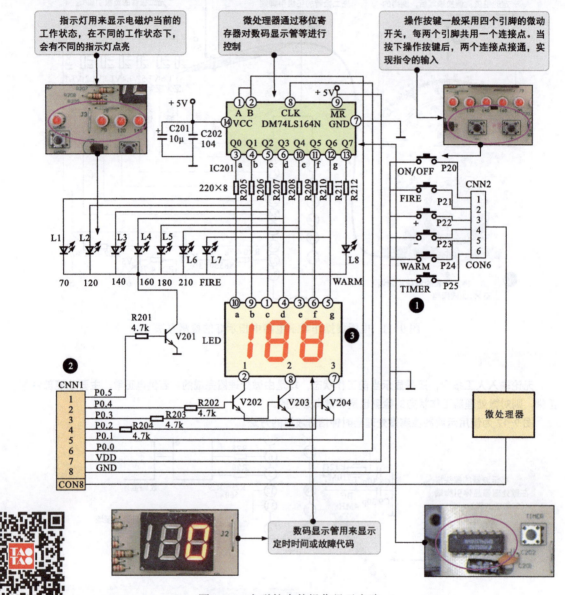

图 9-13 电磁炉中的操作显示电路

资料与提示

❶ 电磁炉通电后，通过操作按键 P20～P25 经 CNN2 给微处理器输入相应的人工指令。

❷ 经微处理器识别和处理后，输出相应的控制指令，使电磁炉的各单元电路进入工作状态，并将对应的显示信号经 CNN1 输入操作显示电路，由 P0.2～P0.5 送入驱动三极管中。

❸ 驱动三极管驱动数码显示管或指示灯对当前电磁炉的工作状态进行显示。

电磁炉操作显示电路中的供电电压、操作按键及指示灯的检测可参考电饭煲操作显示电路的检测方法。

电磁炉操作显示电路中数码显示管各引脚的信号波形如图9-14所示。

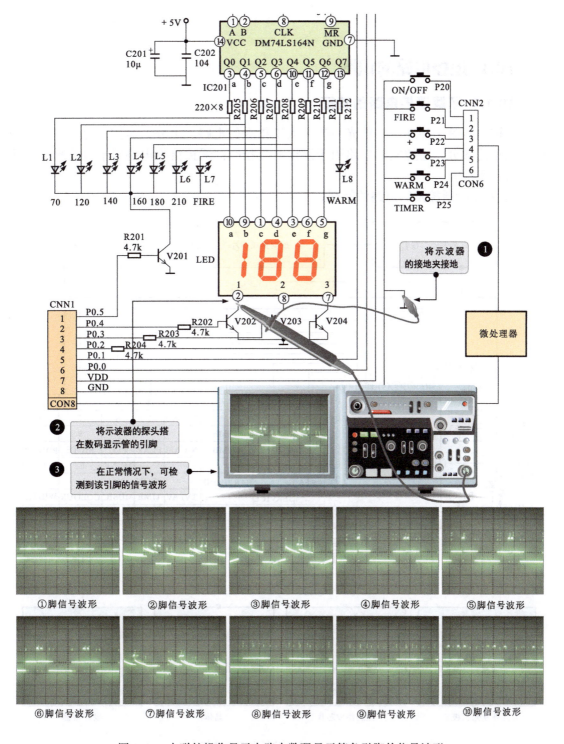

图9-14 电磁炉操作显示电路中数码显示管各引脚的信号波形

第10章
遥控电路的识图、应用与检测

10.1 遥控电路的识图

10.1.1 了解遥控电路的特征

遥控电路是一种通过红外光波传输人工指令的电路，可分为遥控发射电路和遥控接收电路两部分。遥控发射电路用于发出人工指令；遥控接收电路用于接收指令并传输到微处理器中。

图 10-1 为遥控发射电路的特征。

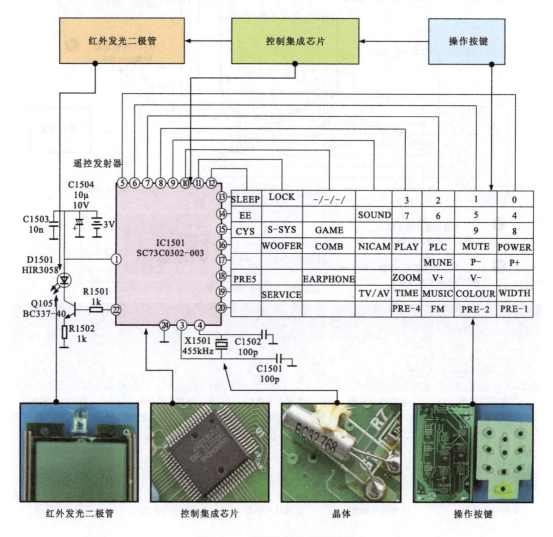

图 10-1 遥控发射电路的特征

遥控接收电路的主要器件为遥控接收器。遥控接收器集成红外光敏二极管、放大器、滤波器及整形电路等，可以将接收的红外光信号经放大、选频、滤波、整形后，输出控制信号并送到微处理器中。

图 10-2 为遥控接收电路的特征。

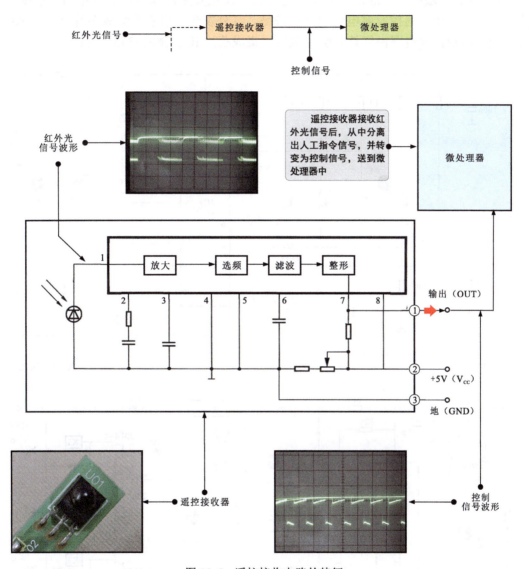

图 10-2　遥控接收电路的特征

遥控接收器的外部有 3 个引脚。其中，2 脚用于接收 5V 工作电压；3 脚接地；1 脚用于输出控制信号并送到微处理器中。

资料与提示

在遥控电路中，红外光敏二极管的感光灵敏区在红外光谱区，当遥控发射电路中的红外发光二极管发射红外光并照射到光敏二极管上后，遥控接收电路中的电流会随之变化，经放大、选频、滤波、整形等处理后转换为控制信号。

10.1.2 厘清遥控电路的信号处理过程

分析遥控电路应首先在电路中找到主要元器件和核心控制器件，然后根据各主要元器件的功能特点厘清信号处理过程，从而建立完善的电路关系。

图 10-3 为遥控电路的信号处理过程。该电路主要是由遥控发射电路和遥控接收电路构成的。其中，遥控发射电路由操作按键、红外发光二极管及集成芯片 IC1（8801）等组成；遥控接收电路由红外光敏二极管、集成芯片 IC2（MC3373）等组成。

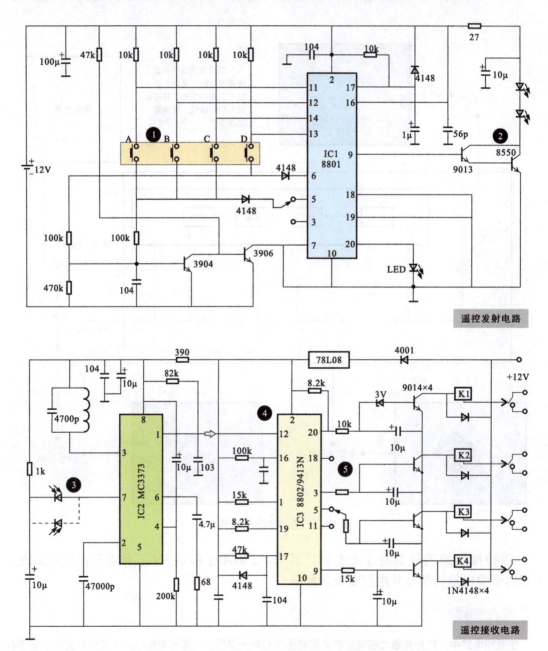

图 10-3　遥控电路的信号处理过程

资料与提示

❶ 遥控发射电路输出控制信号的种类较少，电路比较简单。当用户操作A、B、C、D操作按键时，集成芯片IC1（8801）便有四种不同的控制信号输出。

❷ 控制信号经三极管9013和8550后驱动红外发光二极管发射红外光信号。

❸ 在遥控接收电路中，红外光敏二极管接收红外光信号后，由7脚输入集成芯片IC2（MC3373）中进行处理。

❹ 经IC2放大、选频、滤波、整形后，由1脚输出控制脉冲信号，送到集成芯片IC3（8802/9413N）的12脚。

❺ 经IC2识别和处理后，由20脚、3脚、5脚、11脚、9脚输出相应的控制信号，经驱动三极管控制继电器K1～K4动作，再由继电器控制其他电路工作。

10.2 遥控电路的应用

10.2.1 空调器中的遥控电路

图10-4为空调器中的遥控接收电路（海信KFR－35W/06ABP型变频空调器）。

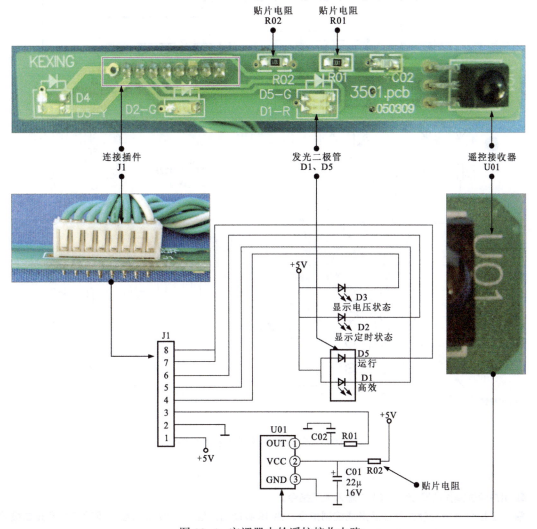

图10-4 空调器中的遥控接收电路

图 10-5 为空调器中的遥控发射电路（海信 KFR－35W/06ABP 型变频空调器）。

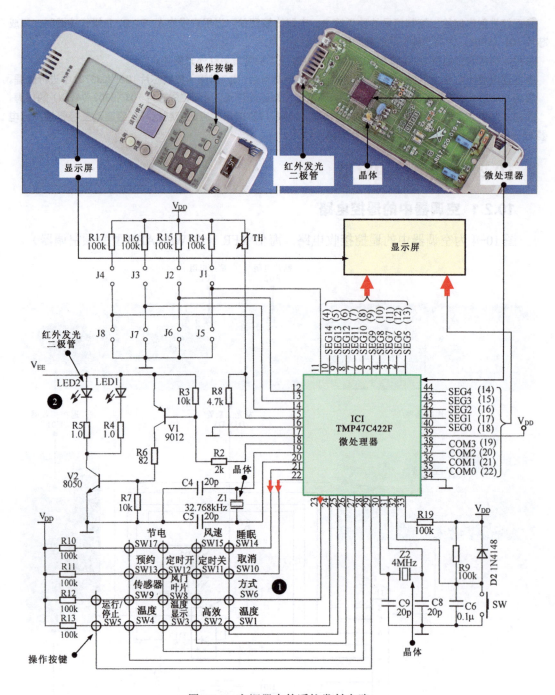

图 10-5　空调器中的遥控发射电路

> 资料与提示
>
> ❶ 用户通过操作按键 SW1～SW17 输入人工指令。
>
> ❷ 人工指令经微处理器处理后形成控制指令，由 18 脚输出，经 V1、V2 放大后，驱动红外发光二极管 LED1 和 LED2 通过辐射窗口发射红外光信号。

10.2.2 换气扇中的遥控电路

图 10-6 为换气扇中的遥控接收电路。

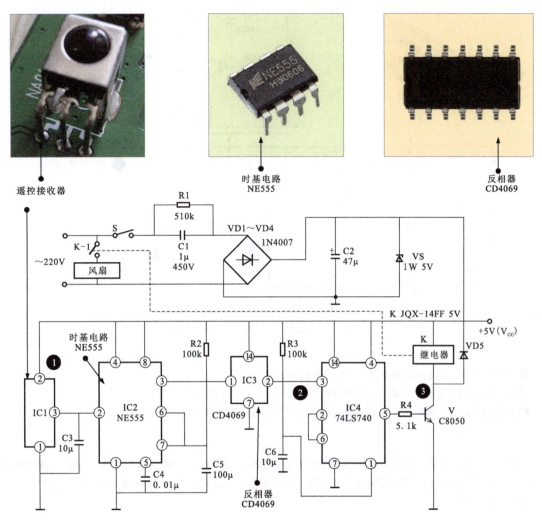

图 10-6 换气扇中的遥控接收电路

> 资料与提示

❶ 通过遥控器控制换气扇动作时,由遥控接收器 IC1 接收来自遥控器的红外光信号。

❷ 遥控接收器的3脚输出低电平,经 IC2 后输出高电平,再经 IC3 反相后,使 IC4 的3脚输入低电平。

❸ 经 IC4 处理后,由 5 脚输出高电平,驱动三极管 V 导通,继电器 K 吸合,常开触点 K-1 吸合,风扇接通电源开始工作。

> 资料与提示

遥控接收器接收的信号为红外光信号。该信号需要经过一系列的转换、调制或编码后才可以变为控制信号,驱动三极管 V 正常工作。不同的遥控电路,将红外光信号转换为控制信号的过程不同。图 10-6 中的转换主要是由 IC2~IC4 来完成的。

10.2.3 电动玩具中的遥控电路

图 10-7 为电动玩具中的遥控发射电路。

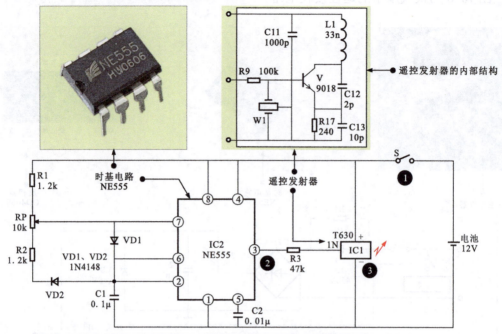

图 10-7 电动玩具中的遥控发射电路

资料与提示

❶ 按下开关 S，电池为电路中的各个元器件提供工作电压。
❷ 时基电路 IC2 与外围元器件构成振荡电路开始工作，由 3 脚输出振荡信号。
❸ 振荡信号经 IC1 调制后，通过内置天线发出信号，控制电动玩具动作。

资料与提示

NE555 时基电路的内部设有比较器、缓冲器及触发器。2脚、6脚、3脚为输入和输出引脚。3脚的输出电平为高电平还是低电平受内部触发器的控制。触发器受2脚和6脚输入信号的控制。NE555 的内部结构框图如图 10-8 所示。

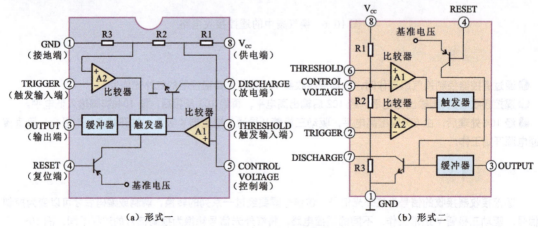

图 10-8 NE555 的内部结构框图

10.2.4 彩色电视机中的遥控电路

图10-9为彩色电视机中的遥控接收电路（康佳P29MV217型）。

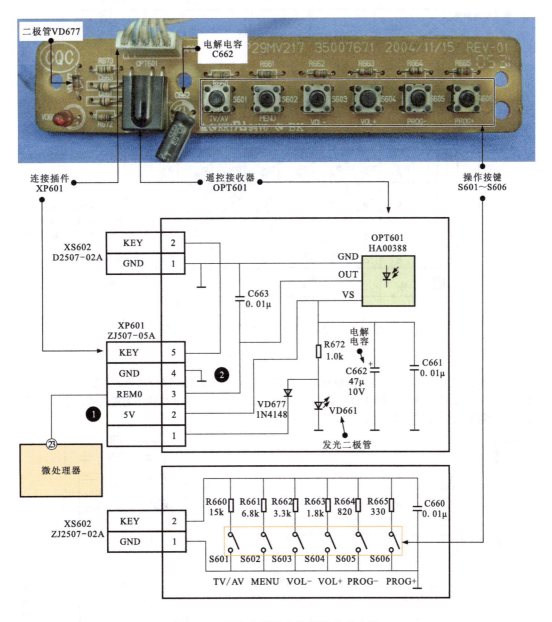

图10-9 彩色电视机中的遥控接收电路

> 资料与提示

❶遥控接收电路正常工作时，需要电源电路为其提供+5V的供电电压。+5V供电电压通过连接插件XP601送入遥控接收器的供电端VS。

❷用户通过遥控发射电路（遥控器）发送人工指令，由遥控接收电路中的遥控接收器OPT601接收，经内部处理后，由OUT引脚输出，送往微处理器的23脚。微处理器将送入的人工指令转换成各种控制信号，控制整机工作。

10.2.5 多功能遥控电路

图 10-10、图 10-11 分别为多功能遥控电路的红外发射电路和红外接收电路。

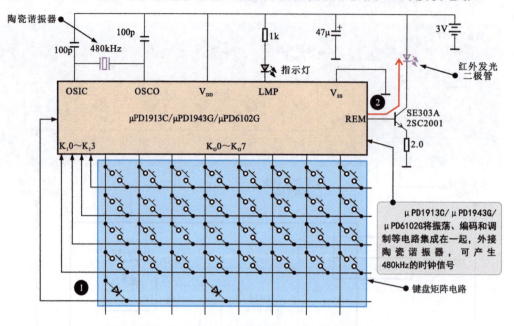

图 10-10 多功能遥控电路的红外发射电路

资料与提示

❶ 多功能遥控发射电路通过键盘矩阵电路将 μPD1913C/μPD1943G/μPD6102G 送入人工指令。

❷ μPD1913C/μPD1943G/μPD6102G 通过识别不同的人工指令，由 REM 端输出遥控信号，经三极管驱动红外发光二极管发射红外光信号。

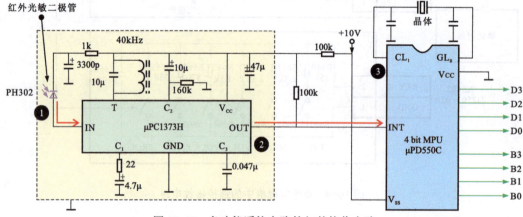

图 10-11 多功能遥控电路的红外接收电路

资料与提示

❶ 红外光敏二极管 PH302 将接收的红外光信号送入 μPC1373H。

❷ μPC1373H 将红外光信号放大、选频、滤波、整形后，由 OUT 端输出控制脉冲信号并送到微处理器 μPD550C 中。

❸ 经微处理器识别和处理后，输出各种控制指令（D0～D3，B0～B3）。

10.2.6 高灵敏度遥控电路

图 10-12 为高灵敏度遥控电路。图中,红外发射电路采用 SE303A 红外发光二极管;红外接收电路采用 PH302 红外接收二极管。PH302 红外接收二极管是与 SE303A 红外发光二极管相配套的一组器件,即 PH302 的光谱灵敏度与 SE303A 发光的频谱相对应,使遥控灵敏度达到最佳状态。

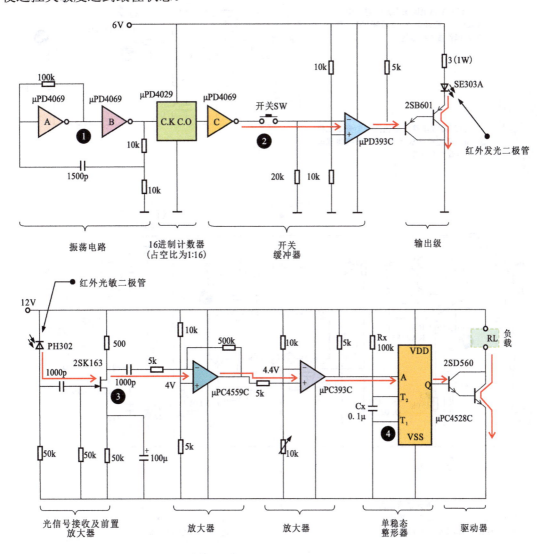

图 10-12 高灵敏度遥控电路

资料与提示

❶ 由 μPD4069 中的反相器 A、B、C 构成脉冲振荡电路,脉冲信号经 μPD4029 计数器分频形成 1:16 占空比的脉冲信号。

❷ 按下开关 SW,脉冲信号经缓冲器驱动输出级。

❸ 在红外接收电路中,红外光敏二极管 PH302 将红外光信号变成控制信号,由场效应晶体管放大。

❹ 控制信号经两级放大后,由单稳态整形器整形成固定宽度的脉冲信号,驱动负载工作。

10.2.7 高性能红外遥控电路

图 10-13 为高性能红外遥控电路。

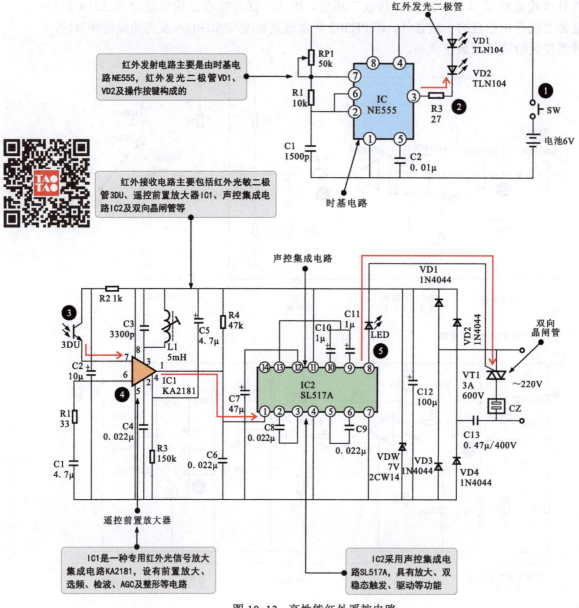

图 10-13 高性能红外遥控电路

> **资料与提示**
>
> ❶按下红外发射电路中的操作按键 SW 后，电源为时基电路 IC 供电。
> ❷时基电路 IC 开始振荡，并由 3 脚输出振荡信号，使红外发光二极管发光。
> ❸在红外接收电路中，红外光敏二极管接收红外光信号后，送入遥控前置放大器 IC1 中。
> ❹IC1 将红外光敏二极管送来的信号放大、选频、滤波及整形等处理后，送入声控集成电路 IC2 中。
> ❺IC2 将信号放大后触发双稳态电路，每收到一次遥控信号，双向晶闸管 VT1 都改变一次通、断状态，实现高性能的红外遥控。

10.2.8 红外遥控开关电路

图10-14为红外遥控开关电路。

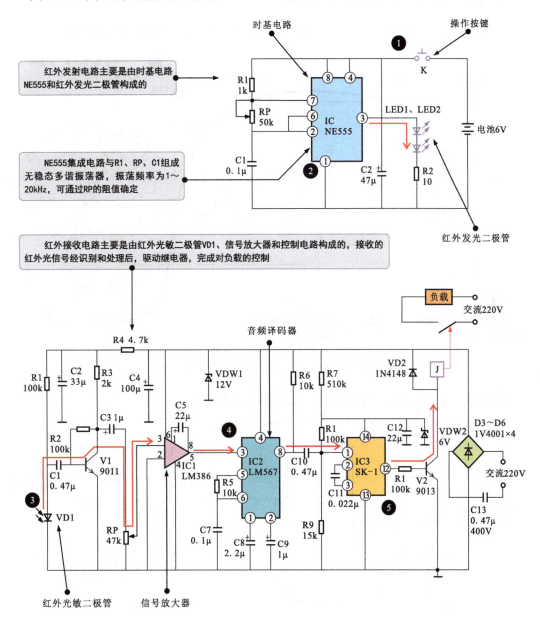

图10-14 红外遥控开关电路

> **资料与提示**
>
> ❶ 按下红外发射电路中的操作按键K后,电源为NE555时基电路供电,开始振荡。
> ❷ 时基电路IC的3脚输出振荡脉冲驱动红外发光二极管发射红外光信号。
> ❸ 红外光敏二极管接收到红外光信号后,将光信号转化为电信号,送入V1。
> ❹ 电信号经V1和IC1放大后,驱动音频译码器IC2和声控电路IC3工作。
> ❺ IC3的输出信号驱动V2,由V2驱动继电器,完成控制动作。

10.3 遥控电路的检测

10.3.1 遥控发射电路的检测方法

检修遥控发射电路时,应首先确定供电电压是否正常,如图10-15所示。

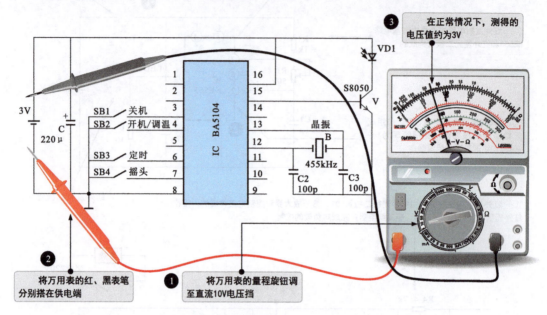

图10-15 遥控发射电路供电电压的检测方法

然后确定红外发光二极管是否正常,如图10-16所示。

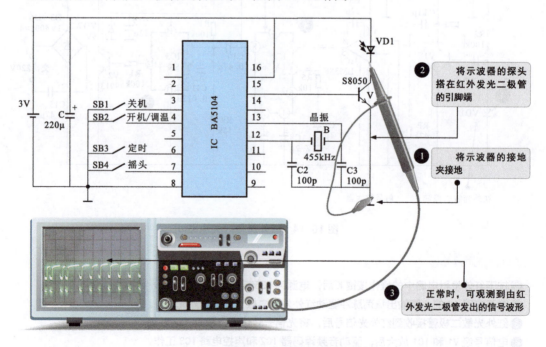

图10-16 红外发光二极管的检测方法

10.3.2 遥控接收电路的检测方法

检修遥控接收电路时,首先使用万用表检测供电电压是否正常,若正常,则应进一步检测输出的控制信号是否正常,如图 10-17 所示。

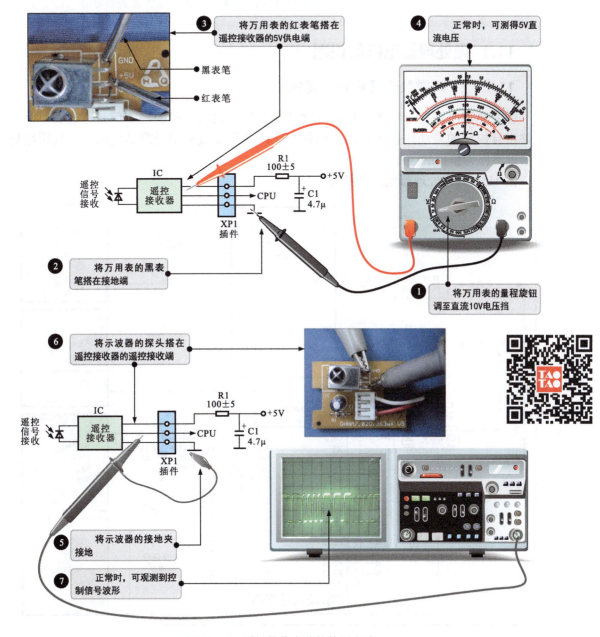

图 10-17 遥控接收电路的检测方法

> **资料与提示**
>
> 检测遥控接收电路时,若供电电压异常,则应进一步检测供电部分;若供电电压正常,而输出的控制信号异常,则有可能是控制电路存在故障或遥控发射电路损坏。为缩小故障范围,可用示波器观测遥控接收电路接收的信号波形。若正常,则表明控制电路存在故障。

第11章

微处理器电路的识图、应用与检测

11.1 微处理器电路的识图

11.1.1 了解微处理器电路的特征

微处理器电路是一种能够根据程序或控制指令输出相应的控制信号,进而对其他电路进行控制的自动化数字电路。任何智能产品都安装有微处理器电路,并且用微处理器电路作为整机的控制核心。

图 11-1 为微处理器电路的特征。

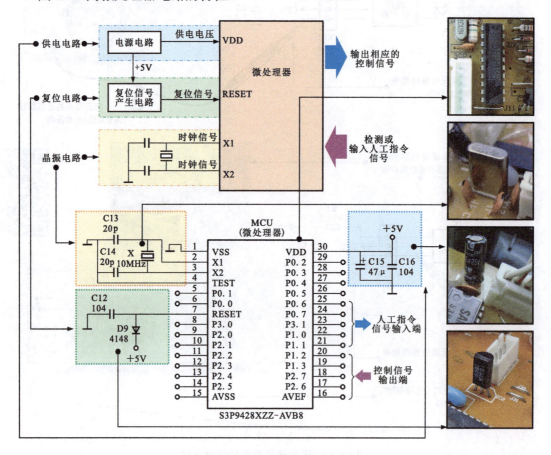

图 11-1 微处理器电路的特征

资料与提示

微处理器电路主要是由微处理器、供电电路、复位电路及时钟电路构成的。供电电压、复位信号和时钟信号是微处理器工作的三大基本条件。在条件满足后,微处理器可根据接收的指令信号输出相应的控制信号,实现自动化智能控制。

11.1.2 厘清微处理器电路的信号处理过程

分析微处理器电路应首先在电路中找到主要元器件和核心控制部件,然后根据各主要元器件的功能特点厘清信号处理过程,从而建立完善的电路关系。

图11-2为典型电磁炉微处理器电路的分析过程。

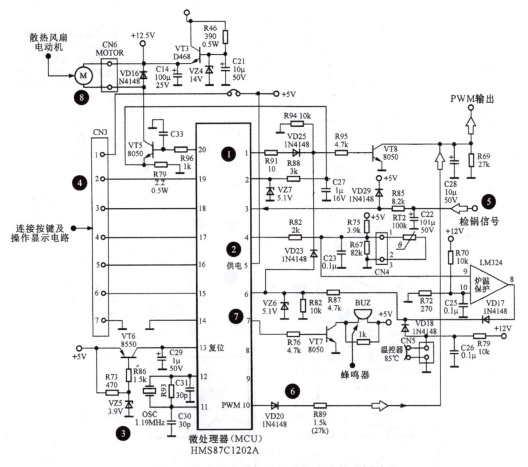

图11-2 典型电磁炉微处理器电路的分析过程

资料与提示

❶当满足工作条件时,微处理器可根据输入端送入的人工指令信号或检测信号输出相应的控制信号,控制相关的功能部件动作,实现电磁炉加热食物的功能。

❷电磁炉开机时,由电源电路送来的直流电压送至微处理器的5脚供电端,为微处理器提供正常的工作电压。

❸1.19MHz晶体OSC与微处理器内部的振荡电路构成时钟振荡器,为微处理器提供时钟信号。

❹微处理器通过连接插件CN3与操作显示电路相连并输入人工指令或输出指示灯控制信号。

❺微处理器的3脚为检锅信号输入端,当电磁炉开机启动后,检锅电路将检测的检锅信号输入微处理器。当检锅信号正常时,微处理器才可输出相应的控制信号。

❻在人工指令信号和检锅信号的控制下,微处理器进入工作状态,由10脚输出PWM驱动信号,送往PWM调整电路中。

❼由7脚输出蜂鸣器驱动信号,驱动蜂鸣器BUZ在开机或报警时发出声响。

❽由20脚输出散热风扇驱动信号,驱动散热风扇工作。

11.2 微处理器电路的应用

11.2.1 洗衣机中的微处理器电路

图 11-3 为洗衣机中的微处理器电路（海尔 XQB45—A 型）。

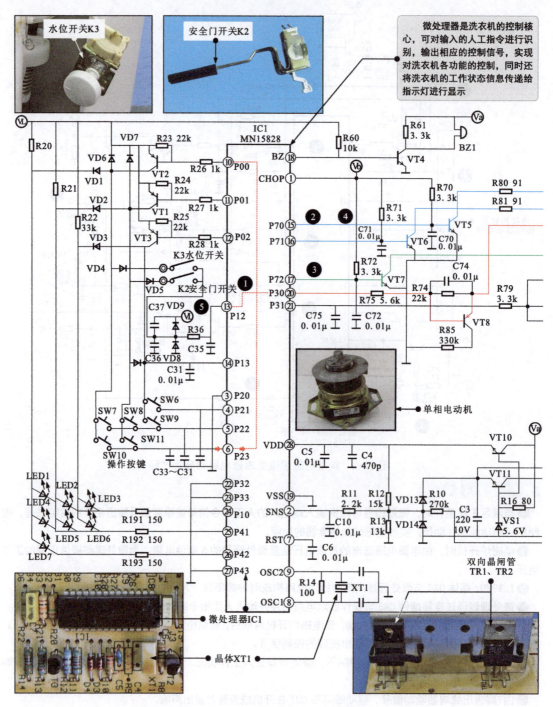

图 11-3　洗衣机中的微处理器电路

❶ 进水控制过程。首先设定水位高度，按下洗衣机的"启动/暂停"键，向微处理器IC1发出"启动"信号。IC1收到"启动"信号后，由10脚输出控制信号，VT2导通，5V电压经VT2加到水位开关K3的一端。此时，水位开关未检测到设定的水位，仍处于断开状态。

当水位开关K3处于断开状态时，IC1的13脚检测到低电平，经内部程序识别后，控制20脚输出驱动信号并送入VT8的基极，VT8导通，触发双向晶闸管TR3导通，交流220V电压经TR3为进水电磁阀IV供电，进水电磁阀工作，洗衣机开始进水。

当水位开关K3检测到洗衣机内水位上升到设定位置时，触点闭合，微处理器IC1的13脚检测到高电平，控制20脚停止输出驱动信号，VT8截止，TR3控制极上的触发信号消失，TR3的第一、第二电极电压因交流特性而反向，TR3截止，进水电磁阀停止工作，洗衣机停止进水。

❷ 洗涤控制过程。洗衣机停止进水后，微处理器内部定时器启动，进入"浸泡"状态。当定时时间到后，微处理器在内部程序的控制下，由15脚、16脚轮流输出驱动信号，分别经VT5、VT6后送到TR1、TR2的控制极，TR1、TR2轮流导通，单相电动机开始正、反向旋转，通过皮带将动力传输给离合器，带动波轮转动，洗衣机进入"洗涤"状态。当计时时间到后，微处理器停止输出驱动信号，洗涤完成。

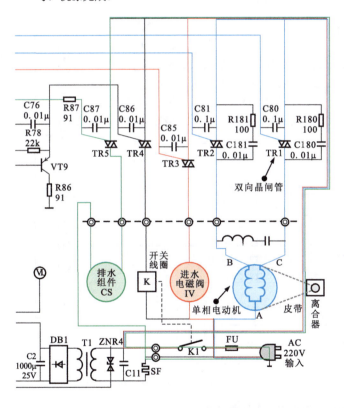

❸ 排水控制过程。当洗衣机停止洗涤后，微处理器在内部程序的作用下，由17脚输出控制信号，经VT7放大后，送到TR5的控制极，TR5导通，排水组件得电，内部电磁铁牵引器牵引排水阀动作，打开排水阀，洗衣机桶内的水便顺着排水阀出口从排水管中排出。

❹ 脱水控制过程。洗衣机排水工作完成后，便进入脱水环节。由微处理器的15脚、16脚输出脱水驱动信号，驱动VT5、VT6和TR1、TR2导通，单相电动机单向高速旋转，并通过离合器带动脱水桶按顺时针方向高速旋转，靠离心力将吸附在衣物上的水分甩出桶外，起到脱水的作用。

脱水完毕后，微处理器控制排水组件CS和单相电动机停止工作，由微处理器输出蜂鸣器控制信号，经VT4放大，驱动蜂鸣器BZ1发出提示音，提示洗衣机洗涤完成。

提示完成后，操作控制面板上的指示灯全部熄灭，完成衣物的洗涤工作。

❺ 安全门开关检测控制过程。当洗衣机上盖处于关闭状态时，安全门开关K2闭合。当按下洗衣机"启动/暂停"操作按键后，微处理器的11脚输出控制信号使VT1导通，5V电压经VT1为安全门开关K2供电，并送至微处理器的13脚。

当微处理器的13脚能够检测5V电压时，15脚、16脚才输出驱动信号，控制洗衣机洗涤或脱水。

若上盖被打开，则微处理器便检测不到经过安全门开关K2的5V电压，便会暂时停止15脚、16脚的信号输出，单相电动机立即断电，停止洗涤工作，待上盖被关闭后，方可继续工作。

图 11-3 洗衣机中的微处理器电路（续）

11.2.2 微波炉中的微处理器电路

图 11-4 为微波炉中的微处理器电路。

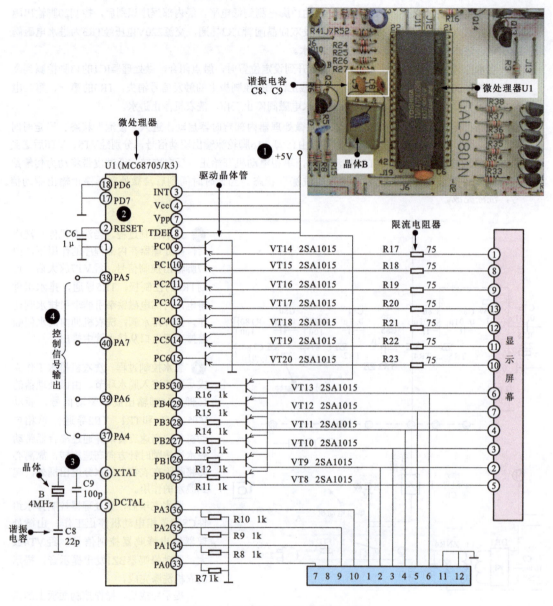

图 11-4 微波炉中的微处理器电路

资料与提示

❶微处理器的4脚为供电端，由电源电路送来的+5V直流电压送到该脚，为微处理器提供基本的供电条件。

❷微处理器的2脚为复位端，复位电路集成在微处理器内部，在开机瞬间，该脚复位。

❸微处理器的5脚、6脚外接4MHz的晶体B。晶体B与微处理器内部的振荡电路构成晶体振荡器，为微处理器提供时钟信号。

❹在上述供电电压、复位信号、时钟信号三大基本条件满足的前提下，由操作显示电路或检测部件送来的指令信号或测试信号经微处理器识别后，输出相应的显示或控制信号，实现整机控制。

11.2.3 电冰箱中的微处理器电路

图 11-5 为电冰箱中的微处理器电路。

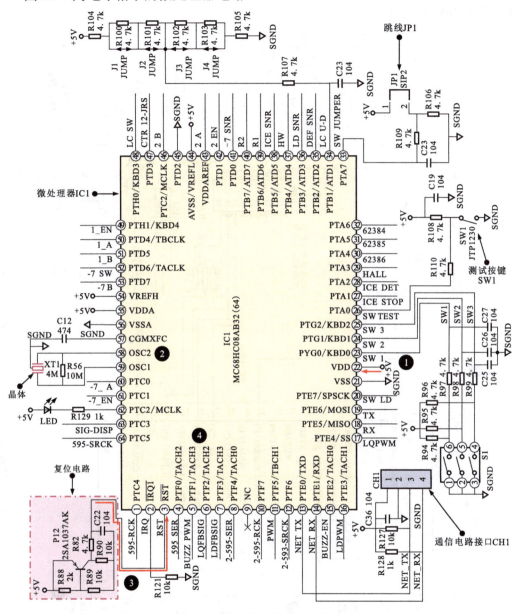

图 11-5 电冰箱中的微处理器电路

> **资料与提示**
>
> ❶ IC1 的 22 脚为供电端，由电源电路送来的 +5V 电压加到该脚，为 IC1 提供基本的工作条件。
>
> ❷ IC1 的 58 脚、59 脚外接晶体 XT1，与 IC1 内部振荡电路构成振荡器，为 IC1 提供时钟信号。
>
> ❸ IC1 的 3 脚为复位端。在开机瞬间，该脚产生复位信号使 IC1 复位，电冰箱进入准备工作状态。供电电压、复位信号和时钟信号为 IC1 的三大基本工作条件。任何一个工作条件异常，IC1 都将无法正常工作。
>
> ❹ 在 IC1 满足三大基本工作条件后，将输入的人工指令、检测信号或反馈信号进行识别处理，输出相应的控制信号控制电气部件动作，进而实现相应的电路功能。

11.2.4 空调器中的微处理器电路

图 11-6、图 11-7 分别为空调器室内机中的微处理器电路原理图和电路板（海信 KFR-35GW/06ABP 型）。

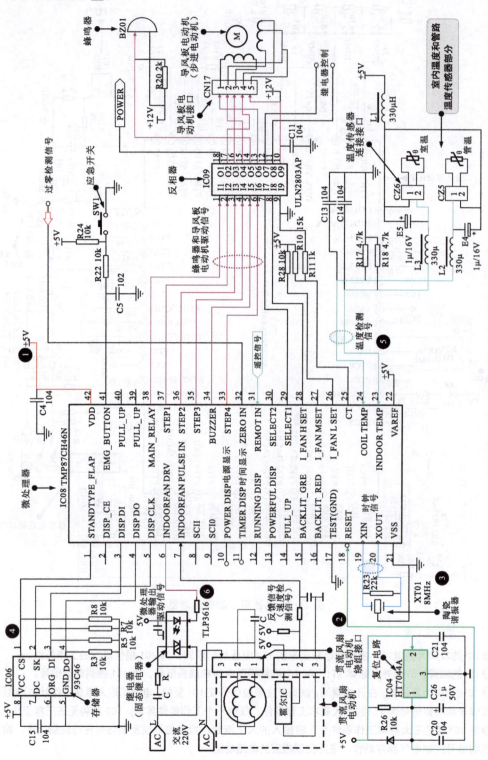

图 11-6 空调器室内机中的微处理器电路原理图

第 11 章 微处理器电路的识图、应用与检测

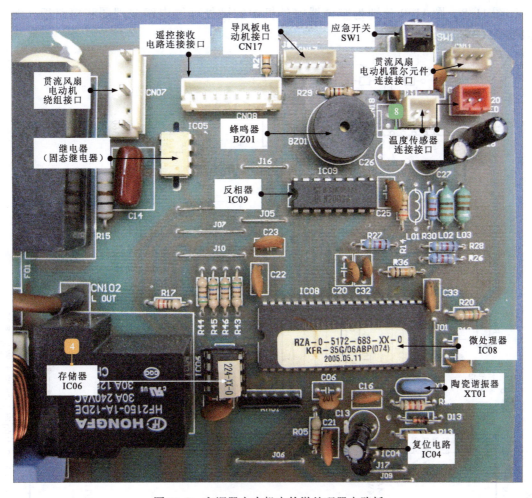

图 11-7 空调器室内机中的微处理器电路板

资料与提示

❶ 在图 11-6 中，由电源电路送来的 +5V 直流电压送到微处理器 IC08 的 22 脚和 42 脚，为 IC08 提供基本的供电条件。

❷ IC04 是复位电路，2 脚为电源供电端，1 脚为复位信号输出端，当 +5V 电压加到 2 脚时，经 IC04 延迟后，由 1 脚输出复位电压，该电压经滤波（C20、C26）后，加到 IC08 的复位端 18 脚。

❸ IC08 的 19 脚和 20 脚与陶瓷谐振器 XT01 相连。该陶瓷谐振器可产生 8MHz 的时钟晶振信号。

❹ IC08 的 1 脚、3 脚、4 脚和 5 脚与存储器 IC06 的 1 脚、2 脚、3 脚和 4 脚相连，分别用于传输片选信号（CS）、数据输入（SK）、数据输出（DI）和时钟信号（DO）。工作时，IC08 将用户设定的工作模式、温度、制冷、制热等数据信息存入存储器中。数据信息的存入和取出是通过串行数据总线 SDA 和串行时钟总线 SCL 实现的。

❺ 在正常情况下，微处理器接收人工指令和温度、电流等检测信号。

❻ 在输入信号的控制下，微处理器对相应的电气部件进行控制。例如，当微处理器电路接收启动信号后，IC08 的 6 脚输出贯流风扇电动机驱动信号，固态继电器 TLP3616 中的发光二极管发光，TLP3616 中的晶闸管受发光二极管的控制，当发光二极管发光时，晶闸管导通，有电流流过，交流输入电路的 L 端（火线）经晶闸管加到贯流风扇电动机的公共端，交流输入电路的 N 端（零线）加到贯流风扇电动机的运行绕组，再经启动电容 C 加到贯流风扇电动机的启动绕组上。此时，贯流风扇电动机启动，带动贯流风扇旋转。

图 11-8、图 11-9 分别为空调器室外机中的微处理器电路原理图和电路板（海信 KFR-35GW/06ABP 型）。

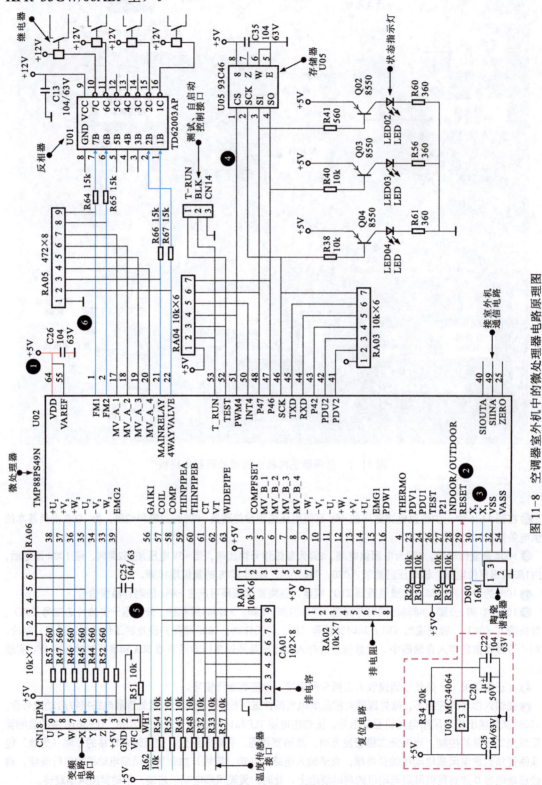

图 11-8 空调器室外机中的微处理器电路原理图

第11章 微处理器电路的识图、应用与检测

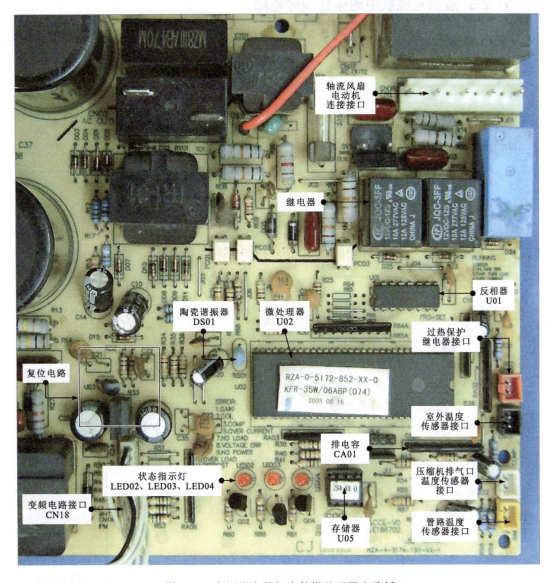

图11-9 空调器室外机中的微处理器电路板

资料与提示

❶ 在图11-8中,空调器开机后,由室外机电源电路送来的 +5V 直流电压送到微处理器 U02 的 64 脚和 65 脚,为 U02 提供基本的工作电压。

❷ 微处理器得到工作电压后,复位电路 U03 为微处理器的 29 脚提供复位信号,微处理器开始运行工作。

❸ 陶瓷谐振器 DS01(16M) 与微处理器内部振荡电路构成时钟电路,为微处理器提供时钟信号。

❹ 存储器 U05(93C46) 用于存储室外机运行的一些状态参数,如变频压缩机的运行曲线数据、变频电路的工作数据等。存储器在 2 脚 (SCK) 的作用下,通过 4 脚将数据输出,3 脚输入运行数据,室外机的运行状态通过状态指示灯显示。

❺ 室外机微处理器 U02 接收室内机微处理器输出的控制信号、传感器送来的检测信号、通信信号等。

❻ 室外机微处理器 U02 对输入的信号进行识别、处理,输出相应的控制信号,控制室外机电气部件工作,如四通阀得电、室外机风扇启动、压缩机启动等。

223

电子电路识图、应用与检测

❖ 11.2.5 液晶电视机中的微处理器电路

图 11-10、图 11-11 分别为液晶电视机中的微处理器电路原理图和电路板（长虹 LT3788 型）。

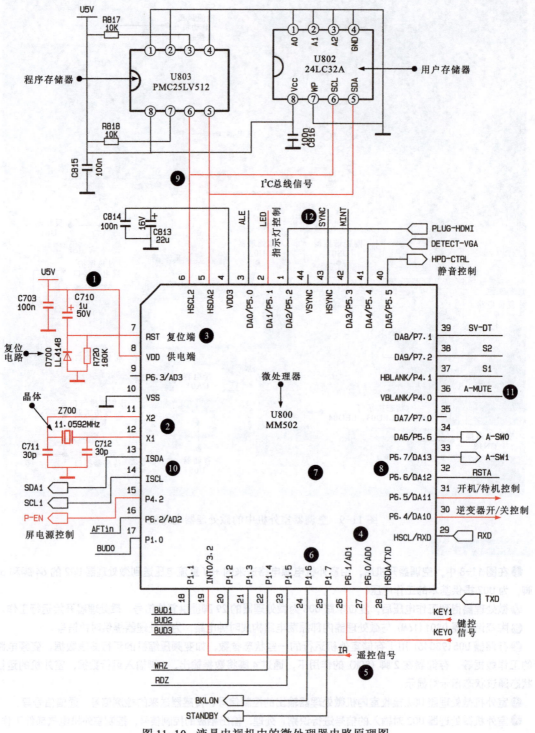

图 11-10 液晶电视机中的微处理器电路原理图

224

第 11 章 微处理器电路的识图、应用与检测

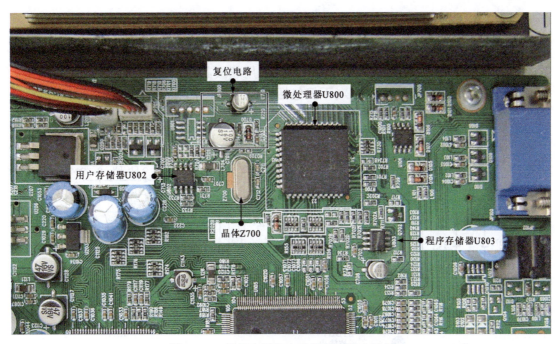

图 11-11 液晶电视机中的微处理器电路板

资料与提示

❶ 在图 11-10 中，开关电源电路输出的 +5V 直流电压经电感、电容滤波后，送到微处理器 U800 的 8 脚，为 U800 提供工作电压。

❷ 11.0592MHz 晶体 Z700 与微处理器内部电路构成振荡电路，为微处理器提供时钟信号。

❸ 复位电路为微处理器的 7 脚提供复位信号。

❹ 当通过按动操作面板上的按键进行控制时，来自操作显示电路的键控信号送入微处理器的 26 脚、27 脚，为微处理器送入人工指令。

❺ 当操作遥控器时，来自遥控接收电路的遥控信号送入微处理器的 19 脚，微处理器将送入的人工指令或遥控信号转换成各种控制信号后控制整机工作。

❻ 在液晶电视机开机的同时，微处理器的 24 脚输出背光灯开关信号并送到逆变器电路中，控制背光灯工作。

❼ 微处理器的 31 脚输出开机/待机信号：待机时，31 脚为低电平；开机时，31 脚为高电平。

❽ 微处理器的 32 脚输出复位信号，送到数字图像处理芯片中提供复位信号；同时，微处理器通过并行 BUS 总线和控制总线（WRZ、RDZ、ALE）（微处理器的 17 脚、18 脚、20~23 脚、3 脚）与数字图像处理芯片进行数据通信，控制数字图像处理芯片的工作。

❾ 微处理器的 5 脚、6 脚为一组 I^2C 总线端。微处理器通过这组总线实现与数据存储器的关联，完成对数据存储器中数据的存/取控制。

❿ 微处理器的 13 脚、14 脚为另一组 I^2C 总线端。微处理器通过这组总线与音频信号处理电路关联，通过串行数据和串行时钟信号线完成对音量、频道、频段及图像的调节控制。

同时，微处理器通过这组总线与视频解码器和调谐器关联，完成对图像效果的调节控制及对频道、频段等的选择控制。

⓫ 微处理器的 36 脚输出 A-MUTE 信号（静音控制）并送到音频电路中，控制静音电路工作。

⓬ 微处理器的 43 脚输入 SYNC 信号（同步信号）。该信号为复合同步信号，与视频信号同步。微处理器可根据 SYNC 信号对字符和蓝屏定位。

11.2.6 彩色电视机中的微处理器电路

图 11-12、图 11-13 分别为彩色电视机中的微处理器电路原理图和电路板（TCL—AT29211 型）。TCL-AT29211 型彩色电视机采用超级芯片控制整机。微处理器电路主要由超级芯片 IC101（TMPA8809）（不仅包括微处理器电路，还包括电视信号处理电路）、存储器 IC001（24C16）、晶体 X001、复位电路及外围元器件组成。

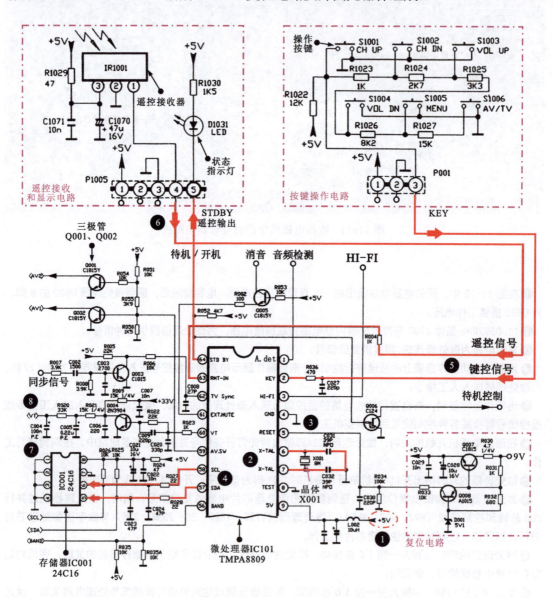

图 11-12 彩色电视机中的微处理器电路原理图

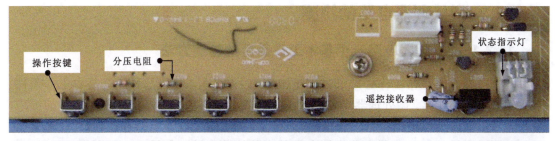
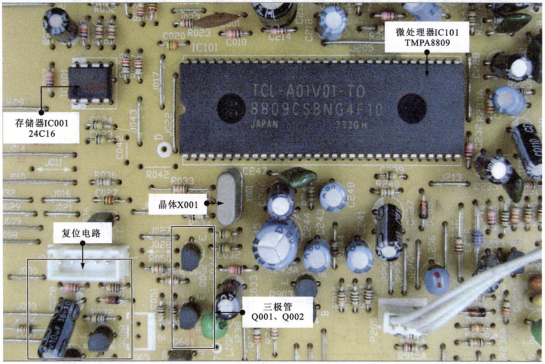

图 11-13　彩色电视机中的微处理器电路板

> **资料与提示**

❶ 在图 11-12 中，微处理器 IC101（TMPA8809）的 9 脚为 +5V 电压供电端，主要为微处理器提供工作电压。

❷ 微处理器 IC101（TMPA8809）的 6 脚和 7 脚外接晶体 X001，用来产生 8MHz 时钟晶振信号。晶体与微处理器内部电路构成振荡电路，为微处理器提供时钟信号。

❸ 开机时，复位电路为微处理器的 5 脚提供复位信号。

❹ 微处理器 IC101（TMPA8809）的 57 脚和 58 脚输出串行数据和串行时钟信号，送到存储器 IC001 中控制数据的存 / 取。

❺ 当用户按下操作按键时，键控信号由微处理器 IC101 的 2 脚输入，经处理后，由 64 脚输出待机 / 开机信号并送往开关电源电路。

❻ 当用户操作遥控器时，遥控接收器接收人工指令并送入微处理器的 63 脚，由微处理器识别和处理后，输出相应的控制信号，实现跳台、音量调节、亮度调节等控制功能。

❼ 开机时，微处理器 IC101（TMPA8809）的 57 脚、58 脚通过存储器 IC001 的 5 脚、6 脚调用存储的频段、频道等信息。使用电视机后，重新调节的数据信息又通过 IC001 的 5 脚、6 脚存入，并对原来的数据进行更新。

❽ 微处理器 IC101 的 60 脚输出 VT 调谐电压并送往调谐器，控制调谐器实现搜索节目的功能。

11.3 微处理器电路的检测

11.3.1 微处理器电路三个基本工作条件的检测方法

微处理器电路正常工作必须满足供电电压、时钟信号、复位信号三个基本工作条件。任意一个条件不正常，微处理器电路均无法正常工作。在基本工作条件均正常的前提下，输入信号正常，无输出信号或输出信号异常，均说明微处理器电路存在异常。

下面以空调器微处理器电路为例介绍基本的检测方法，如图 11-14 所示。

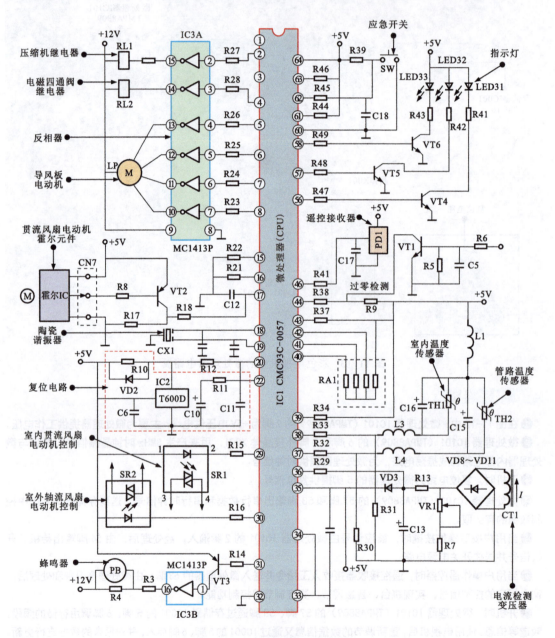

图 11-14 空调器微处理器电路

资料与提示

◆ 微处理器电路正常工作的三个基本条件：

空调器开机后，由电源电路送来的 +5V 和 +12V 直流电压为空调器控制电路中的各个元器件供电。其中，微处理器 IC1 的 64 脚和 35 脚为 5V 供电端，反相器 IC3（MC1413P）的 9 脚为 +12V 供电端。

微处理器 IC1 的 20 脚外接由 IC2（T600D）、VD2、R10、C10 构成的复位电路。当 +5V 电压不足 4.5V 时，T600D 输出低电平；当 +5V 电压高于 4.5V 时，T600D 输出高电平。由于 +5V 电压的建立有一个过程，因此，+5V 供电电压稳定后，复位电路才输出复位信号，使微处理器完成复位动作。

微处理器 IC1 的 18 脚和 19 脚与陶瓷谐振器 CX1 相连。该陶瓷谐振器可产生 6.0MHz 的时钟信号，为微处理器提供准确的时钟信号。

◆ 微处理器电路的输入信号：

微处理器 IC1 的 46 脚外接遥控接收电路，可接收用户通过遥控器发射器发来的控制信号。该信号作为微处理器控制整机工作的依据。

微处理器 IC1 的 60 脚外接应急开关 SW。应急开关 SW 的一端接地，另一端通过 R45 连接微处理器的 62 脚。当按动 SW 时，62 脚便输入一个低电平，空调器执行应急运转功能。

室内温度传感器 TH1 的一端接 +5V 电压，另一端连接由 R31 和 R33 构成的分压电路。当 TH1 检测到室内温度发生变化时，其阻值变化并引起分压电路的电压变化，从而将室内温度信号送入微处理器的 38 脚。室内温度传感器 TH1 的两端并联一个电容 C16。在正常温度下，TH1 输入端的电压约为 2V。

管路温度传感器 TH2 的输出信号经电阻 R30 和 R32 分压后，由微处理器的 37 脚输入。该电压信号可反映室内机盘管的温度。在正常情况下，TH2 输入端的电压约为 3V。

过零检测电路可提取与交流 50Hz 电源同步的脉冲信号，以便在微处理器输出晶闸管触发信号时作为相位参照。同步脉冲信号由 VT1 等产生，从微处理器的 44 脚输入。

为了防止因过流而损坏空调器，在信号输入回路中设有过流保护电路，由互感器 CT1、桥式整流电路和 RC 滤波电路等组成，检测的压缩机过流信号由微处理器的 35 脚输入。

◆ 微处理器电路的输出信号：

微处理器 29 脚输出的室内贯流风扇电动机控制信号，通过光控晶闸管为室内贯流风扇电动机供电。

指示灯控制电路是由 VT4～VT6、LED31～LED33 等组成的，分别由微处理器的 56～58 脚控制。其中，56 脚控制电源灯 LED31，为绿色；57 脚控制定时灯 LED32，为黄色；58 脚控制压缩机运行指示灯 LED33，为绿色。当微处理器相应的引脚输出高电平时，对应的指示灯发光。

蜂鸣器 PB 与 R3、R4、IC3B、VT3 及微处理器 IC1 的 31 脚构成蜂鸣器控制电路。在开机和微处理器接收有效控制信号后输出各种控制信号的同时，31 脚输出低电平，经 VT3 和 IC3B 反相器两次反相后，使 PB 发出蜂鸣声，提示操作信号已被接收。

微处理器的 2 脚为压缩机控制信号的输出端。该脚输出的高电平经 R27 输入反相器 IC3A，反相后输出低电平，使继电器 RL1 的线圈通电，触点吸合，为压缩机供电；反之，压缩机不工作。

微处理器的 29 脚、30 脚分别为室内贯流风扇电动机和室外轴流风扇电动机控制端；17 脚为室内贯流风扇电动机转速检测端。当 29 脚、30 脚按设定值输出控制信号时，光耦可控硅的发光管发出脉冲信号，按微处理器的指令控制电动机运转。

微处理器的 4 脚为电磁四通阀控制端。在制冷模式下，该脚输出低电平，经反相器 IC3A 反相后输出高电平，继电器 RL2 中线圈无电流，电磁四通阀不动作；在制热模式下，4 脚输出高电平，继电器 RL2 吸合，电磁四通阀因得电而换向。

微处理器的 5 脚、6 脚、7 脚、8 脚控制导风板的摇摆。当用遥控器设定导风板摇摆时，5 脚、6 脚、7 脚、8 脚依次输出高电平，经 IC3A 反相后，依次输出低电平，使导风板电动机 LP 的 4 个线圈依次得电工作。

1. 微处理器电路供电电压的检测方法

图 11-15 为空调器微处理器电路供电电压的检测方法。

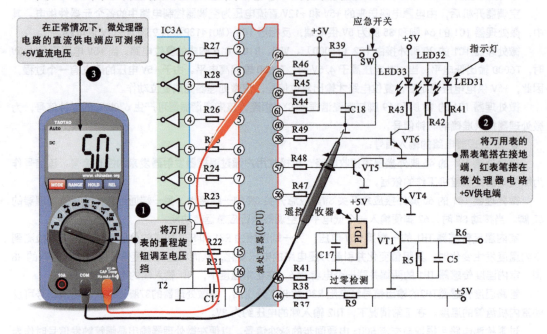

图 11-15　空调器微处理器电路供电电压的检测方法

2. 微处理器电路复位电压的检测方法

图 11-16 为空调器微处理器电路复位电压的检测方法。

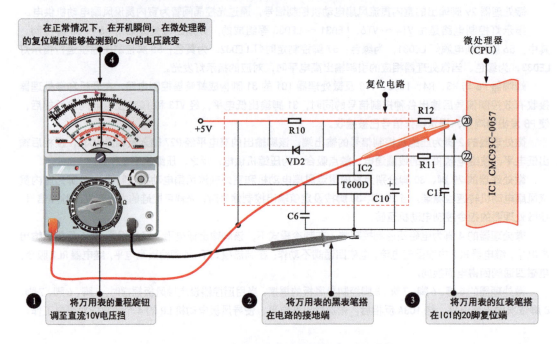

图 11-16　空调器微处理器电路复位电压的检测方法

3. 微处理器电路时钟信号的检测方法

图 11-17 为空调器微处理器电路时钟信号的检测方法。

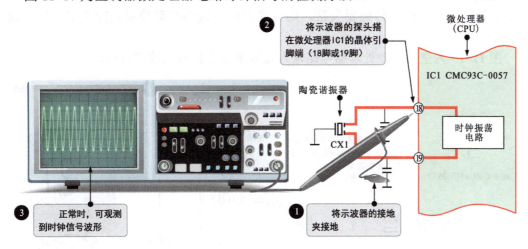

图 11-17　空调器微处理器电路时钟信号的检测方法

11.3.2　微处理器电路输入信号的检测方法

微处理器电路正常工作需要输入相应的控制信号，如遥控信号和温度检测信号。

1. 微处理器电路输入端遥控信号的检测方法

当用户操作遥控器上的操作按键时，人工指令被送至室内机控制电路的微处理器中。当输入人工指令无效时，可检测微处理器输入的遥控信号是否正常。若无遥控信号输入，则说明前级遥控接收电路出现故障，应对遥控接收电路进行检测。

图 11-18 为空调器微处理器电路中遥控信号的检测方法。

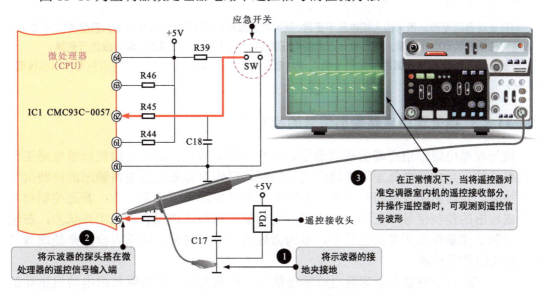

图 11-18　空调器微处理器电路中遥控信号的检测方法

2. 微处理器电路输入端温度检测信号的检测方法

温度传感器是空调器微处理器电路中的重要检测器件,用于提供室内温度信号和管路温度信号。若温度传感器失常,则可能导致空调器自动控温功能失常、显示故障代码等。

图 11-19 为空调器微处理器电路输入端温度检测信号的检测方法。

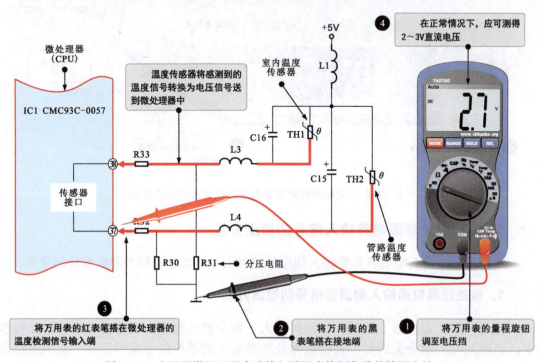

图 11-19 空调器微处理器电路输入端温度检测信号的检测方法

资料与提示

若微处理器温度检测信号输入端电压不正常,则可能为微处理器电路故障,也可能为温度传感器故障。若温度传感器的供电电压正常,接口处分压点的电压为 0V,则多为温度传感器损坏,应进行更换。

一般来说,若微处理器温度检测信号输入端的电压高于 4.5V 或低于 0.5V,都可以判断为温度传感器损坏。

11.3.3 微处理器电路输出信号的检测方法

微处理器电路输出正确的控制信号并控制各种负载器件动作是微处理器电路工作的最终目的。当怀疑微处理器电路出现故障时,可先对微处理器电路输出的控制信号进行检测。若输出的控制信号正常,表明微处理器电路可以正常工作;若无控制信号输出或输出的控制信号不正常,则表明微处理器电路损坏或没有进入工作状态,在输入信号和工作条件均正常的前提下,多为微处理器电路异常,应重点检测微处理器芯片及相关的外围元器件。

图 11-20 为空调器微处理器电路输出信号的检测方法(以贯流风扇电动机驱动信号为例)。

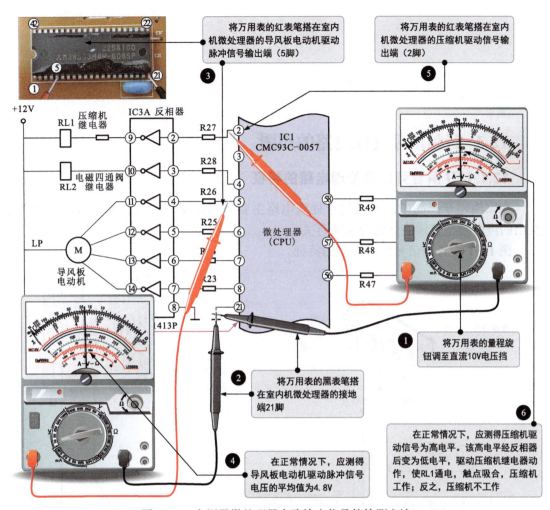

图 11-20 空调器微处理器电路输出信号的检测方法

资料与提示

若经检测，微处理器电路正常工作的三个基本条件均正常，输入信号正常，无任何输出或输出控制信号异常，多为微处理器芯片及相关引脚外接元器件损坏，可采用替换法一一排查故障。

第12章
音频信号处理电路的识图、应用与检测

12.1 音频信号处理电路的识图

12.1.1 了解音频信号处理电路的特征

在家用电子产品中,音频信号处理电路主要用来处理和放大音频信号,影音产品发出的声音都与音频信号处理电路有关。

图12-1为音频信号处理电路的特征。

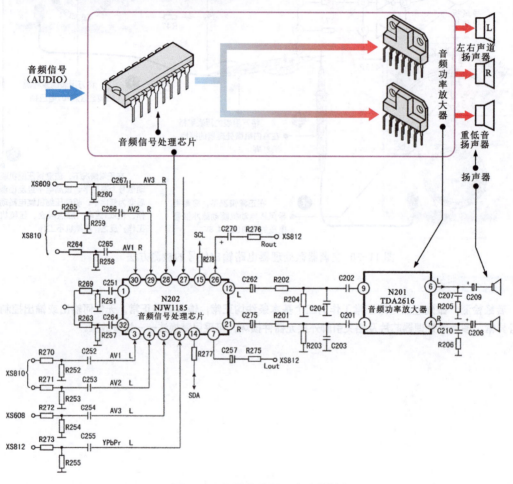

图12-1 音频信号处理电路的特征

音频信号处理电路主要是由音频信号处理芯片、音频功率放大器及扬声器等构成的。工作时,由前级电路送来的音频信号经音频信号处理芯片处理后,分别送入音频功率放大器中进行放大处理,并送往扬声器中,驱动扬声器发声。

音频信号处理电路是构成电子产品的基本单元电路。音频信号处理电路包含音频信号处理芯片和音频功率放大器两部分。

1. 音频信号处理芯片的特征

图 12-2 为音频信号处理芯片的实物外形。

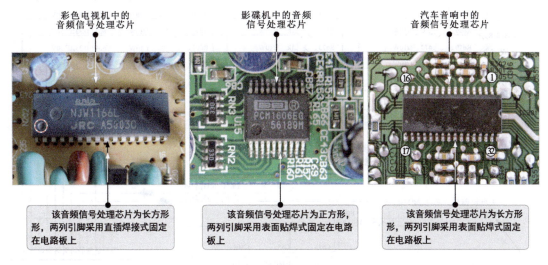

图 12-2　音频信号处理芯片的实物外形

音频信号处理芯片可对彩色电视机、影碟机及汽车音响等输入的音频信号进行处理解调，能够控制音调、平衡、音质及声道的切换，并将处理后的音频信号送入音频功率放大器中。

2. 音频功率放大器的特征

音频功率放大器是一种双声道功率放大电路，主要是对左（L）、右（R）声道的音频信号进行放大，并将放大的音频信号送到左右扬声器中，驱动扬声器发声。

图 12-3 为音频功率放大器的实物外形。

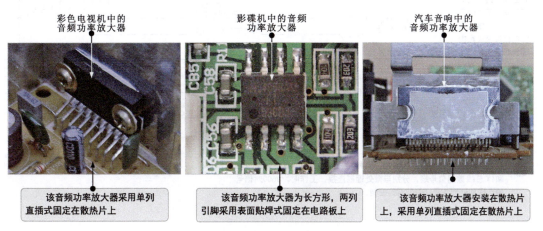

图 12-3　音频功率放大器的实物外形

12.1.2 厘清音频信号处理电路的信号处理过程

图 12-4 为典型液晶电视机中的音频信号处理电路。

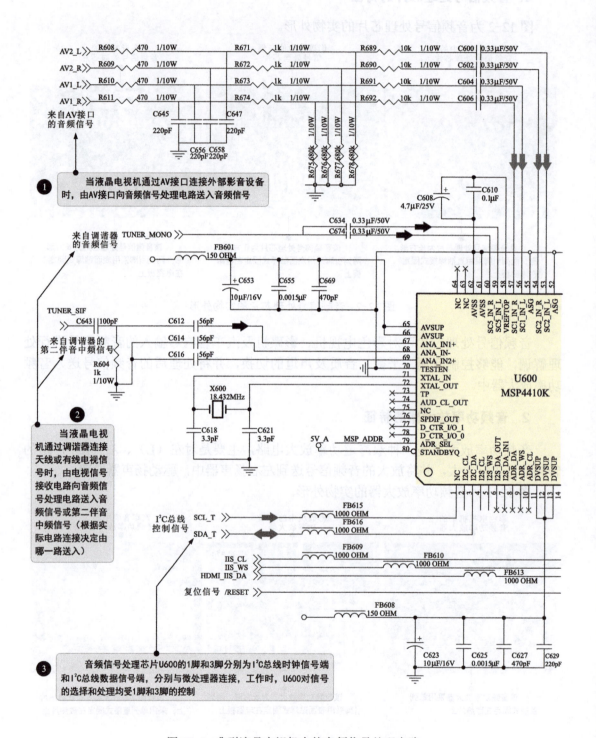

图 12-4 典型液晶电视机中的音频信号处理电路

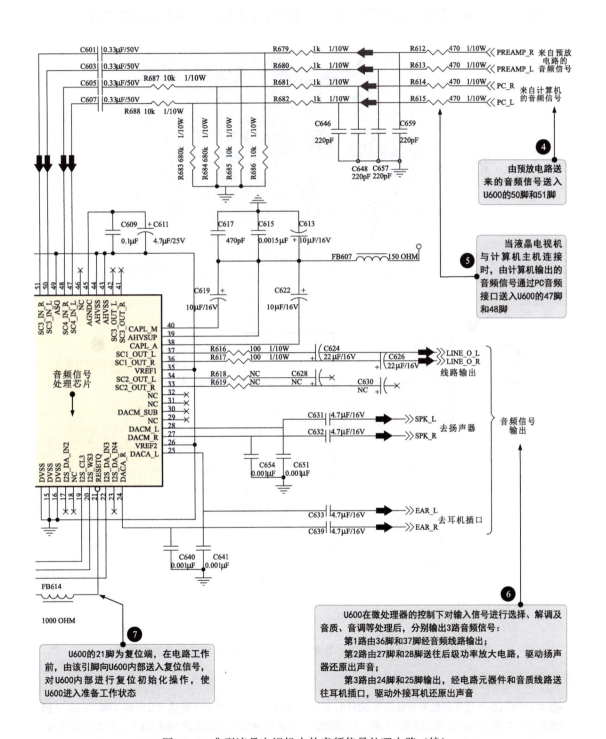

图 12-4 典型液晶电视机中的音频信号处理电路（续）

12.2 音频信号处理电路的应用

12.2.1 影碟机中的音频信号处理电路

图 12-5 为典型影碟机音频信号处理电路中的音频 D/A 转换器及其实物图。

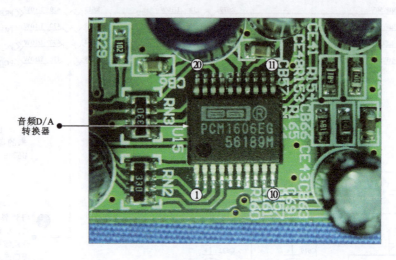

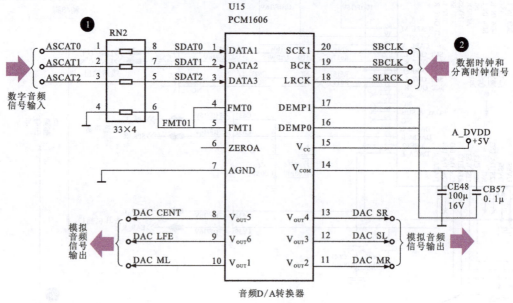

图 12-5 典型影碟机音频信号处理电路中的音频 D/A 转换器及其实物图

资料与提示

❶ 由 AV 解码芯片送来的数字音频信号 SDAT0、SDAT1、SDAT2 送入音频 D/A 转换器 U15 的 1 脚、2 脚、3 脚。

❷ 数据时钟信号 SBCLK 由 U15 的 19 脚、20 脚输入;分离时钟信号由 U15 的 18 脚输入,经 D/A 转换后,由 U15 的 8～13 脚输出 6 路(5.1 声道环绕立体声)模拟音频信号,并送往后级音频放大电路中。

图 12-6 为典型影碟机音频信号处理电路。

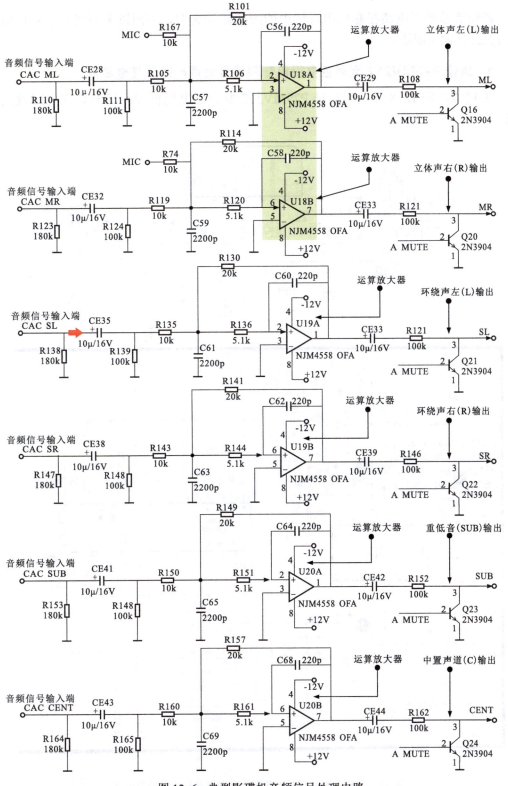

图 12-6　典型影碟机音频信号处理电路

12.2.2 彩色电视机中的音频信号处理电路

音频信号处理电路在彩色电视机中的应用较为典型。下面以不同型号的彩色电视机为例进行识图演练。

1. 康佳 P29MV217 型彩色电视机音频信号处理电路及其电路板

图 12-7、图 12-8 分别为康佳 P29MV217 型彩色电视机音频信号处理电路及其电路板。

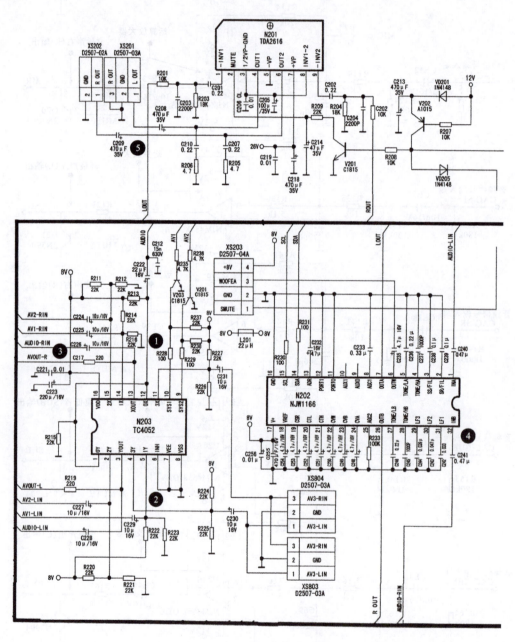

图 12-7 康佳 P29MV217 型彩色电视机音频信号处理电路

资料与提示

康佳 P29MV217 型彩色电视机音频信号处理电路主要是由音频功率放大器 N201（TDA2616）、音频信号处理芯片 N202（NJW1166）、音频信号切换电路 N203（TC4052）及外围元器件组成的。

❶由电视信号接收电路送来的音频信号送到音频信号切换电路 N203（TC4052）的 12 脚和 1 脚作为备选信号；当 AV 接口连接外部设备时，外部音频信号送到音频信号切换电路 N203（TC4052）的 5 脚、2 脚、4 脚、11 脚作为备选信号；音频信号切换电路 N203（TC4052）在微处理器的控制下，根据用户需求对输入的音频信号进行选择。

❷在实际使用过程中，一般不会同时使用所有的 TV 或 AV 接口送入信号。若未通过 AV 接口连接任何外部设备，只通过调谐器接口连接有线电视信号，则音频信号切换电路 N203（TC4052）只有 12 脚有音频信号输入；若通过 AV1-LIN 接口连接 DVD 等设备，则音频信号切换电路 N203（TC4052）的 5 脚和 14 脚有音频信号输入；依次类推，只有相关接口连接设备时，才会有音频信号输入。

❸音频信号经音频信号切换电路 N203（TC4052）在微处理器的控制下选择一路音频信号，由 3 脚和 13 脚输出左、右双声道音频信号，送往音频信号处理芯片 N202（NJW1166）中进行处理。

❹来自音频信号切换电路 N203 的左（LOUT）、右（ROUT）音频信号分别送到音频信号处理芯片 N202（NJW1166）的 1 脚、32 脚，经处理后，由 7 脚、26 脚分别输出 LOUT、ROUT 音频信号，并送往后级音频功率放大器 N201 中进行放大处理。

❺来自音频信号处理芯片 N202 的 L、R 信号分别送入音频功率放大器 N201（TDA2616）的 1 脚、9 脚，经放大处理后，由 4 脚、6 脚输出，再经滤波电容器 C208、C209 滤波，送至扬声器接口 XS202、XS201，驱动扬声器发声。

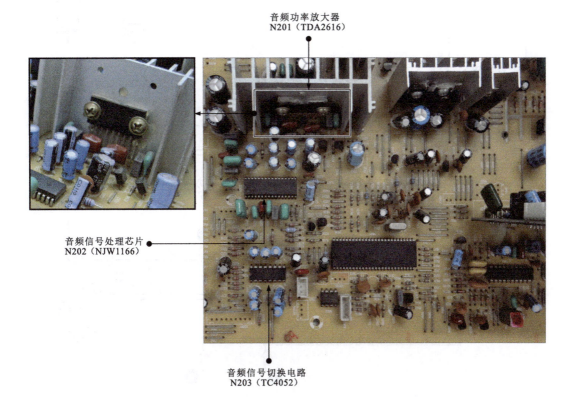

图 12-8 康佳 P29MV217 型彩色电视机音频信号处理电路的电路板

2. TCL—AT29211型彩色电视机音频信号处理电路及其电路板

图12-9、图12-10分别为TCL—AT29211型彩色电视机音频信号处理电路及其电路板。

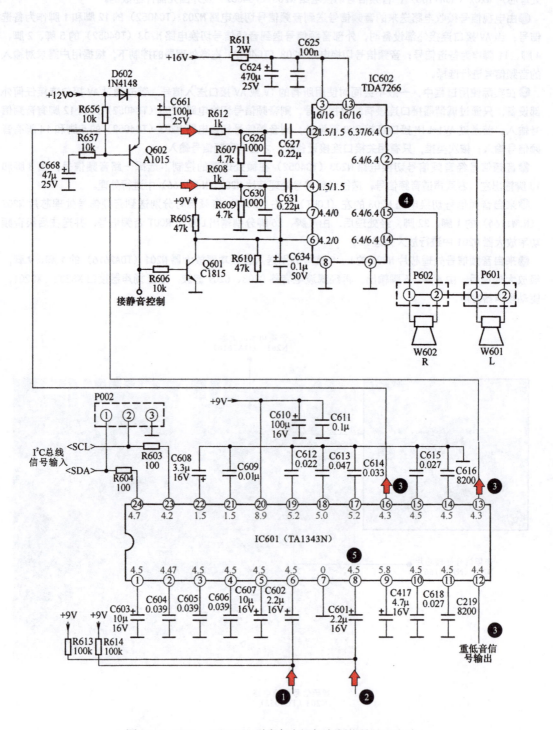

图12-9 TCL—AT29211型彩色电视机音频信号处理电路

资料与提示

❶ 由前级电视信号接收电路送来的 TV 音频信号分别送到音频信号处理芯片 IC601（TA1343N）的 6 脚、8 脚作为备选信号。

❷ 若 AV 接口电路连接外部设备，则外部音频信号也送到音频信号处理芯片 IC601（TA1343N）的 6 脚、8 脚作为备选信号。

❸ 音频信号处理芯片 IC601（TA1343N）在微处理器的控制下，根据用户需求对输入的音频信号进行处理后，由 16 脚输出 L 声道音频信号、13 脚输出 R 声道音频信号、12 脚输出重低音信号，并送往后级音频功率放大器 IC602（TDA7266）中进行放大处理。

❹ 来自音频信号处理芯片 IC601（TA1343N）的 L、R 声道音频信号分别送入音频功率放大器 IC602（TDA7266）的 4 脚、12 脚，经放大处理后，由 1、2 脚和 14、15 脚输出，经接插件 P601、P602 驱动扬声器 W601-L、W602-R 发声。

❺ 需要注意的是，在实际使用中，一般不会同时使用所有的 TV 或 AV 接口送入音频信号。若未通过 AV 接口连接任何外部设备，只通过调谐器接口连接有线电视信号，则音频信号处理芯片 IC601（TA1343N）的 6 脚、8 脚只输入 TV 音频信号；若通过 AV1 接口连接 DVD 等设备时，则音频信号处理芯片 IC601（TA1343N）的 6 脚、8 脚只输入 AV 音频信号；依次类推，即只有相关接口连接设备时，才会有音频信号输入。

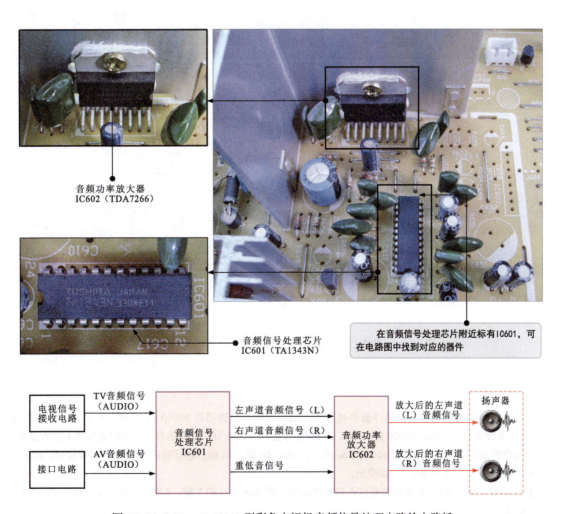

图 12-10 TCL—AT29211 型彩色电视机音频信号处理电路的电路板

12.2.3 液晶电视机中的音频信号处理电路

1. 康佳 LC—TM2018 型液晶电视机音频信号处理电路及其电路板

图 12-11 为康佳 LC—TM2018 型液晶电视机音频信号处理电路。

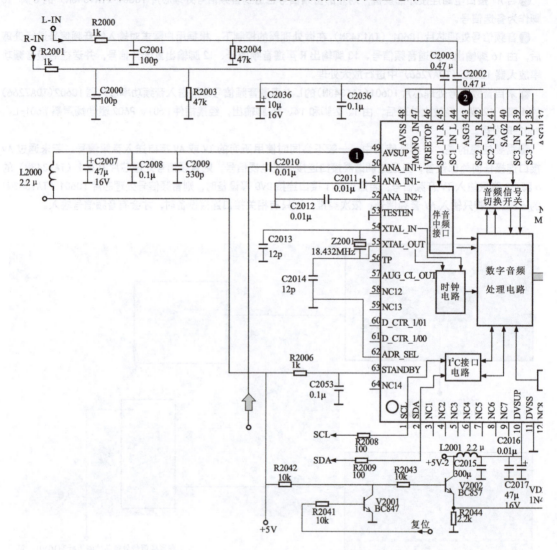

图 12-11 康佳 LC—TM2018 型液晶电视机音频信号处理电路

资料与提示

❶ 来自中频信号处理电路中的伴音中频信号送到音频信号处理芯片 N2000 的 50 脚，经解调、数字信号处理、D/A 转换后，分别由 N2000 的 20 脚、21 脚输出左（L）、右（R）音频信号，并送到音频功率放大器中。

❷ 来自外部的音频信号送到 N2000 的 38 脚、39 脚、44 脚、45 脚，经切换电路、数字信号处理、D/A 转换后，也由 N2000 的 20 脚、21 脚输出。

❸ 由 N2000 输出的 L、R 音频信号送入音频功率放大器 TDA1517 的 1 脚、9 脚，经放大处理后，由 5 脚、6 脚输出。

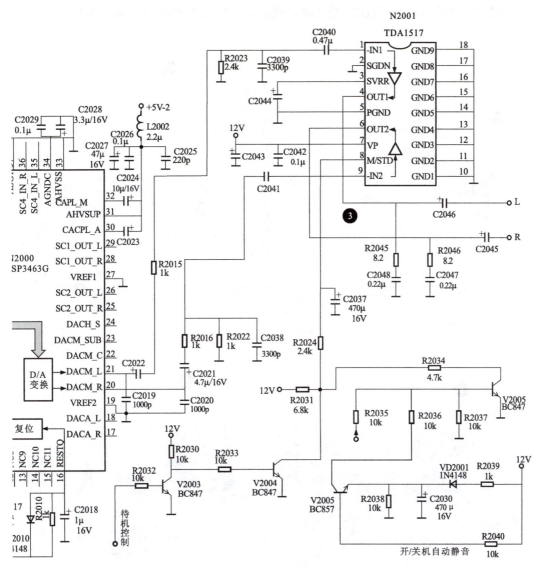

图 12-11　康佳 LC—TM2018 型液晶电视机音频信号处理电路（续）

图 12-12 为康佳 LC—TM2018 型液晶电视机音频信号处理电路的电路板。

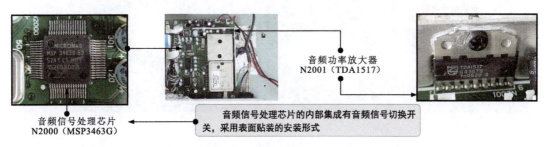

图 12-12　康佳 LC—TM2018 型液晶电视机音频信号处理电路的电路板

245

2. 厦华 LC—32U25 型液晶电视机音频信号处理电路及其电路板

图 12-13 为厦华 LC—32U25 型液晶电视机音频信号处理电路及其电路板。

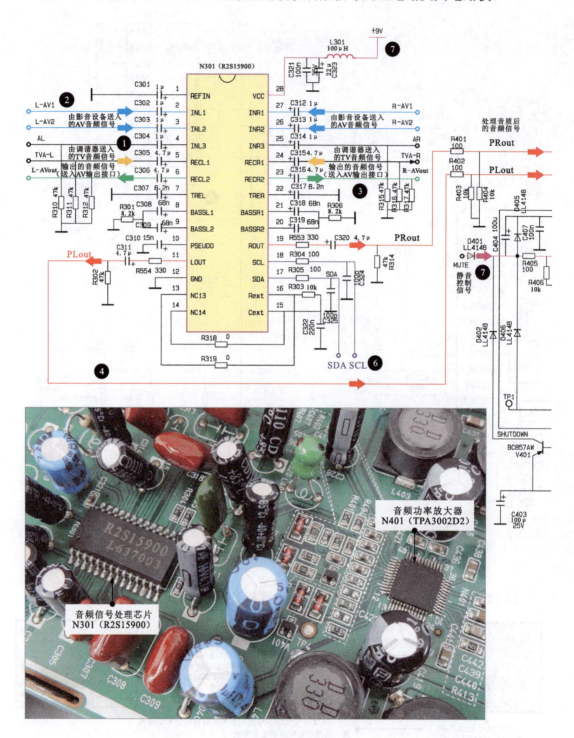

图 12-13 厦华 LC—32U25 型液晶电视机音频信号处理电路及其电路板

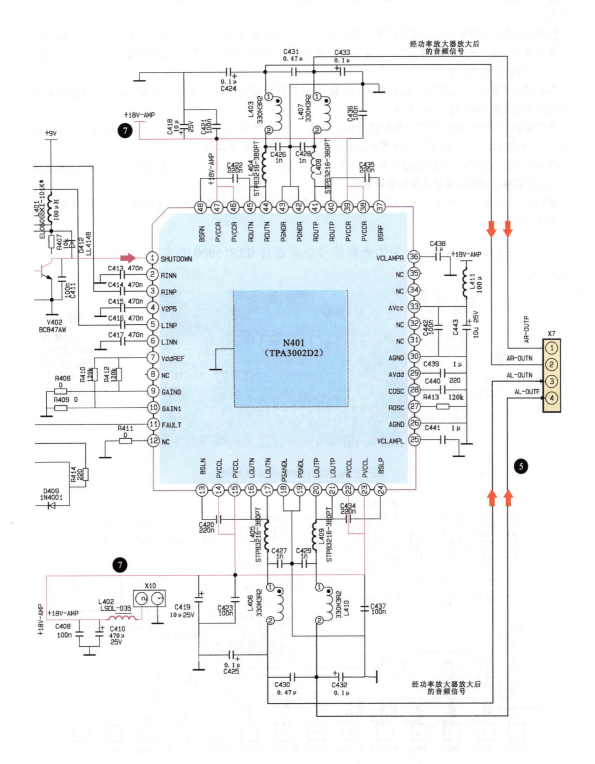

图 12-13 厦华 LC—32U25 型液晶电视机音频信号处理电路及其电路板（续）

资料与提示

❶ 当电视信号接收电路中的调谐器为液晶电视机送入信号时,由音频信号处理芯片 N301 的 5 脚、24 脚输入。

❷ 当 DVD 等影音设备为液晶电视机送入信号时,由音频信号处理芯片 N301 的 2 脚、3 脚、26 脚、27 脚输入。

❸ 若液晶电视机连接音箱等设备,则音频信号经 N301 处理后,由 N301 的 6 脚和 23 脚分别输出 L-AVout、R-AVout 音频信号并送往 AV 接口。

❹ 音频信号经 N301 处理后,由 N301 的 11 脚和 19 脚分别输出 PLout、PRout 主音频信号,并送往后级音频功率放大器 N401 的 3 脚、5 脚。

❺ 音频功率放大器 N401 对音频信号进行放大处理后,由 N401 的 16 脚、17 脚、20 脚、21 脚、40 脚、41 脚、44 脚、45 脚输出,经电感器、电容器等滤波后,驱动左、右扬声器发声。

❻ 来自微处理器的控制信号送入 N301 的 I²C 总线控制端 17 脚、18 脚,N301 在微处理器的控制下对音频信号进行切换、调节音量及变换声道等处理。

❼ N301 的 28 脚为 +9V 供电端;N401 的 1 脚为静音控制端,受微处理器控制实现静音。N401 采用 +18V 直流电压供电。

图 12-14、图 12-15 分别为音频信号处理芯片 R2S15900 的实物外形及内部结构功能框图。

图 12-14　R2S15900 的实物外形

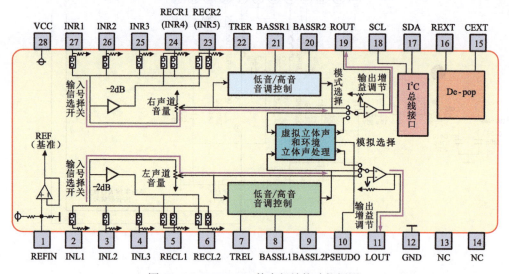

图 12-15　R2S15900 的内部结构功能框图

图12-16、图12-17分别为音频功率放大器TPA3002D2的实物外形及内部结构框图。

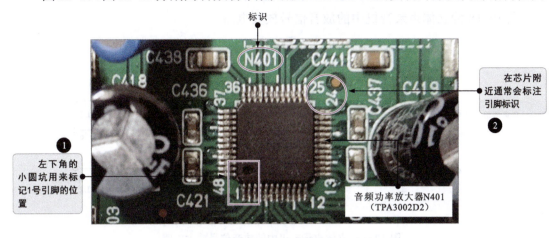

图 12-16 音频功率放大器 TPA3002D2 的实物外形

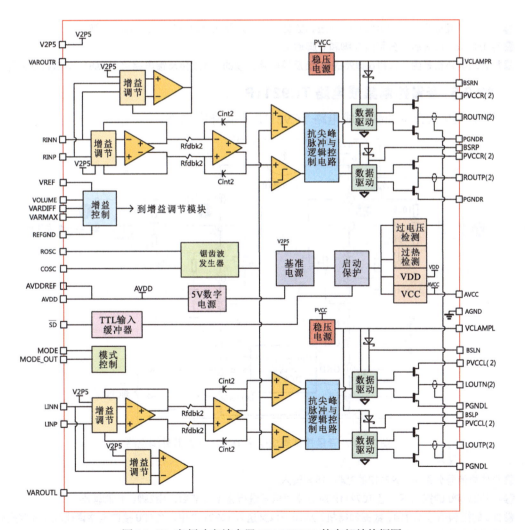

图 12-17 音频功率放大器 TPA3002D2 的内部结构框图

12.2.4 立体声录音机中的放音信号放大电路

图12-18为立体声录音机中的放音信号放大电路。

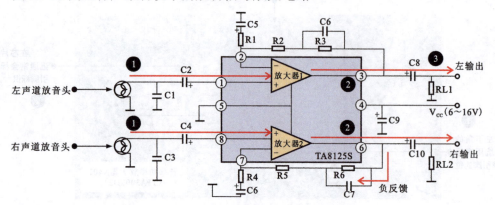

图12-18 立体声录音机中的放音信号放大电路

> **资料与提示**
>
> ❶ 左、右声道放音头的输出信号分别送到放音信号放大器（TA8125S）的1脚和8脚。
> ❷ 经TA8125S放大后，分别由3脚和6脚输出。
> ❸ 放音均衡补偿是由3脚和6脚外的RC负反馈电路实现的，通过负反馈电路可对TA8125S进行低音补偿。

12.2.5 音量控制集成电路TC9211P

图12-19为音量控制集成电路TC9211P及其外围电路。

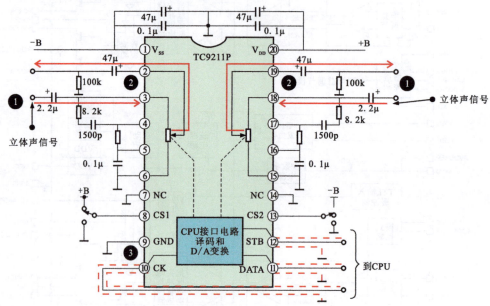

图12-19 音量控制集成电路TC9211P及其外围电路

> **资料与提示**
>
> ❶ 立体声信号分别由TC9211P的3脚、18脚输入。
> ❷ 在外部CPU的控制下，经TC9211P对立体声信号进行音量调节后，由2脚、19脚输出。
> ❸ CPU的控制信号（时钟、数据和待机）从10～12脚送入TC9211P中，经CPU接口电路译码和D/A变换后，变成模拟电压控制音频信号的幅度，达到控制音量的目的。

12.2.6 录音机中的录/放音电路（TA8142AP）

图 12-20 为录音机中的录/放音电路（TA8142AP）。

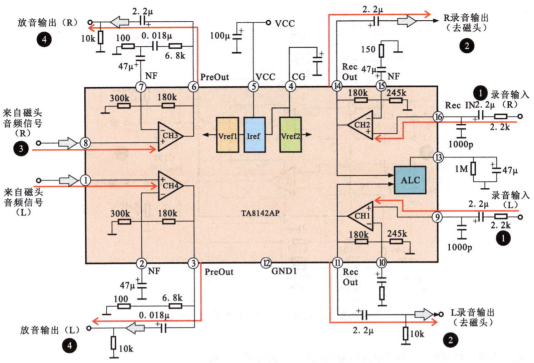

图 12-20 录音机中的录/放音电路（TA8142AP）

资料与提示

❶ 在录音过程中，外界的音频信号从 TA8142AP 的 16 脚和 9 脚输入。

❷ 经 TA8142AP 内部的两个录音均衡放大器 CH1、CH2 放大后，分别由 14 脚和 11 脚输出并送到磁头。

❸ 在放音过程中，来自磁头的音频信号经 TA8142AP 的 8 脚、1 脚输入。

❹ 经 TA8142AP 内部放音均衡放大器 CH3、CH4 放大后，分别由 6 脚、3 脚输出音频信号。

12.2.7 助听器电路

图 12-21 为助听器电路。

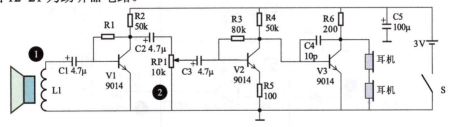

图 12-21 助听器电路

资料与提示

❶ 电感器 L1 为音频接收线圈，感应出的低频信号经电容器 C1 耦合到放大电路放大后，从耳机中可听到声音。

❷ 电位器 RP1 用来调节音量；V1 等元器件构成前置音频放大电路；V2 和 V3 组成两级直接耦合低频放大电路。

12.2.8 立体声音频信号前置放大电路

图 12-22 为立体声音频信号前置放大电路。

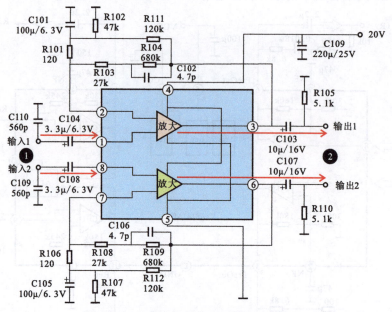

图 12-22 立体声音频信号前置放大电路

资料与提示

❶ 音频信号经前置均衡放大器进行电压放大,并进行低频补偿。

❷ 两路音频信号分别经内部放大电路放大后,由 3 脚和 6 脚输出,并送往功率放大器。

12.2.9 双声道音频功率放大器

图 12-23 为双声道音频功率放大器。

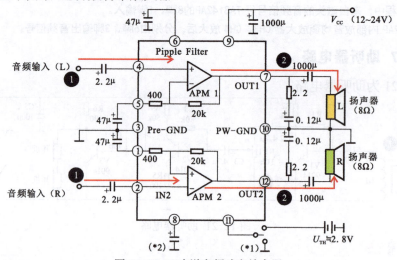

图 12-23 双声道音频功率放大器

资料与提示

❶ 4脚、2脚分别为左、右声道音频信号输入端。

❷ 音频信号经放大后,分别由7脚和12脚输出,驱动左、右扬声器发声。

12.2.10 随环境噪声变化的自动音量控制电路

图 12-24 为随环境噪声变化的自动音量控制电路。

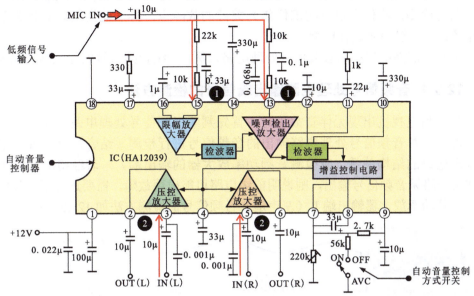

图 12-24 随环境噪声变化的自动音量控制电路

> **资料与提示**
>
> ❶ 自动音量控制电路的音频信号分别由 13 脚和 15 脚输入。
> ❷ 音频信号经限幅放大、噪声检测和检波后，形成自动增益控制电压，对 3 脚和 5 脚内压控放大器的增益进行控制。若环境噪声变大，则压控放大器的增益增大；反之，增益降低。

12.2.11 展宽立体声效果电路

图 12-25 为展宽立体声效果电路。

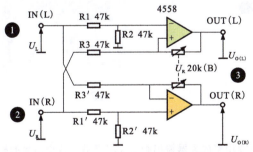

图 12-25 展宽立体声效果电路

> **资料与提示**
>
> ❶ L 声道的主音频信号加到 L 声道放大器的反相输入端（-），同时将信号经 R3' 加到 R 声道放大器的反相输入端（-）。
> ❷ R 声道的主音频信号加到 R 声道放大器的同相输入端（+），同时将信号经 R3 加到 L 声道放大器的同相输入端（+）。
> ❸ 在 L 声道加入了相位相反的 R 音频信号分量，在 R 声道加入了相位相反的 L 音频信号分量，使音频信号中有混响的成分，在听觉上会有立体声扩展的效果。

12.3 音频信号处理电路的检测

当怀疑音频信号处理电路出现故障时，一般可逆其信号流程，从输出部分入手，逐级向前检测，将信号消失的部位作为关键的故障点，再以此为基础对相关范围内的工作条件、关键信号进行检测。

下面以液晶电视机的音频信号处理电路为例，介绍音频信号处理电路的检测方法。

12.3.1 音频信号处理电路输出端信号的检测方法

当液晶电视机出现无伴音故障时，首先判断音频信号处理电路有无输出，即在通电状态下，对音频信号处理电路输出的音频信号进行检测（结合液晶电视机中音频信号处理电路的结构关系，应检测音频功率放大器的输出端）。若经检测无音频信号输出或某一路无音频信号输出，则说明前级电路可能出现故障，需要进行下一步的检测。

音频功率放大器输出端 L（左声道）音频信号的检测方法如 12-26 所示。

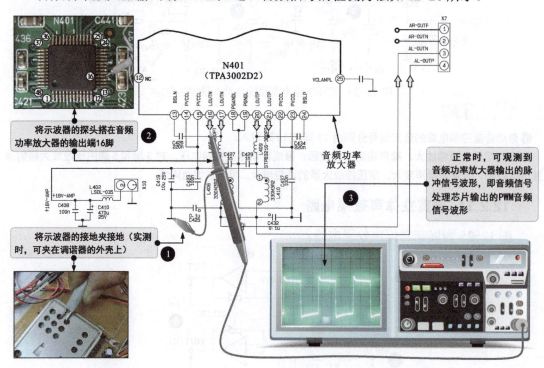

图 12-26　音频功率放大器输出端 L（左声道）音频信号的检测方法

12.3.2 音频信号处理电路输入端信号的检测方法

当液晶电视机的音频功率放大器无输出，其余各部分工作均正常时，需要对音频功率放大器输入端的音频信号，即前级音频信号处理芯片的输出端进行检测。若音频功率放大器输入端的音频信号正常，则需要进一步检测音频功率放大器的工作条件是否满足；若输入信号不正常，则应对前级音频信号处理芯片进行检测。

音频信号处理芯片输出端音频信号的检测方法如图 12-27 所示。

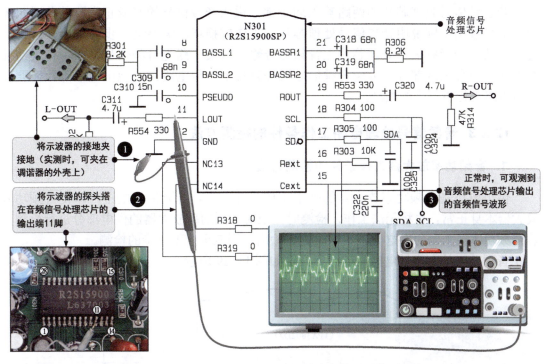

图 12-27　音频信号处理芯片输出端音频信号的检测方法

若经检测，音频信号处理芯片无输出，即音频功率放大器无输入，则可逆信号流程检测音频信号处理芯片的输入端，如图 12-28 所示。

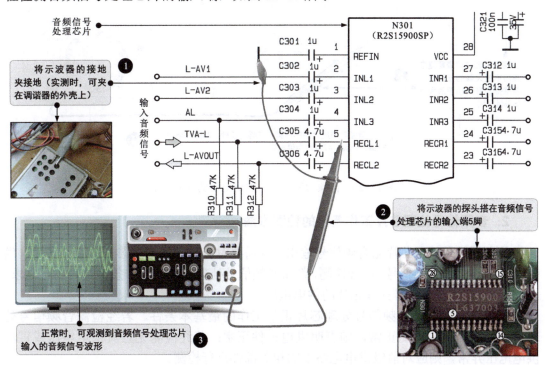

图 12-28　音频信号处理芯片输入端音频信号的检测方法

若音频信号处理芯片的两路输入均正常，说明音频信号的来源正常；若此时仍无音频信号输出，则说明音频信号处理芯片未工作或损坏，需要进一步检测工作条件后进行判断。若音频信号处理芯片无音频信号输入或某一路无音频信号输入，则说明前级电路（信号来源部分，可逆音频信号流程查找上一级电路）可能出现故障，需要对前级电路进行下一步的检测。

◆ 12.3.3 音频信号处理电路工作条件的检测方法

※ 1. 音频功率放大器工作条件的检测方法

供电电压是音频功率放大器的基本工作条件之一。若无供电电压，即使音频功率放大器本身正常，也将无法工作，检测时，应对音频功率放大器的供电部分进行检测；若音频功率放大器的供电电压正常，仍无输出，则应进行下一步的检测。

音频功率放大器供电电压的检测方法如图12-29所示。

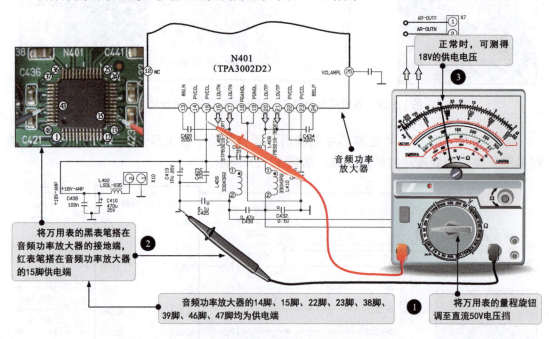

图12-29 音频功率放大器供电电压的检测方法

※ 2. 音频信号处理芯片工作条件的检测方法

若音频信号处理芯片无音频信号输出，则需要对音频信号处理芯片的工作条件（供电电压、I²C总线控制信号）进行检测，判断音频信号处理芯片的工作条件是否满足需求。

（1）检测音频信号处理芯片的供电电压

直流供电电压是音频信号处理芯片正常工作的最基本条件。若经检测音频信号处理芯片的直流供电电压正常，则表明供电条件正常；若经检测无直流供电电压或直流供电电压异常，则应对前级供电电路中的相关部件进行检测。

音频信号处理芯片供电电压的检测方法如图12-30所示。

第 12 章 音频信号处理电路的识图、应用与检测

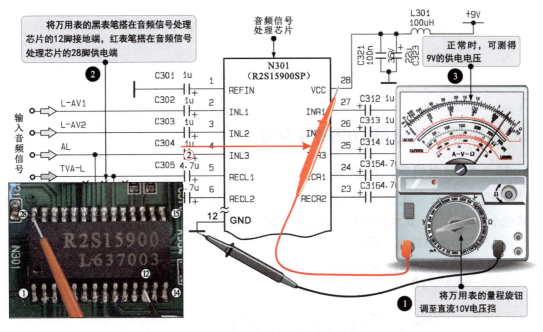

图 12-30 音频信号处理芯片供电电压的检测方法

（2）检测音频信号处理芯片的 I^2C 总线控制信号

音频信号处理芯片正常工作除了需要供电电压外，还需要微处理器提供的 I^2C 总线控制信号。若经检测 I^2C 总线控制信号异常，则应进一步检测前级控制电路。音频信号处理芯片 I^2C 总线控制信号的检测方法如图 12-31 所示。

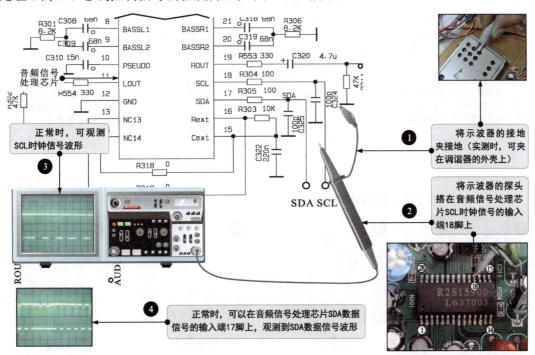

图 12-31 音频信号处理芯片 I^2C 总线控制信号的检测方法

257

第13章

小家电电路识图与检测

13.1 饮水机电路的识图与检测

13.1.1 饮水机电路的识图

饮水机是对桶装饮用水进行加热或制冷，以方便人们饮用的一种小家电产品。相比其他小家电而言，饮水机电路的结构较为简单。

图 13-1 为典型的饮水机电路。

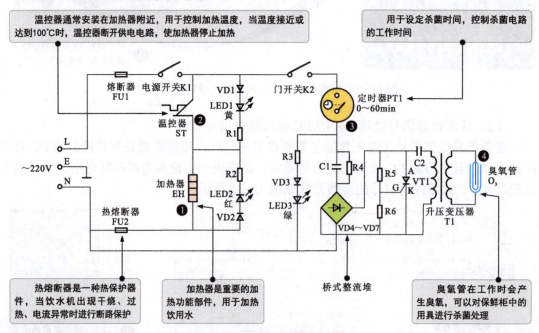

图 13-1 典型的饮水机电路

资料与提示

图 13-2 为饮水机中的主要功能部件。

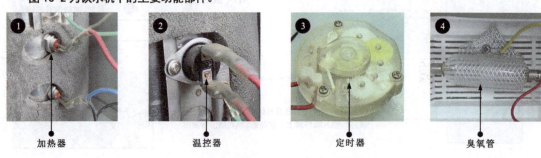

图 13-2 饮水机中的主要功能部件

根据电路中主要功能部件的特点和连接关系，饮水机电路可分为加热控制电路和杀菌控制电路。

1. 饮水机加热控制电路的识图分析

图 13-3 为饮水机加热控制电路的识图分析。该电路主要通过温控器控制加热器的工作，从而实现加热或保温功能。

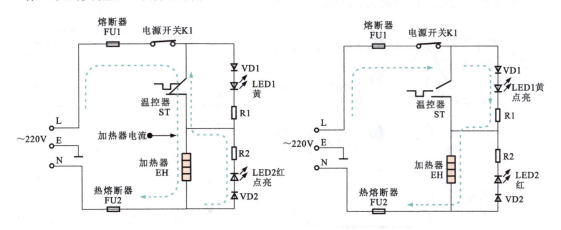

图 13-3　饮水机加热控制电路的识图分析

资料与提示

加热控制过程：电源开关 K1 闭合后，交流 220V 电压由 L（火线）端经熔断器 FU1、电源开关 K1 为加热器 EH 供电，加热器 EH 开始工作。此时，加热指示灯（LED2）被点亮。

保温控制过程：当加热器 EH 将水加热到 97℃时（水开后），温控器内部断开，切断加热器的供电电路，停止加热。此时，VD1、LED1（保温指示灯点亮）、R1 与加热器 EH 串联构成回路。加热器 EH 上的电压大大降低，只能起保温作用，待水的温度下降到 90℃以下时，温控器又会自动接通，重新进入加热工作状态。

2. 饮水机杀菌控制电路的识图分析

图 13-4 为饮水机杀菌控制电路的识图分析。

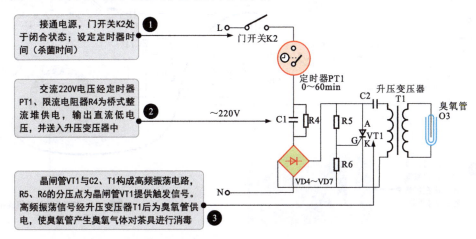

图 13-4　饮水机杀菌控制电路的识图分析

13.1.2 饮水机的检测

在检测饮水机时，可根据饮水机电路的信号流程，借助万用表对供电电压及主要组成部件的性能进行检测。

1. 饮水机加热控制电路的检测

饮水机供电电压的检测方法如图 13-5 所示。

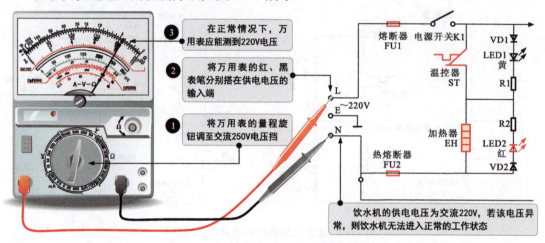

图 13-5 饮水机供电电压的检测方法

若供电电压正常，则可在断电的情况下对饮水机电路中的加热器进行检测。图 13-6 为饮水机电路中加热器的检测方法。注意，当用万用表的电阻挡检测元器件时，必须在断电的条件下进行。

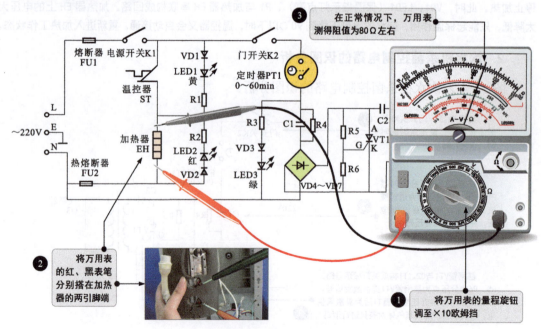

图 13-6 饮水机电路中加热器的检测方法

在饮水机电路中,温控器是控制加热器的重要部件。可以说,温控器的通、断是实现自动加热和保温功能的关键。若饮水机加热、保温功能异常,则需断开电源对饮水机电路中的温控器进行检测。图 13-7 为饮水机电路中温控器的检测方法。

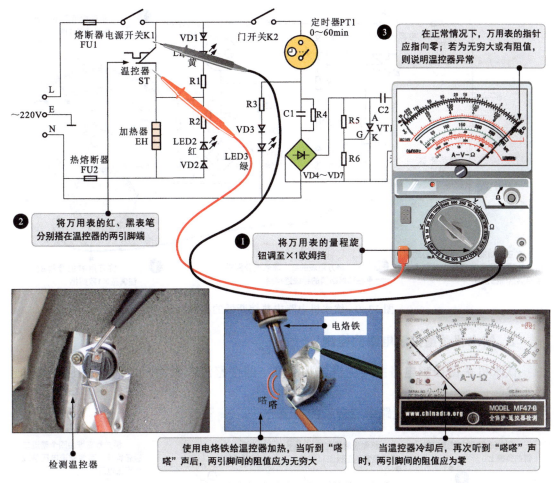

图 13-7 饮水机电路中温控器的检测方法

资料与提示

图 13-8 为温控器的内部结构:当处于常温状态时,双金属片处于接通状态;当处于高温状态时,双金属片处于断开状态。

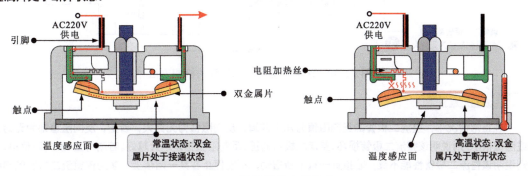

图 13-8 温控器的内部结构

热熔断器是饮水机电路中的过热保护器件,一旦饮水机电路出现过载情况,则热熔断器熔断,对电路进行保护。因此,如果饮水机电路无法正常工作,对热熔断器进行检测也是非常必要的。图13-9为饮水机电路中热熔断器的检测方法。

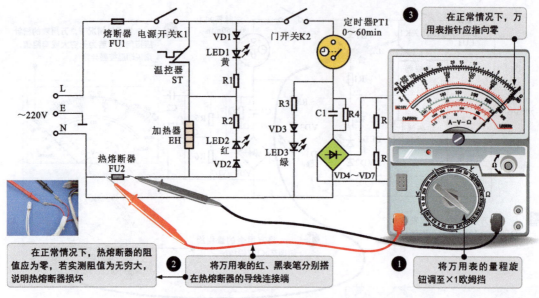

图13-9 饮水机电路中热熔断器的检测方法

✻ 2. 饮水机杀菌控制电路的检测

饮水机杀菌控制电路主要由桥式整流堆(四个整流二极管)、升压变压器和晶闸管组成。

图13-10为饮水机电路中二极管的检测方法。

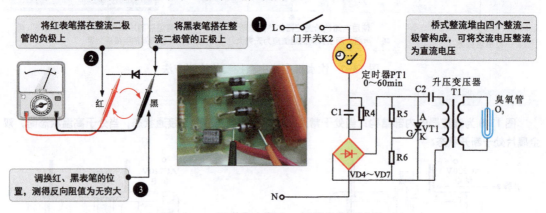

图13-10 饮水机电路中二极管的检测方法

资料与提示

在正常情况下,整流二极管的正向阻值为几千欧姆,反向阻值为无穷大;若正、反向阻值都为无穷大或阻值很小,则说明该整流二极管损坏。整流二极管的正、反向阻值相差越大越好。若测得正、反向阻值相近,则说明该整流二极管性能不良;若指针一直不断摆动,不能停止在某一阻值上,多为该整流二极管的热稳定性不好。

13.2 电热水壶电路的识图与检测

13.2.1 电热水壶电路的识图

电热水壶是使用电能进行烧水的一种小家电产品。电热水壶电路中的元器件相对较少，电路简单。图 13-11 为典型的电热水壶电路。

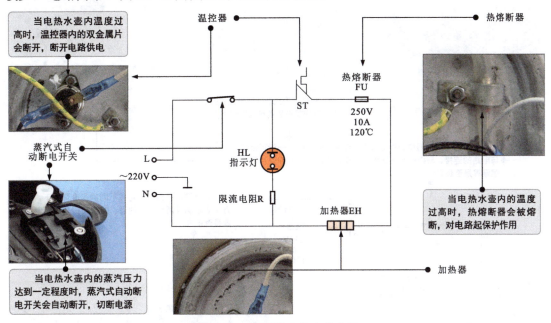

图 13-11　典型的电热水壶电路

图 13-12 为典型电热水壶电路的识图分析。

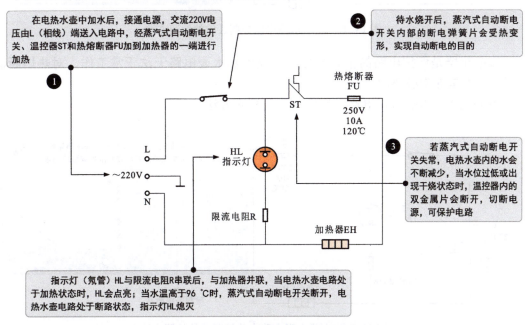

图 13-12　典型电热水壶电路的识图分析

13.2.2 电热水壶的检测

在检测电热水壶时，首先使用万用表检测电热水壶电路的供电电压和加热性能（可参考饮水机电路供电电压的检测方法）；然后使用万用表检测电热水壶电路的控制性能。图 13-13 为电热水壶电路控制性能的检测方法。

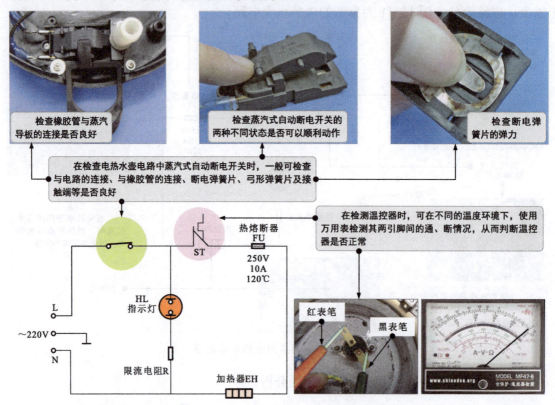

图 13-13　电热水壶电路控制性能的检测方法

热熔断器是保护电路的重要器件。如果电热水壶电路无法正常工作，对热熔断器进行检测也是非常必要的。

图 13-14 为电热水壶电路中热熔断器的检测方法。

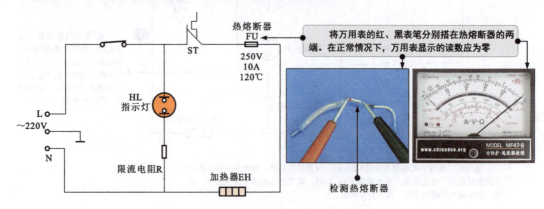

图 13-14　电热水壶电路中热熔断器的检测方法

13.3 电风扇电路的识图与检测

13.3.1 电风扇电路的识图

电风扇是用于增强室内空气流动，达到清凉目的的家用电器。图 13-15 为典型的电风扇电路。

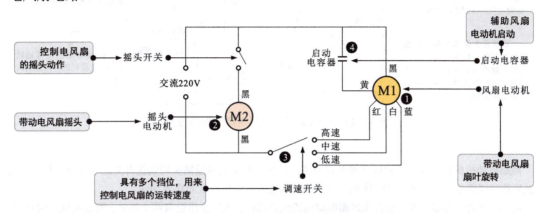

图 13-15 典型的电风扇电路

资料与提示

图 13-16 为电风扇的主要功能部件。

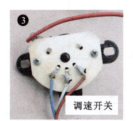

图 13-16 电风扇的主要功能部件

根据电路中主要功能部件的特点和连接关系，电风扇电路可分为摇头控制电路和调速控制电路。

1. 电风扇摇头控制电路的识图分析

图 13-17 为电风扇摇头控制电路的识图分析。

图 13-17 电风扇摇头控制电路的识图分析

✳ 2. 电风扇调速控制电路的识图分析

图13-18为电风扇调速控制电路的识图分析。该电路主要通过调速开关控制电风扇实现不同风速的运转。

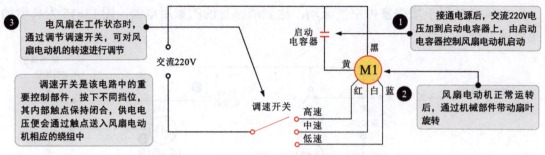

图13-18 电风扇调速控制电路的识图分析

> **资料与提示**
>
> 风扇电动机的调速采用绕组线圈抽头的方法比较多，即绕组线圈抽头与调速开关的不同挡位相连，通过改变绕组线圈的数量，使定子线圈所产生的磁场强度发生变化，从而实现调速。
>
> 图13-19为L形抽头和T形抽头风扇电动机的绕组结构，运行绕组设有两个抽头，可以实现三速可调。两组绕组接成L形，被称为L形绕组结构；接成T形，被称为T形绕组结构。

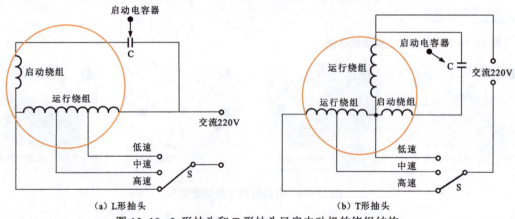

图13-19 L形抽头和T形抽头风扇电动机的绕组结构

图13-20为双抽头调速风扇电动机实物图及绕组结构，即运行绕组和启动绕组都设有抽头，通过改变绕组所产生的磁场强、弱进行调速。

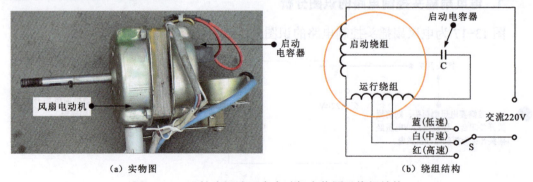

图13-20 双抽头调速风扇电动机实物图及绕组结构

13.3.2 电风扇的检测

在检测电风扇时，可根据电路的信号流程，借助万用表对供电电压及主要组成部件的性能进行检测。

1. 电风扇摇头控制电路的检测方法

在检测电风扇摇头控制电路时，首先应检测供电电压是否正常（可参考饮水机电路供电电压的检测方法）；然后重点检测摇头开关是否正常，如图 13-21 所示。

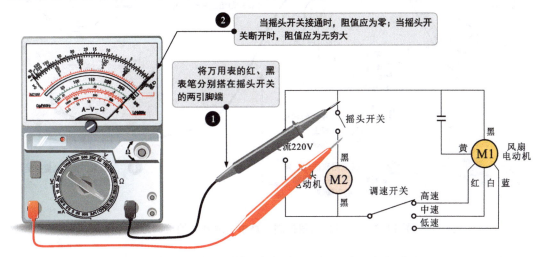

图 13-21　电风扇摇头控制电路中摇头开关的检测方法

若供电电压和摇头开关均正常，则可继续对摇头电动机进行检测。图 13-22 为电风扇遥头控制电路中摇头电动机的检测方法。

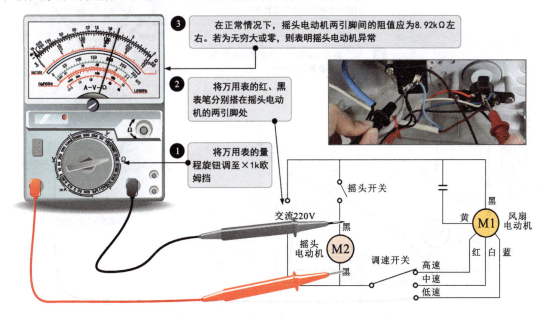

图 13-22　电风扇摇头控制电路中摇头电动机的检测方法

2. 电风扇调速控制电路的检测方法

电风扇调速控制电路主要由启动电容器、风扇电动机和调速开关组成。图13-23为电风扇调速控制电路中调速开关的检测方法。

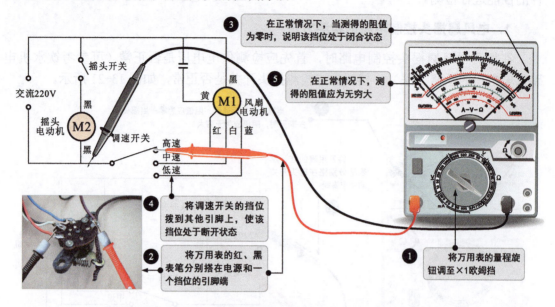

图 13-23　电风扇调速控制电路中调速开关的检测方法

图13-24为电风扇调速控制电路中启动电容器的检测方法。

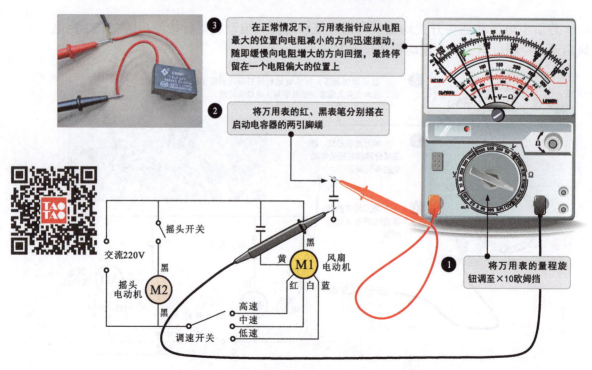

图 13-24　电风扇调速控制电路中启动电容器的检测方法

资料与提示

检测启动电容器时，除了采用充、放电的方式检测外，还可以使用万用表检测电容量的方式检测，如图 13-25 所示。

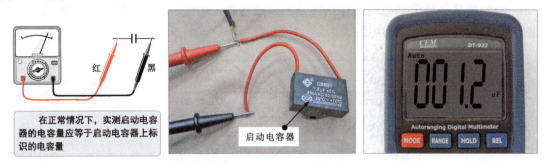

图 13-25　启动电容器电容量的检测方法

图 13-26 为电风扇调速控制电路中风扇电动机的检测方法。

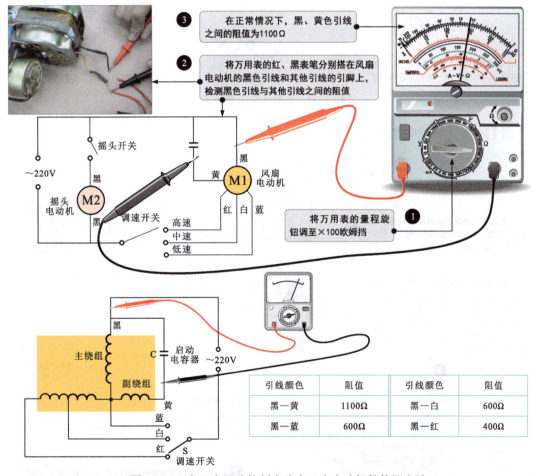

图 13-26　电风扇调速控制电路中风扇电动机的检测方法

引线颜色	阻值	引线颜色	阻值
黑—黄	1100Ω	黑—白	600Ω
黑—蓝	600Ω	黑—红	400Ω

资料与提示

若引线之间的阻值为零或无穷大或与正常值偏差很大，均表明所检测引线连接的绕组损坏。

13.4 吸尘器电路的识图与检测

13.4.1 吸尘器电路的识图

吸尘器是一种借助吸气的作用吸走灰尘或污物（如线、纸屑、头发等）的清洁电器。图 13-27 为典型的吸尘器电路。

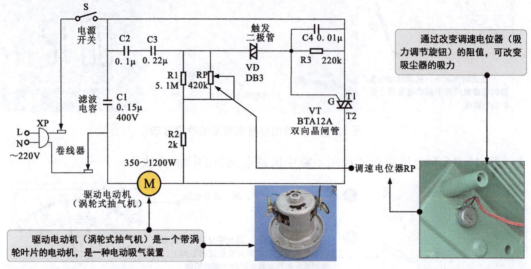

图 13-27 典型的吸尘器电路

图 13-28 为典型吸尘器电路的识图分析。

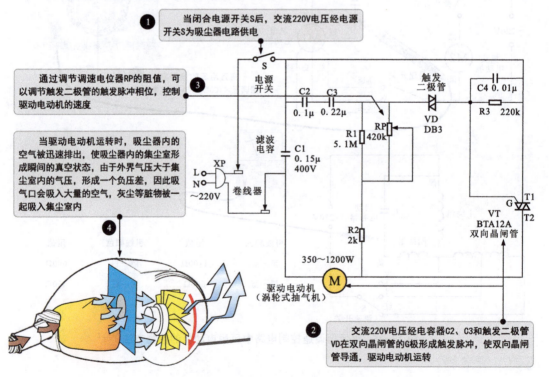

图 13-28 典型吸尘器电路的识图分析

13.4.2 吸尘器的检测

在检测吸尘器时，可根据电路的信号流程，借助万用表对供电电压及主要组成部件的性能进行检测。供电电压的检测方法可参考饮水机电路供电电压的检测方法。下面将重点介绍吸尘器各功能部件的检测方法。

首先使用万用表检测吸尘器电路中电源开关是否正常。图 13-29 为吸尘器电路中电源开关的检测方法。

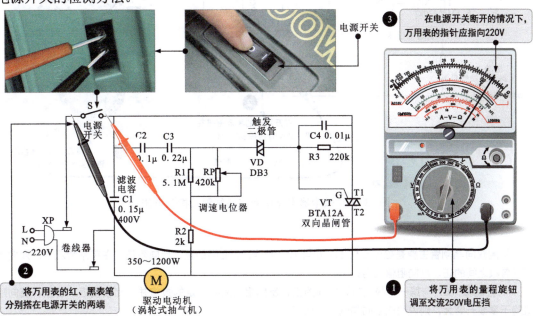

图 13-29　吸尘器电路中电源开关的检测方法

在吸尘器电路中，调速电位器是控制吸尘器吸力的重要部件。可以说，调速电位器是实现吸尘器清洁功能的关键部件之一。若无法调节吸尘器的吸力时，需要重点检测调速电位器。图 13-30 为吸尘器电路中调速电位器的检测方法。

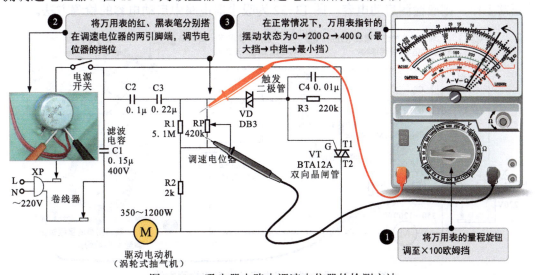

图 13-30　吸尘器电路中调速电位器的检测方法

双向晶闸管是吸尘器电路中驱动电动机的控制器件。如果吸尘器电路无法正常工作，则检测双向晶闸管是非常有必要的。图 13-31 为吸尘器电路中双向晶闸管的检测方法。

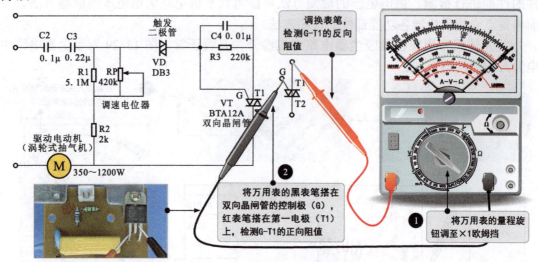

图 13-31 吸尘器电路中双向晶闸管的检测方法

资料与提示

检测双向晶闸管主要是检测 G 与 T1、G 与 T2、T1 与 T2 之间的正、反向阻值。在正常情况下，双向晶闸管各极之间的正、反向阻值应为：

- 控制极（G）与第一电极（T1）之间的正、反向阻值应有一定的数值并且比较接近。若正、反向阻值趋于零或无穷大，则说明该双向晶闸管已损坏。
- 控制极（G）与第二电极（T2）之间的正、反向阻值应都为无穷大。若正、反向阻值较小，则说明该双向晶闸管有漏电或击穿短路的情况。
- 第一电极（T1）与第二电极（T2）之间的阻值应都为无穷大；否则，说明该双向晶闸管已损坏。

启动电容是吸尘器电路中使驱动电动机正常启动的主要器件。如果吸尘器电路无法正常工作，则应检测启动电容。图 13-32 为吸尘器电路中启动电容的检测方法。

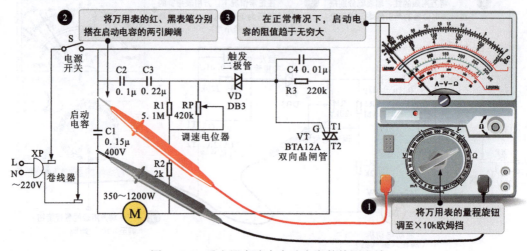

图 13-32 吸尘器电路中启动电容的检测方法

13.5 电热水器电路的识图与检测

13.5.1 电热水器电路的识图

电热水器是一种采用电加热的方式为家庭提供热水的小家电产品。电热水器可设定加热温度，在到达设定的加热温度后，会停止加热并进行保温。有些电热水器还具有预约定时加热功能。电热水器的安全性很重要，因此普遍设有漏电保护电路。

图 13-33 为典型的电热水器电路。

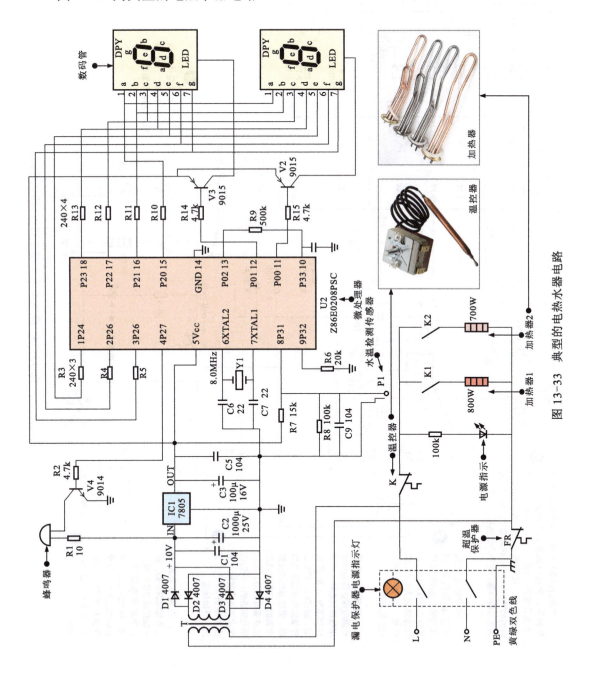

图 13-33 典型的电热水器电路

图 13-34 为典型电热水器电路的识图分析。

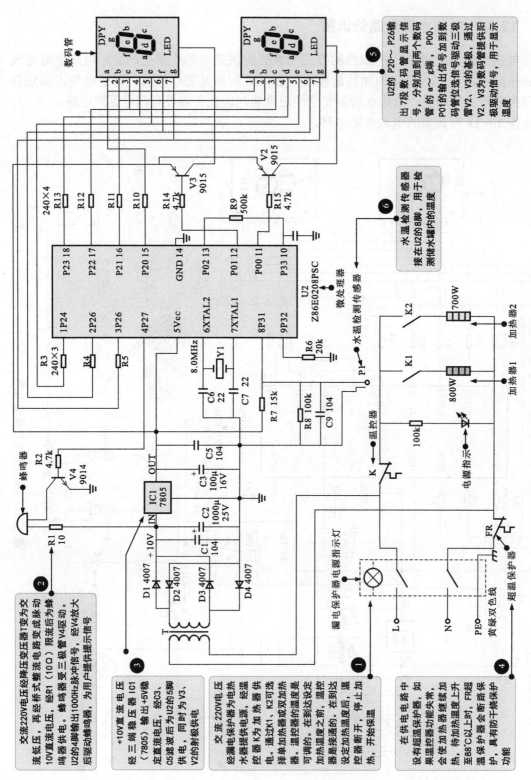

图 13-34 典型电热水器电路的识图分析

资料与提示

不同品牌和型号的电热水器，由于功能不同，所以电路的复杂程度和功能电路也不同。图 13-35 为乐林 YXD25—15 型电热水器电路。该电路是由电源供电电路、加热器控制电路、防干烧电路和蜂鸣器提示电路等部分构成的。

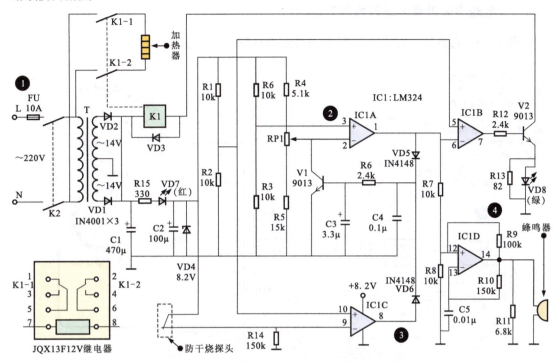

图 13-35　乐林 YXD25—15 型电热水器电路

❶ 电源供电电路。交流 220V 电压经熔断器 FU 和电源开关 K2 后，一路经继电器的触点 K1-1、K1-2 为加热器供电；另一路经变压器 T 降压后，输出两组交流 14V 电压，经全波整流电路（VD1、VD2）输出 12V 直流电压，为继电器 K1 供电。+12V 直流电压再经电阻 R15 限流，C1、C2 滤波，VD4 稳压输出 8.2V 稳定直流电压，为加热控制电路和防干烧电路供电。

❷ 加热器控制电路。8.2V 稳定直流电压经串联电阻构成的分压电路后，为电压比较器提供电压比较信号：由 R1、R2 分压电路形成的分压值为 1/2 的稳定直流电压（4.1V），分别送到 IC1B 的 5 脚和 IC1C 的 10 脚；由 R6、R3 分压电路形成的分压值（4.1V）送到 IC1A 的 3 脚；由 R4、RP1 和 R5 分压电路形成的分压从 RP1 的抽头提取，加到 IC1A 的 2 脚。此时，IC1A 的 2 脚电压大于 3 脚电压，1 脚输出低电平。该电压加到 IC1B 的 6 脚和 IC1D 的 12 脚。IC1B 的 5 脚电压大于 6 脚电压，7 脚输出高电平，V2 导通，继电器 K1 得电，K1-1、K1-2 接通，加热器得电开始工作，同时 V2 的发射极所接发光二极管 VD8 点亮，指示加热状态。

❸ 防干烧保护电路。若电热水器的储水罐内出现过热情况，则防干烧探头内的开关会断开，使 IC1C 的 10 脚电压大于 9 脚电压（9 脚为低电平），IC1C 的 8 脚输出高电平，VD6 导通，使三极管 V1 的基极为高电平，V1 导通，将 IC1A 的 2 脚短接到地，IC1A 的 1 脚输出高电平，并加到 IC1B 的 6 脚，6 脚电压高于 5 脚电压，7 脚输出低电平，V2 截止，继电器 K1 失电，触点 K1-1、K1-2 断开，加热器停止加热进行保护。

❹ 蜂鸣器驱动电路。该电路由 IC1D 和蜂鸣器构成。当 IC1A 的 1 脚输出高电平时，经 R7、R8 分压后，将分压值加到 IC1D 的 12 脚，12 脚电压高于 13 脚电压，IC1D 的 14 脚输出高电平，经 R10 为 C5 充电，使 C5 上的电压上升，当 C5 上的电压上升至大于 12 脚电压时，IC1D 的 14 脚又输出低电平，使 C5 上的电压经 R10 放电，又使 13 脚的电压降低，如此循环，IC1D 形成锯齿波振荡，蜂鸣器发出振荡蜂鸣声，提示用户温度过高应采取措施。

13.5.2 电热水器的检测

在检测电热水器时，一般可借助万用表重点检测电路中的关键点电压和核心元器件。

1. 电路中关键点电压的检测方法

图 13-36 为典型电热水器电路中关键点电压的检测方法。

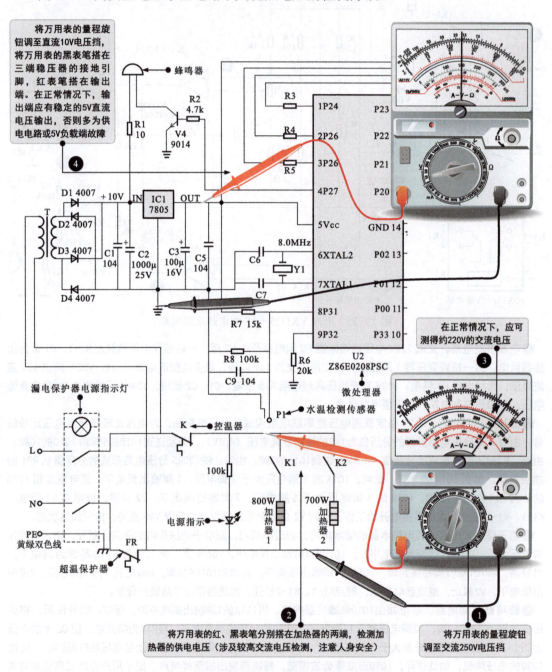

图 13-36　典型电热水器电路中关键点电压的检测方法

☀ 2. 电路中核心元器件的检测方法

在电热水器电路中,温控器和加热器是主要的温度控制器件和加热器件。两个器件的好坏直接影响电热水器的性能。可在断电状态下,借助万用表检测温控器和加热器的阻值判断好坏。

图 13-37 为典型电热水器电路中温控器的检测方法。在室温下,温控器处于接通状态,用万用表检测两个引脚间的阻值应接近 0Ω。若阻值为无穷大,则多为温控器的触点已断开。若不是由于受温度影响而自动断开的,则说明温控器已损坏。

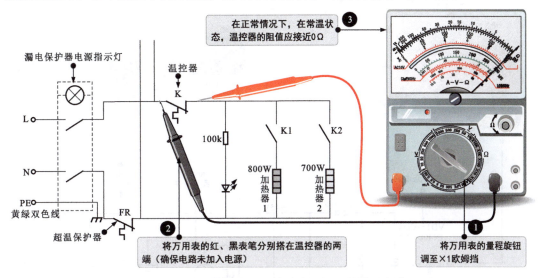

图 13-37 典型电热水器电路中温控器的检测方法

图 13-38 为典型电热水器电路中加热器的检测方法。加热器可以简单看作一种电阻器,可借助万用表检测其阻值来判断。在正常情况下,加热器的阻值应为 50 ~ 100Ω。若实测两端阻值为无穷大,则表明加热器已被烧断。

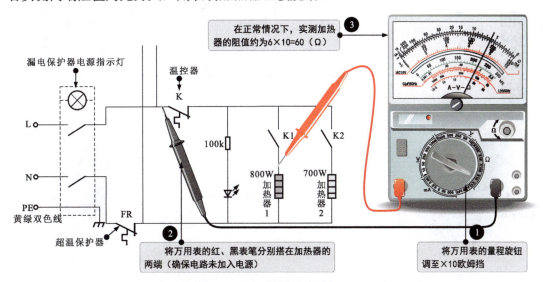

图 13-38 典型电热水器电路中加热器的检测方法

13.6 加湿器电路的识图与检测

13.6.1 加湿器电路的识图

加湿器是一种用于增加环境湿度的小家电产品，在控制部件的作用下，利用特定的功能部件（如超声波雾化器、分子筛蒸、加热元器件等）将水雾化后喷出。

图 13-39 为典型的加湿器（ZS2—45 型）电路。该电路是由电源供电电路、水位检测和控制电路、振荡电路及超声波雾化器等部分构成的。

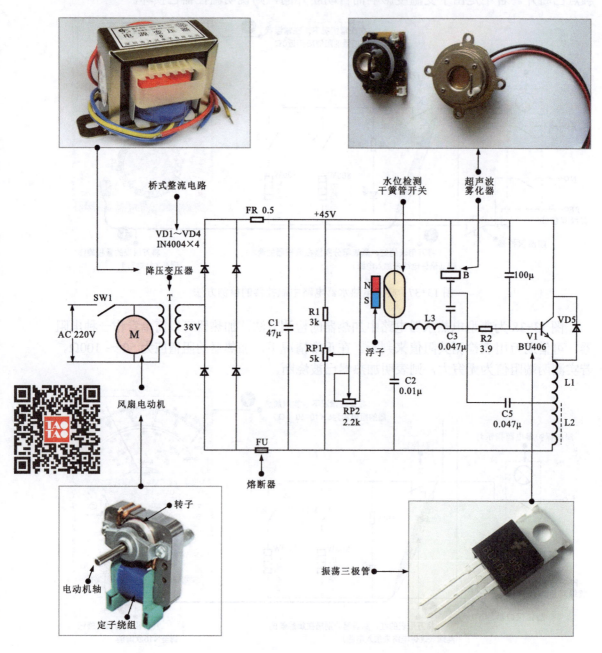

图 13-39 典型的加湿器（ZS2—45 型）电路

图 13-40 为典型加湿器（ZS2—45 型）电路的识图分析。

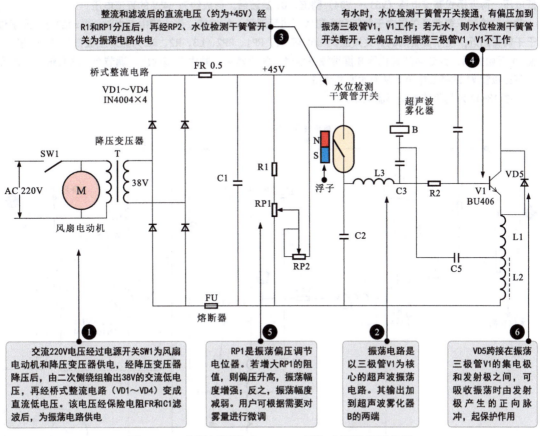

图 13-40　典型加湿器（ZS2—45 型）电路的识图分析

资料与提示

图 13-41 为桑普 SC—25A 型加湿器电路。

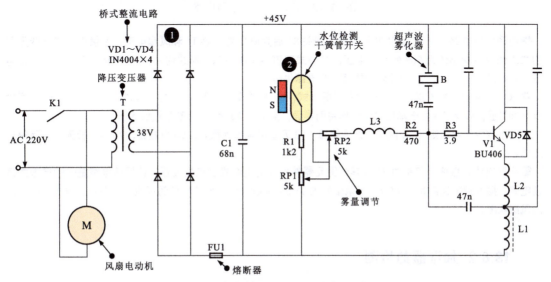

图 13-41　桑普 SC—25A 型加湿器电路

❶交流220V电压经开关K1为风扇电动机和降压变压器供电。降压变压器将交流220V电压变成交流38V低电压，再经桥式整流电路（VD1～VD4）整流、C1滤波后，形成约为+45V的直流电压。

❷水位检测干簧管开关是由干簧管和永磁体（磁环浮子）构成的。当水罐中有水时，浮动的磁环浮子位于干簧管附近，使干簧管内的开关接通，+45V经R1、RP1、RP2、L3、R2、R3为振荡三极管V1提供偏压，使V1开始振荡，为超声波雾化器B提供振荡信号，将水雾化，并由风扇吹出。调节RP2的阻值可以改变振荡三极管V1的基极电流，从而改变雾化量。

图13-42为超声波型加湿器电路。

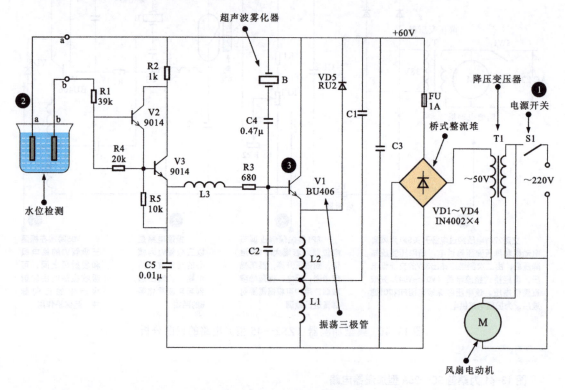

图13-42　超声波型加湿器电路

❶电源供电电路。交流220V电压经电源开关S1后为降压变压器T1和风扇电动机M供电。降压变压器的二次侧绕组输出约为50V的交流电压，经桥式整流堆VD1～VD4形成约为+60V的脉动直流电压。该电压经熔断器FU（1A）、C3滤波后为振荡控制电路供电。

❷水位检测和控制电路。水位检测采用探针式，a、b两探针位于水罐中。若水罐中有水，则a、b两探针之间导通，V2和V3由于基极电流的作用而导通，经L3、R3为V1的基极提供偏压。

若水罐中无水，则a、b两探针之间绝缘，V2无基极电流而截止，V3也截止，V1的基极无偏压而停止工作。

❸振荡电路。振荡电路是由V1及其外围元器件构成的电容式三点振荡器。该振荡电路是一种自激式振荡电路，振荡频率通常为1.7MHz，振荡信号由V1的基极输出，经C4加到超声波雾化器B上将水雾化，并由风扇吹出。

13.6.2　加湿器的检测

在检测加湿器时，可借助万用表重点检测电路中的关键点电压和核心元器件。

1. 电路中关键点电压的检测方法

图 13-43 为典型加湿器电路中关键点电压的检测方法。

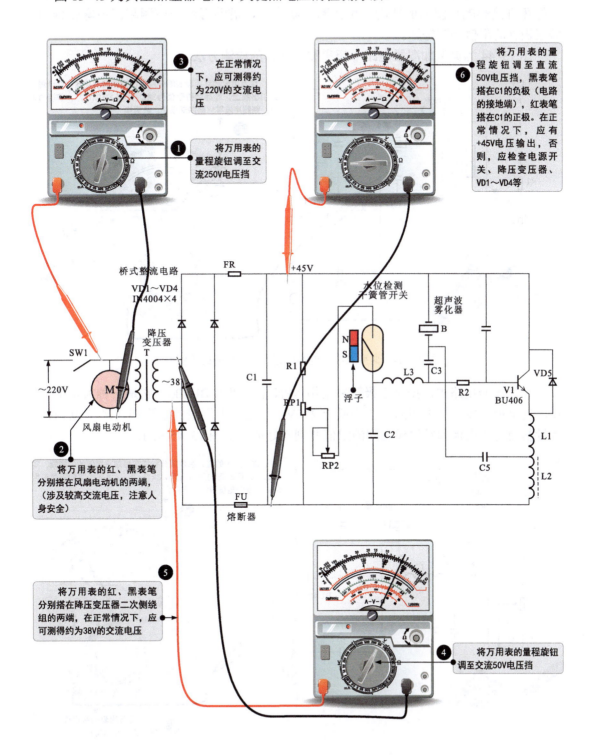

图 13-43 典型加湿器电路中关键点电压的检测方法

❋ 2. 电路中核心元器件的检测方法

在加湿器电路中，超声波雾化器和振荡三极管是电路的核心元器件和易损元器件。其好坏直接影响加湿器的性能。可在断电状态下，借助万用表检测超声波雾化器和振荡三极管的阻值判断好坏。

图 13-44 为典型加湿器电路中超声波雾化器的检测方法。

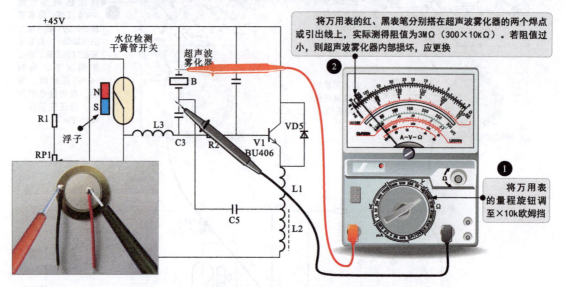

图 13-44　典型加湿器电路中超声波雾化器的检测方法

在加湿器电路中，振荡三极管多采用 NPN 型三极管 BU406。它是一种大功率三极管，集电极与发射极之间的耐压不低于 200V，可通过万用表的电阻挡（×1k 欧姆挡）测量基极与集电极和发射极之间的阻值并判断好坏，如图 13-45 所示。

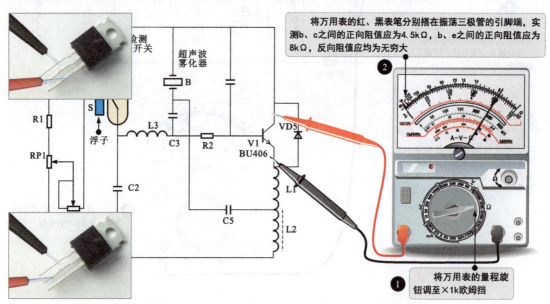

图 13-45　典型加湿器电路中振荡三极管的检测方法

13.7 空气净化器电路的识图与检测

13.7.1 空气净化器电路的识图

空气净化器是对空气进行净化处理的小家电产品,可以有效吸附、分解或转化空气中的灰尘、异味、杂质、细菌及其他污染物,为室内提供清洁、安全的空气。

图13-46为空气净化器的电路结构和组成部件。

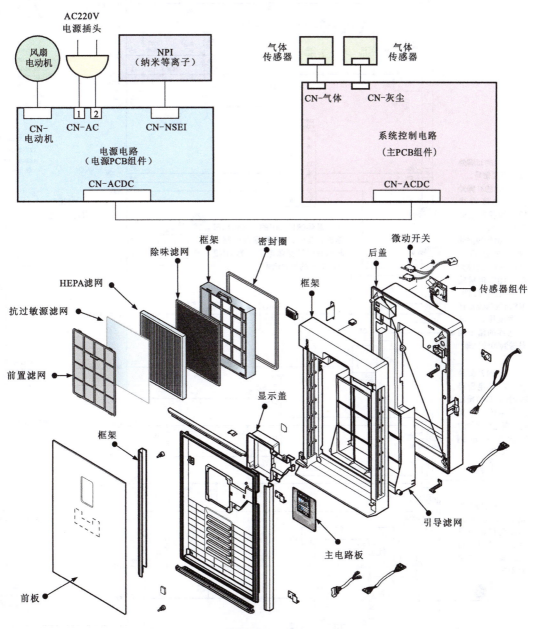

图13-46 空气净化器的电路结构和组成部件

图13-47为典型空气净化器电路的识图分析。

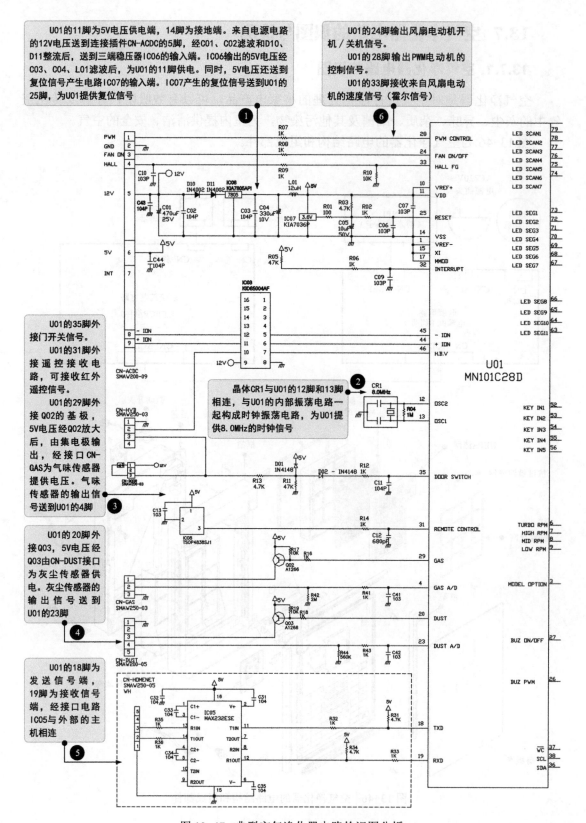

图 13-47 典型空气净化器电路的识图分析

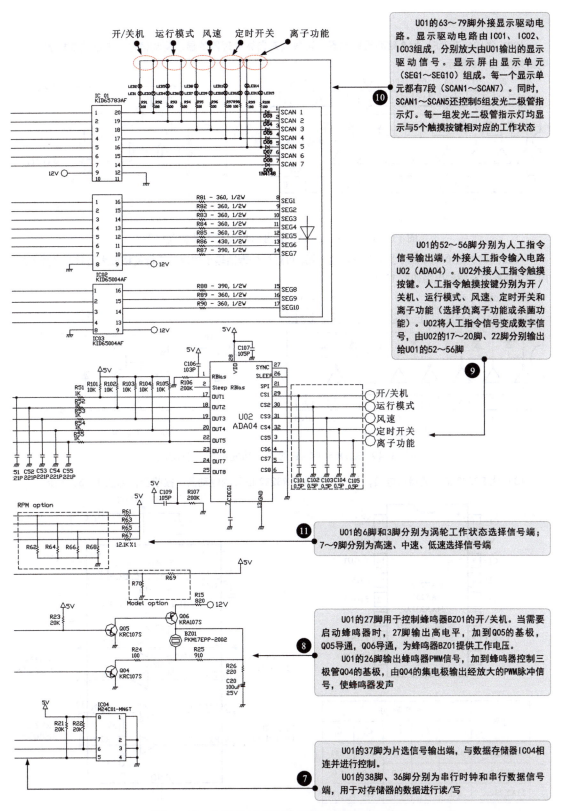

图 13-47 典型空气净化器电路的识图分析（续）

资料与提示

IC01（KID65783AF）为8路高压驱动器，可放大来自微处理器的显示驱动信号，内部功能框图及驱动电路如图13-48所示。

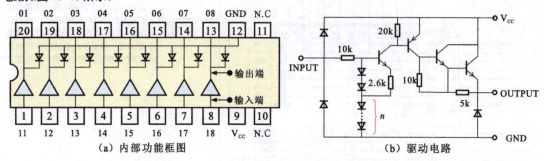

图13-48 KID65783AF的内部功能框图及驱动电路

IC02、IC03（KID65004AF）为7路反相放大器，可对微处理器输出的信号进行反相放大后并驱动显示屏，内部功能框图及驱动电路如图13-49所示。

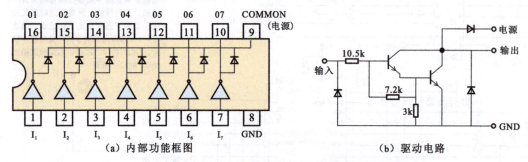

图13-49 KID65004AF的内部功能框图及驱动电路

IC05为RS232信号的接口电路，是一种多通道RS232信号的驱动器/接收器，如图13-50所示

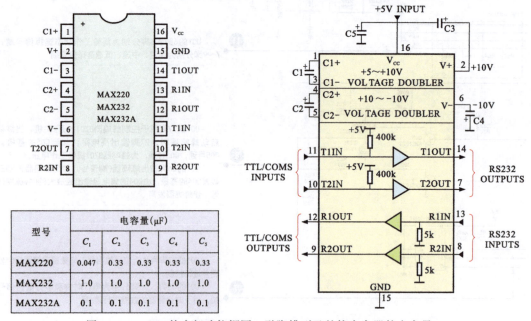

型号	电容量(μF)				
	C_1	C_2	C_3	C_4	C_5
MAX220	0.047	0.33	0.33	0.33	0.33
MAX232	1.0	1.0	1.0	1.0	1.0
MAX232A	0.1	0.1	0.1	0.1	0.1

图13-50 IC05的内部功能框图、引脚排列及外接电容器的电容量

13.7.2 空气净化器的检测

在检测空气净化器时,可借助检测仪表对空气净化器电路中的供电电压、时钟信号、遥控信号及核心元器件进行检测。

图 13-51 为空气净化器电路中供电电压、时钟信号和遥控信号的检测方法。

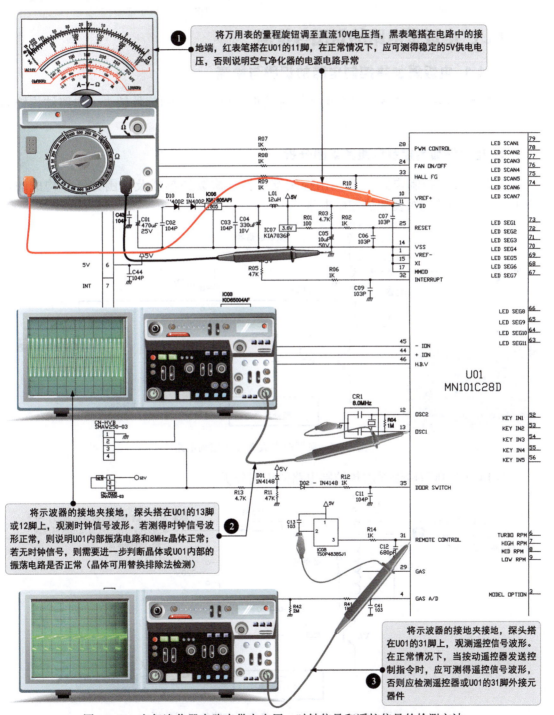

图 13-51　空气净化器电路中供电电压、时钟信号和遥控信号的检测方法

第14章
厨房电器电路识图与检测

14.1 电饭煲电路的识图与检测

14.1.1 电饭煲加热控制电路的识图与检测

电饭煲加热控制电路是电饭煲炊饭时的重要电路，控制部件较少，电路结构较为简单。

1. 电饭煲加热控制电路的识图分析

电饭煲加热控制电路主要是由控制继电器、炊饭加热器及外围元器件构成的。图14-1为典型的电饭煲加热控制电路。

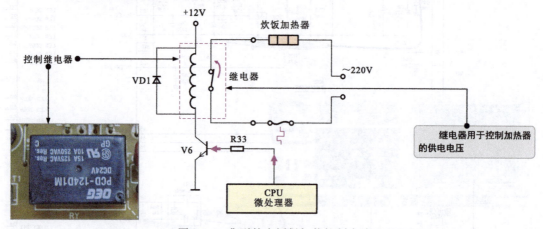

图14-1 典型的电饭煲加热控制电路

图14-2为典型电饭煲加热控制电路的识图分析。

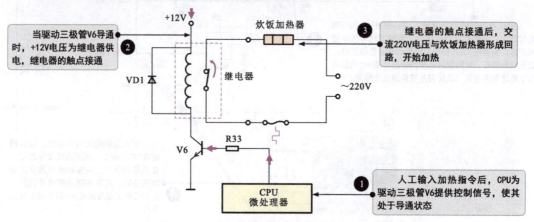

图14-2 典型电饭煲加热控制电路的识图分析

288

2. 电饭煲加热控制电路的检测方法

在检测电饭煲时，可根据电路的信号流程，借助万用表对加热控制电路中的供电电压和主要组成部件进行检测。

图 14-3 为电饭煲加热控制电路供电电压的检测方法。

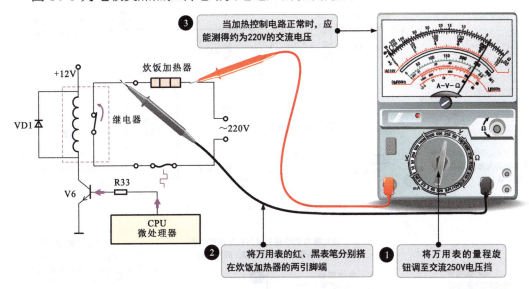

图 14-3　电饭煲加热控制电路供电电压的检测方法

在电饭煲加热控制电路中，继电器是电饭煲实现加热功能的关键器件。若电饭煲加热功能异常，则需重点检测继电器。

图 14-4 为电饭煲加热控制电路中继电器的检测方法。

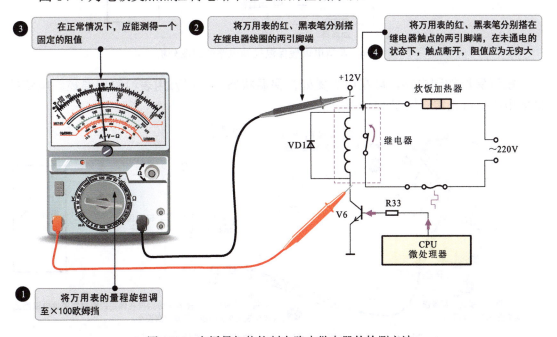

图 14-4　电饭煲加热控制电路中继电器的检测方法

14.1.2 电饭煲保温控制电路的识图与检测

双向晶闸管是保温控制电路的特征元器件，通常，找到双向晶闸管，便找到了电饭煲保温控制电路。

图 14-5、图 14-6 分别为典型电饭煲炊饭加热器电路和保温控制电路的识图分析。

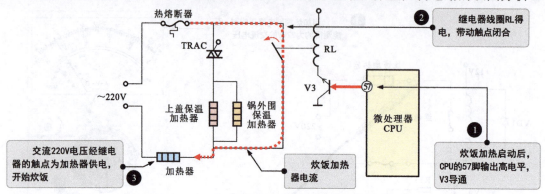

图 14-5　典型电饭煲炊饭加热器电路的识图分析

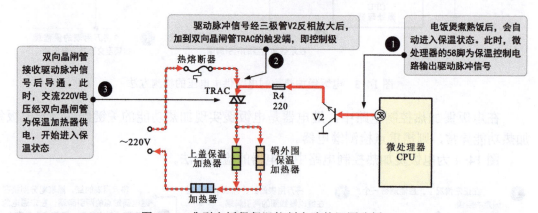

图 14-6　典型电饭煲保温控制电路的识图分析

检测保温控制电路，可在电饭煲处在保温状态时，用万用表检测保温控制电路的供电电压是否正常，如图 14-7 所示。

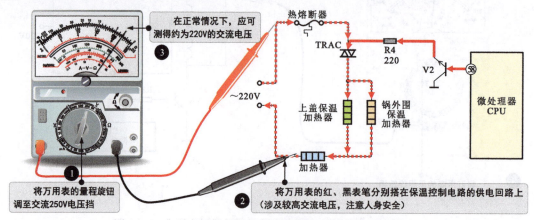

图 14-7　典型电饭煲保温控制电路供电电压的检测方法

14.2 微波炉电路的识图与检测

14.2.1 微波炉功能电路的识图与检测

微波炉是一种采用微波加热原理工作的厨房炊具,功能部件较多,电路连接关系较为复杂。

1. 微波炉功能电路的识图分析

微波炉功能电路可以实现微波加热,主要由各功能部件构成。图 14-8 为典型的微波炉功能电路。

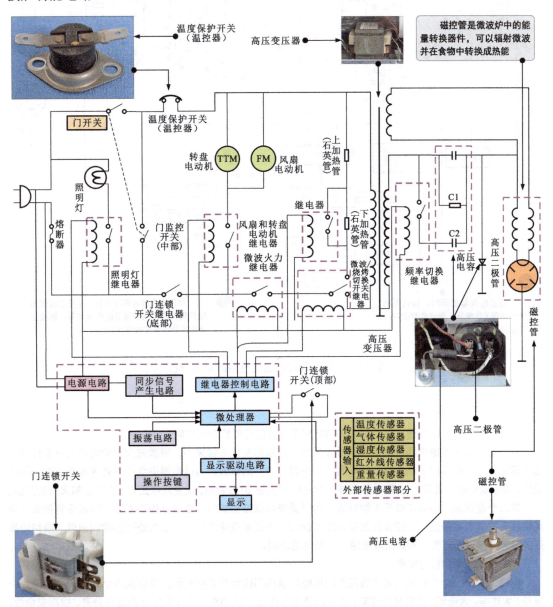

图 14-8 典型的微波炉功能电路

图 14-9 为典型微波炉功能电路的识图分析。

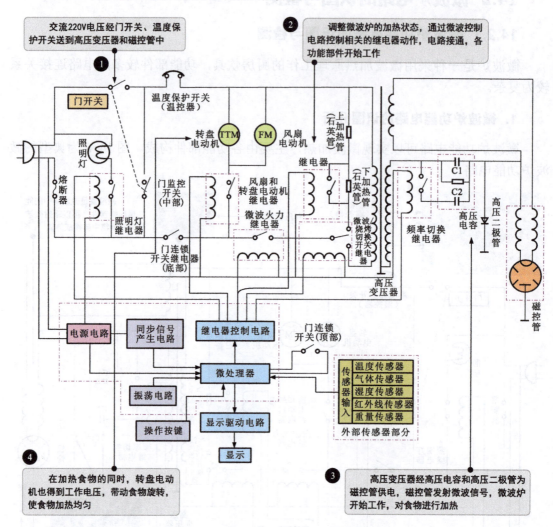

图 14-9 典型微波炉功能电路的识图分析

> **资料与提示**

微波炉设有六个继电器，在控制电路的作用下对各部分电路进行控制。

一个是微波火力继电器，用来控制微波火力。如果需要使用强火力，则微波火力继电器就一直接通，磁控管便一直发射微波加热食物。如果需要使用弱火力，则微波火力继电器便会在微处理器的控制下间断工作，如可以使磁控管发射30秒微波后停止20秒，再发射30秒微波，往复间歇工作，达到控制火力的目的。

第二个是微波/烧烤切换开关继电器，当需要使用微波功能时，由微处理器发送控制指令将微波/烧烤切换开关继电器接通，磁控管发射微波加热食物。当使用烧烤功能时，由微处理器控制微波/烧烤切换开关继电器接通石英管，断开微波电路，实现烧烤功能。

第三个是频率切换继电器。

第四个和第五个分别是风扇/转盘电动机继电器和门连锁开关继电器，可以实现小功率、小电流、小信号、大功率、大电流、大信号的控制，还可以将工作电压高的部件与工作电压低的部件分开，提高安全性。

第六个是照明灯继电器。

2. 微波炉功能电路的检测方法

在检测微波炉时，可根据功能电路的信号流程，借助万用表或示波器测量或观测工作电压、信号波形。

微波炉功能电路的检测方法如图 14-10 所示。

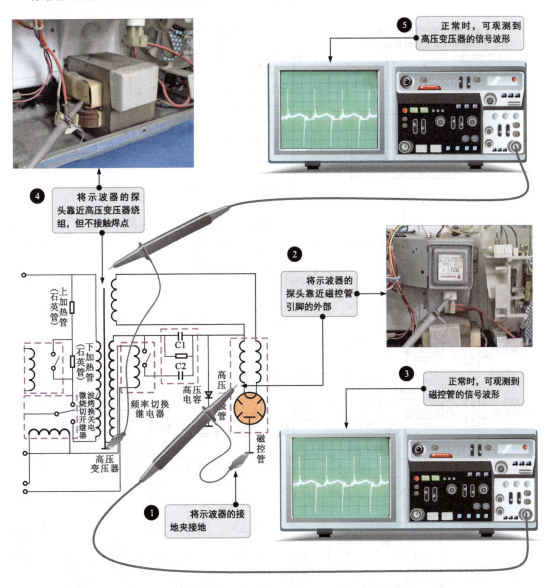

图 14-10　微波炉功能电路的检测方法

资料与提示

若磁控管的信号波形异常，高压变压器的信号波形正常，则说明磁控管出现故障，需要检测磁控管。

14.2.2　微波炉加热控制电路的识图与检测

微波炉加热控制电路以微处理器（CPU）为控制核心，可实现微波加热的控制。

※ 1. 微波炉加热控制电路的识图分析

微波炉加热控制电路用于控制微波炉完成加热食物的功能,并使微波炉中的每一个功能部件协调工作。微波炉加热控制电路主要由微处理器及其外围元器件组成。

图 14-11 为典型的微波炉加热控制电路。

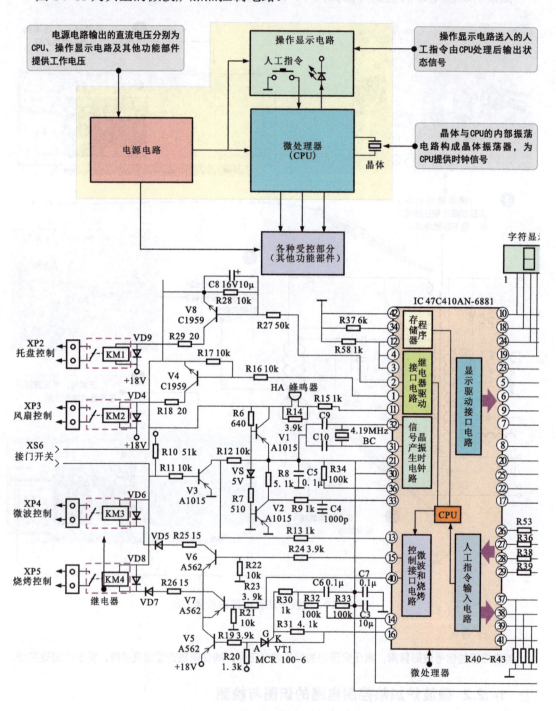

图 14-11 典型的微波炉加热控制电路

图 14-12 为典型微波炉加热控制电路的识图分析。

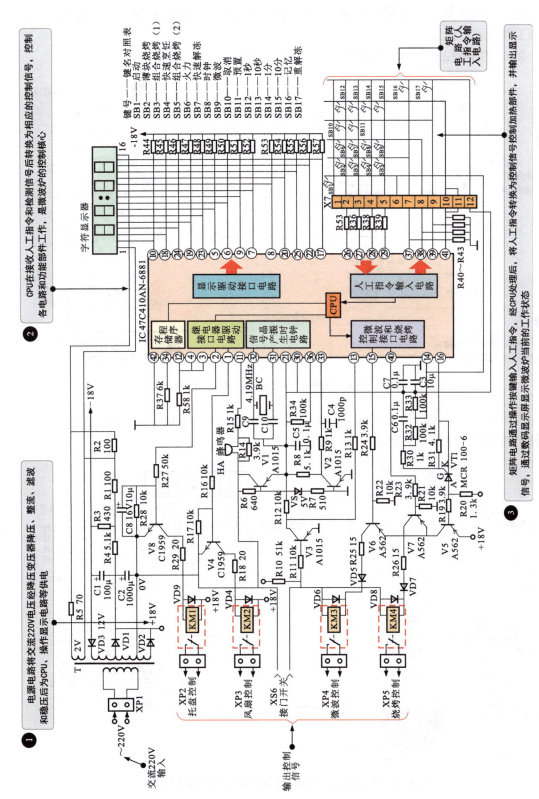

图 14-12 典型微波炉加热控制电路的识图分析

2. 微波炉加热控制电路的检测方法

在检测微波炉时，可根据加热控制电路的信号流程，借助万用表或示波器测量或观测工作电压、信号波形。

微波炉加热控制电路供电电压的检测方法如图 14-13 所示。

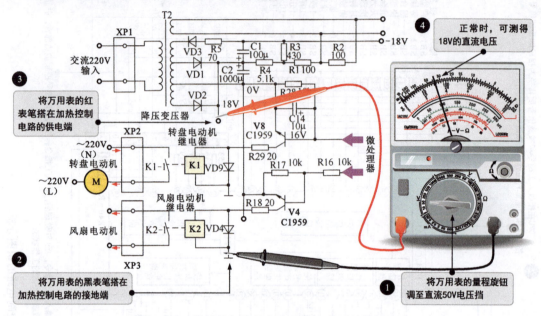

图 14-13　微波炉加热控制电路供电电压的检测方法

若供电电压正常，则可检测微波炉加热控制电路中的输出显示信号。图 14-14 为微波炉加热控制电路输出显示信号的检测方法。

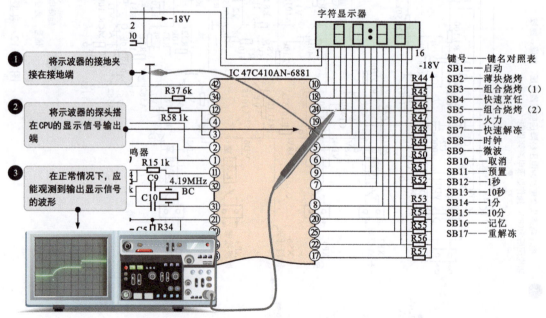

图 14-14　微波炉加热控制电路输出显示信号的检测方法

风扇和转盘电动机继电器性能的好坏是微波炉加热控制电路正常工作的关键。若微波炉风扇、转盘异常，则需要重点检测微波炉加热控制电路中的风扇和转盘电动机继电器，如图14-15所示。

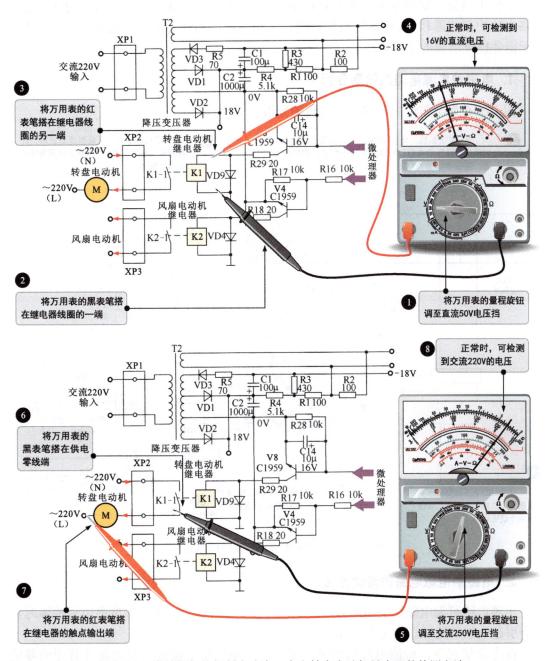

图14-15　微波炉加热控制电路中风扇和转盘电动机继电器的检测方法

资料与提示

若继电器的线圈电压和触点电压均正常，则说明继电器正常；若线圈电压异常，则说明继电器线圈供电电路或CPU出现故障；若线圈电压正常，触点电压异常，则说明继电器损坏。

14.3 电磁炉电路的识图与检测

14.3.1 电磁炉电源电路的识图与检测

电磁炉电源电路的主要功能是将市电 220V 电压变为 300V 直流电压，为功率输出电路中的炉盘线圈和 IGBT（门控管）提供工作电压，同时输出直流低电压为其他电路和元器件提供所需的工作电压。

1. 电磁炉电源电路的识图分析

图 14-16 为电磁炉中电源电路的识图分析。

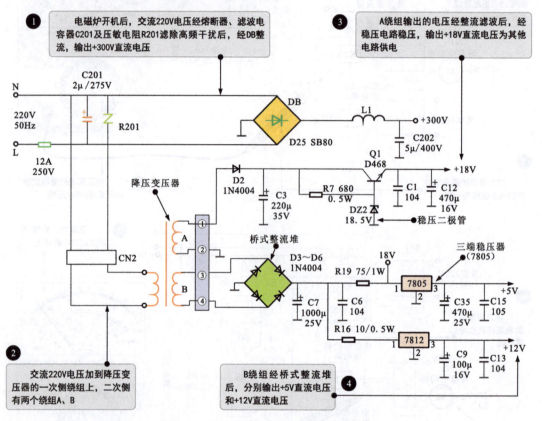

图 14-16　电磁炉中电源电路的识图分析

2. 电磁炉电源电路的检测方法

电源电路可为电磁炉中的所有电路或部件提供工作条件。当电源电路出现故障时，常会引起电磁炉无法正常工作的现象。

在通常情况下，检测电源电路时，可首先采用观察法检查主要元器件有无明显的损坏迹象，如观察熔断器是否有烧焦的迹象，降压变压器、三端稳压器等有无引脚虚焊、连焊等不良的现象。如果出现上述情况，则应立即更换损坏的元器件或重新焊接虚焊的引脚。若从表面无法观测到故障部件，则可借助检测仪表对电路中关键点的电压进行检测，并根据检测结果分析和排除故障。

电源电路是否正常主要可以通过检测输出的各路电压是否正常来判断。若输出电压均不正常，则需要判断输入电压是否正常。若输入电压正常，而无电压输出，则可能是电源电路损坏。

结合图 14-16 的电源电路识图分析可知，+300V 电压是功率输出电路的工作条件，也是电源电路输出的直流电压。电磁炉中电源电路的检测方法如图 14-17 所示。

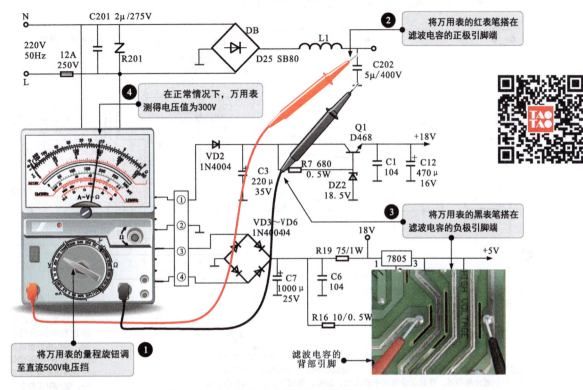

图 14-17　电磁炉中电源电路的检测方法

资料与提示

若 +300V 直流电压正常，则表明电源电路的交流输入和整流滤波电路正常；若无 +300V 直流电压，则表明交流输入和整流滤波电路没有工作或有损坏的元器件。

电源电路中 +18V、+5V 直流电压的检测方法与图 14-17 相同。若正常，则说明电源电路正常；若无直流电压输出，则可能是电源电路异常，也可能是电源电路的负载部分存在短路故障，可进一步测量直流电压输出电路的对地阻值。

例如，若三端稳压器无 +5V 直流电压输出，则可检测 +5V 直流电压的对地阻值是否正常，即检测三端稳压器 +5V 输出引脚的对地阻值。若为 0Ω，则说明负载部分存在短路故障，可逐一对负载进行检测，如微处理器、电压比较器等，排除负载短路故障后，电源电路的输出可恢复正常（电源电路本身无异常情况时）。

资料与提示

电磁炉由 220V/50Hz 的交流电压供电，在检修过程中对人身安全有一定的威胁，特别是地线也会带有高压。为防止触电，在电磁炉与 220V 交流电压之间连接 1:1 的隔离变压器。该变压器的一次侧与二次侧电路不相连，只通过交流磁场使二次侧输出 220V 交流电压，与交流相线隔离，在单手触及电源时不会与大地形成回路，可以保证人身安全。

14.3.2 电磁炉功率输出电路的识图与检测

功率输出电路是电磁炉的负载电路,主要用来将电能转换为热能。

1. 电磁炉功率输出电路的识图分析

图 14-18 为电磁炉功率输出电路的识图分析。

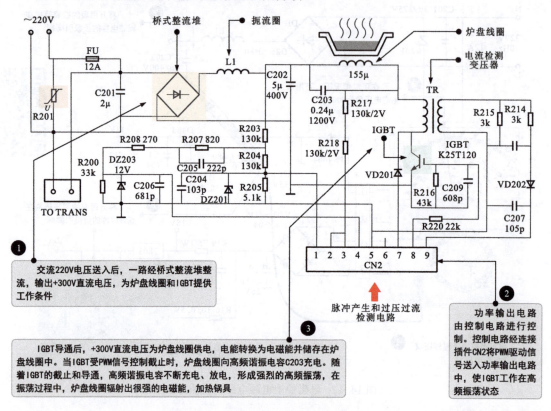

图 14-18 电磁炉功率输出电路的识读分析

2. 电磁炉功率输出电路的检测方法

在电磁炉中,当功率输出电路出现故障时,常会引起电磁炉通电跳闸、不加热、烧熔断器、无法开机等现象。

当怀疑电磁炉的功率输出电路异常时,可先借助检测仪表检测电路中的主要参数。若参数异常,则说明相关部件可能未进入工作状态或损坏,可对主要部件进行排查,如高频谐振电容、IGBT、阻尼二极管等,找出损坏的元器件,修复和更换后即可排除故障。

功率输出电路的主要参数包括 LC 谐振电路产生的高频信号、+300V 直流电压、主控电路送给 IGBT 的 PWM 驱动信号及 IGBT 正常工作后的输出信号等。

功率输出电路正常工作需要主控电路为 IGBT 提供 PWM 驱动信号。该信号是满足功率输出电路进入工作状态的必要条件,可借助示波器检测主控电路送出的 PWM 驱动信号,如图 14-19 所示。

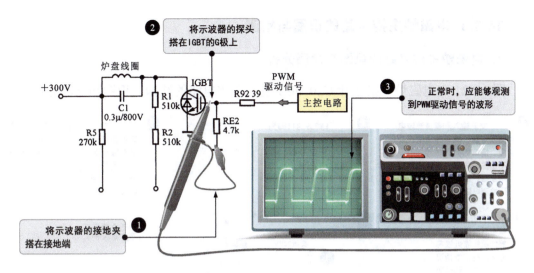

图 14-19　功率输出电路中 IGBT 驱动信号的检测方法

若 PWM 驱动信号正常，则说明主控电路工作正常；若无 PWM 驱动信号，则应对主控电路进行检测。

> **资料与提示**
>
> 电源电路和功率输出电路的驱动信号输入端、IGBT 的输出端、LC 谐振电路均有相应的信号波形，可按照上述方法沿信号传输路径逐一进行检测，如图 14-20 所示。

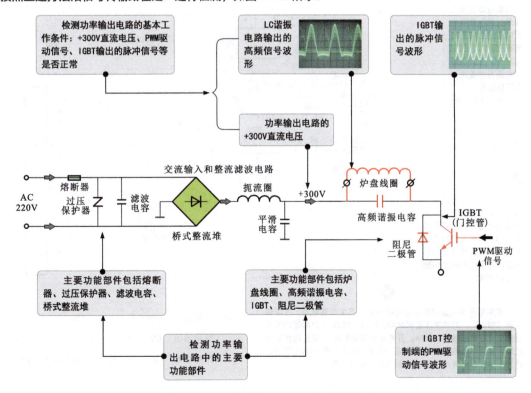

图 14-20　沿信号传输路径检测信号波形

14.3.3 电磁炉主控电路的识图与检测

1. 电磁炉主控电路的识图与检测分析

图 14-21 为电磁炉（格兰仕 C20-F6B 型）主控电路的结构、识图和检测分析。

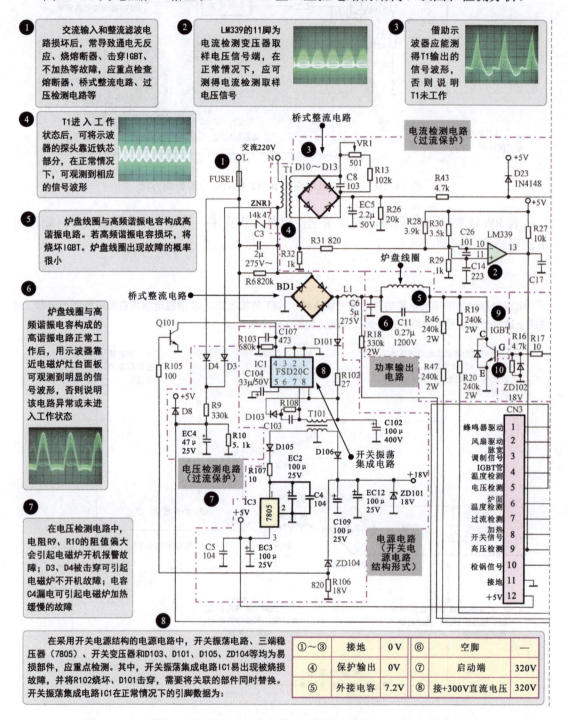

图 14-21　电磁炉（格兰仕 C20-F6B 型）主控电路的结构、识图和检测分析

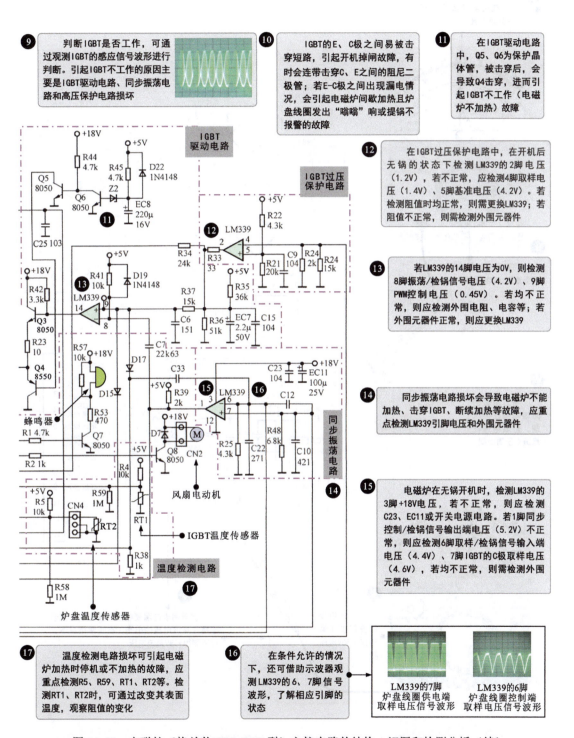

图 14-21　电磁炉（格兰仕 C20-F6B 型）主控电路的结构、识图和检测分析（续）

2. 电磁炉主控电路的检测方法

主控电路基本工作条件的检测方法如图 14-22 所示。

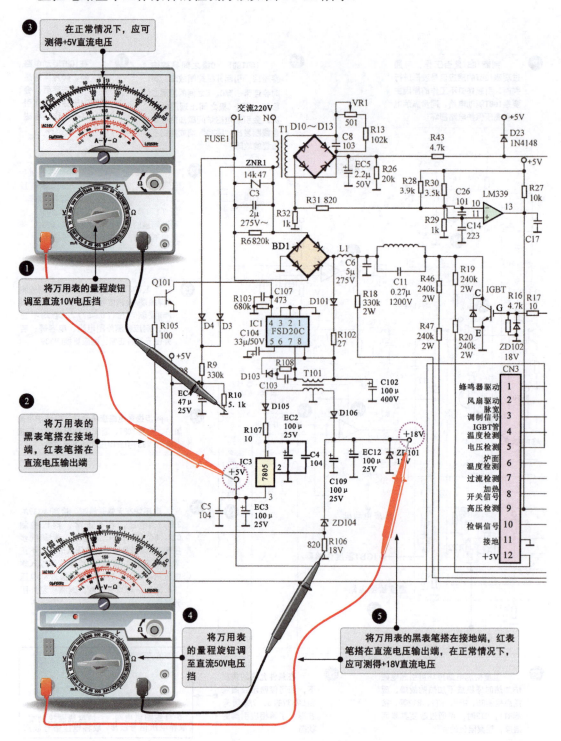

图 14-22　主控电路基本工作条件的检测方法

若基本工作条件正常，则可检测电磁炉主控电路的输出信号（微处理器和电压比较器 LM339 的输出信号）。

图 14-23 为微处理器输出信号波形的检测方法。

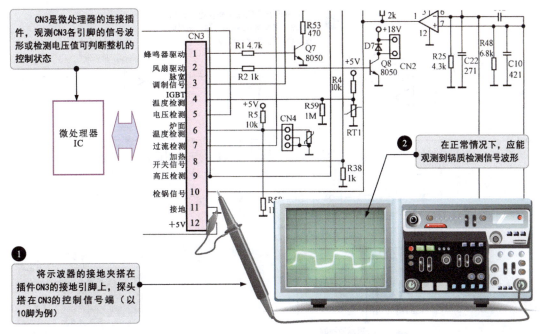

图 14-23 微处理器输出信号波形的检测方法

资料与提示

CN3 部分引脚的信号波形如图 14-24 所示。

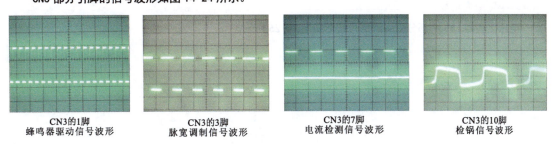

CN3的1脚
蜂鸣器驱动信号波形

CN3的3脚
脉宽调制信号波形

CN3的7脚
电流检测信号波形

CN3的10脚
检锅信号波形

图 14-24 CN3 部分引脚的信号波形

CN3 各引脚的电压见表 14-1。

表 14-1 CN3 各引脚的电压

引脚	待机（V）	无锅开机（V）	引脚	待机（V）	无锅开机（V）	引脚	待机（V）	无锅开机（V）
1	0	4.8	5	3.2	3.2	9	4.9	4.9
2	0	4.4	6	4.9	4.9	10	0.01	5.1
3	0.6	0.6	7	0.3	0.3	11	0	0
4	4.6	4.6	8	0	0	12	5.2	5.2

电压比较器 LM339 是主控电路的重要部件。若电磁炉控制功能异常，则除了检测基本工作条件和相关控制信号外，还需重点检测电压比较器 LM339 输出的信号波形。图 14-25 为电压比较器 LM339 输出信号波形的检测方法。

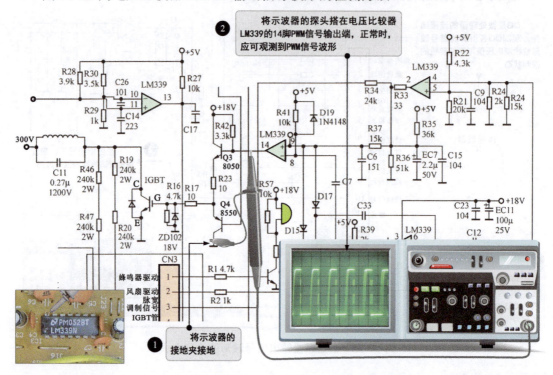

图 14-25　电压比较器 LM339 输出信号波形的检测方法

资料与提示

电压比较器 LM339 部分引脚的信号波形如图 14-26 所示。

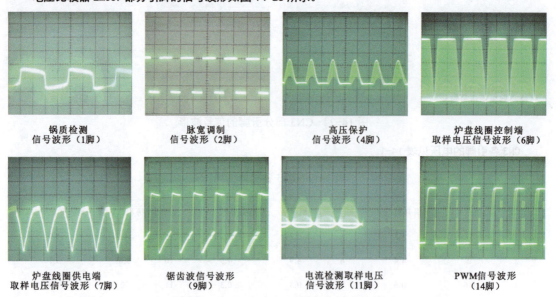

图 14-26　电压比较器 LM339 部分引脚的信号波形

14.4 抽油烟机电路的识图与检测

14.4.1 抽油烟机电路的识图

抽油烟机电路的结构根据产品功能的不同有很大区别。具备基础功能的抽油烟机电路比较简单，由电动机和控制部件构成。智能化抽油烟机的电路结构相对复杂一些。

图 14-27 为抽油烟机双电动机单速控制电路，左、右电动机独立控制（电动机为电容启动式交流感应电动机），只有一个照明灯并独立控制。

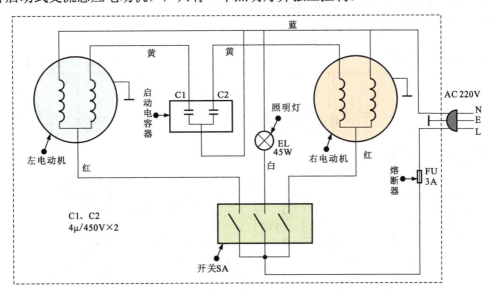

图 14-27　抽油烟机双电动机单速控制电路

图 14-28 为华帝 CXW—138 型抽油烟机的控制电路。该电路是单电动机双照明灯控制电路。电源电压经琴键开关 SA 为电动机和照明灯供电。电容 C 为 4μF/400V。

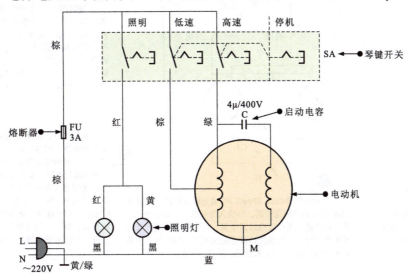

图 14-28　华帝 CXW—138 型抽油烟机的控制电路

图 14-29 为具有自动油烟检测功能的双电动机抽油烟机控制电路。图中，继电器 K1 是控制双电动机供电的主要部件；继电器 K2 用于控制照明灯。

在手动状态（开关 S1 置于手动位置）下，操作开关 S2 点亮照明灯，操作开关 S3 接通电动机强风挡，操作开关 S4（自动断开 S3）接通电动机弱风挡。

在自动状态（开关 S1 置于自动位置）下，手动开关不起作用。K1-1 为继电器 K1 的触点，K2-1 为继电器 K2 的触点。

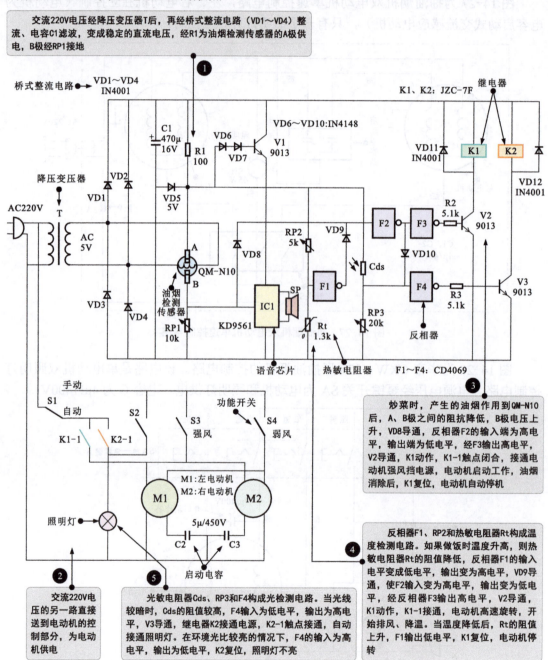

图 14-29　具有自动油烟检测功能的双电动机抽油烟机控制电路

资料与提示

反相器 CD4069 的内部功能框图如图 14-30 所示。

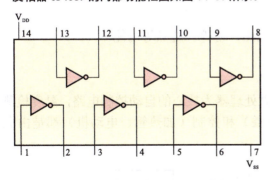
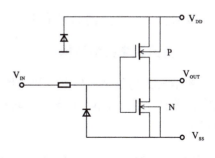

图 14-30　反相器 CD4069 的内部功能框图

14.4.2　抽油烟机电路的检测方法

以常见的基础功能抽油烟机电路为例，在断电状态下，借助万用表检测电路主要部件（如左、右电动机及启动电容器、开关）的性能如图 14-31 所示。

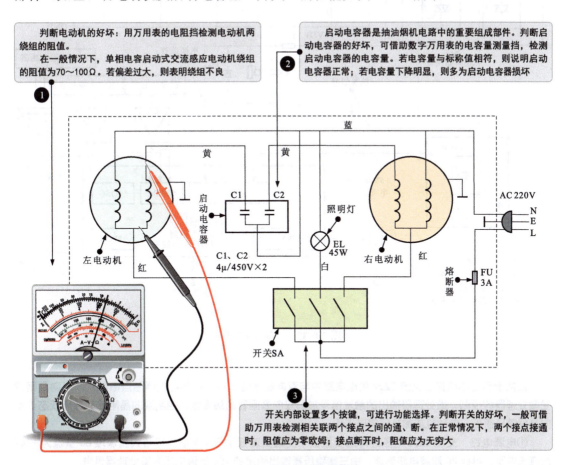

图 14-31　主要部件性能的检测方法

14.5 豆浆机电路的识图与检测

14.5.1 豆浆机电路的识图

豆浆机是一种方便的家用炊具,具有加热、粉碎、烧煮等功能。

1. 豆浆机电路的结构

图 14-32 为豆浆机电路。该电路是以微处理器为核心的自动控制电路,温度检测、水位检测(下限检测防干烧、上限检测防溢)和控制(加热管、电动机)都是由微处理器控制的。

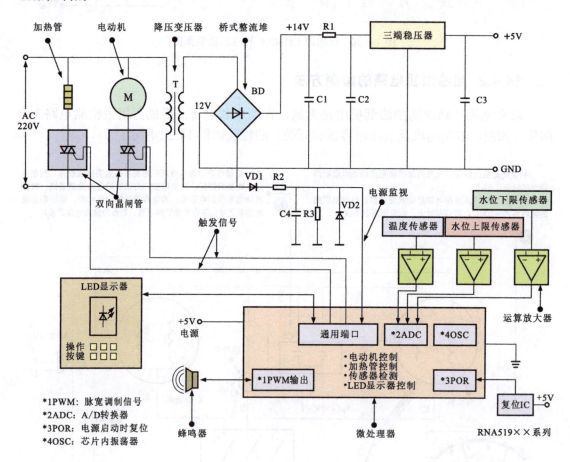

图 14-32 豆浆机电路

> **资料与提示**
>
> 加热管和电动机接在交流 220V 供电电路中与双向晶闸管串联(或与继电器触点串联)。双向晶闸管受微处理器的控制。微处理器输出的触发信号加到双向晶闸管的触发端,控制双向晶闸管的导通状态。双向晶闸管导通后,电动机或加热管得电工作。
>
> ①电源电路。交流 220V 电压经降压变压器 T 变成交流低电压 12V 后,经桥式整流堆 BD 整流为 +14V 的直流电压,再经 RC 滤波电路滤波,由三端稳压器输出稳定的 +5V 直流电压为微处理器供电。
>
> ②电源同步脉冲(过零脉冲)产生电路。降压变压器二次侧的输出电压在加到桥式整流堆 BD 的同时,

经 VD1 整流和 R2 限流形成 100Hz 脉动直流电压作为电源同步基准信号（过零脉冲）送到微处理器中。微处理器根据过零脉冲的相位输出触发信号触发双向晶闸管，控制电动机或加热管的工作状态。

③微处理器。微处理器是一种按照程序工作的智能控制集成电路，是由运算放大器、控制器、存储器和输入/输出接口电路等构成的。由通用端口输出触发信号完成对电动机和加热管的控制。

微处理器的 A/D 接口电路接收温度传感器、水位上限传感器、水位下限传感器的信号，经过由运算放大器构成的外部接口电路为微处理器提供检测信息。

+5V 为微处理器供电，同时经复位 IC 为微处理器提供复位信号，使微处理器清零。

微处理器内设振荡器，可产生微处理器所需的时钟信号。

④操作显示电路。操作显示电路是由操作按键和显示电路构成的。操作按键为微处理器提供人工指令，用启动、加热、粉碎和停机等指令键输入指令信息。显示电路可采用发光二极管，也可采用液晶显示屏，用来显示豆浆机的工作状态。

2. 豆浆机电路的识图分析

图 14-33 为由芯片 AT89C2051 构成的豆浆机控制电路识图分析。

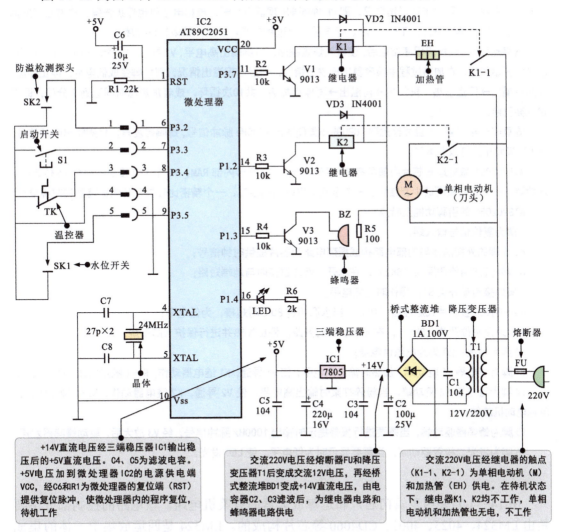

图 14-33　由芯片 AT89C2051 构成的豆浆机控制电路识图分析

资料与提示

图14-33所示电路的具体工作过程如下：在豆浆机内放入黄豆，加水（豆量和水量应符合要求），接通电源，处于待机状态。

①待机状态。+5V电压为微处理器（CPU）供电，同时为CPU的1脚提供复位信号，使复位端瞬时为高电平，由于R1的放电作用，使1脚电压降低，完成复位，CPU进入初始化。初始化后，CPU的16脚输出低电平，发光二极管发光，进入工作程序。

②水位检测。开始工作后，CPU检测9脚是否为低电平，如为低电平，则正常；如为高电平，则表明豆浆机内无水，CPU的15脚输出指示信号（1000Hz），经V3放大后，驱动蜂鸣器发声。

③开始加热。当水位符合要求后，CPU的11脚输出高电平，V1导通，K1动作，K1-1接通，加热管得电工作，开始预加热。当温度上升到80℃时，停止加热，防止产生大量的泡沫。温度检测由8脚外接温控器（TK）完成。TK内的接点闭合，8脚为低电平，使11脚输出低电平，V1截止，K1线圈失电，K1-1复位断开，停止加热。

④粉碎过程。当温度达到80℃时，加热管停止加热，CPU进入粉碎程序，14脚输出高电平，V2导通，K2线圈得电，K2-1接通，单相电动机旋转。为了减少在发热同时产生的泡沫，单相电动机每粉碎工作15秒、停5秒。若在此过程中出现溢出情况，即CPU的6脚出现低电平时，单相电动机也停止粉碎，待溢出现象消失后，粉碎工作再次进行，工作15秒、停5秒。此过程共循环5次，结束粉碎程序。

⑤烧煮豆浆。当粉碎程序结束后，便进入烧煮程序，11脚输出高电平，V1导通，K1线圈得电，K1-1接通，加热管开始加热，在加热过程中很容易出现溢出情况，一旦出现溢出情况，则11脚变成低电平，停止加热，加热→溢出→停止加热，再加热→再溢出→再停止加热，共10次循环，或者加热总时间达到2分钟，即判定豆浆已熟。

⑥豆浆已熟报警。一旦豆浆煮熟，CPU的15脚便输出1000Hz脉冲信号，蜂鸣器发声，16脚输出间断信号，LED闪闪发光，可以断电了。

AT89C2051微处理器芯片内部具有2K字节闪存、128字节内部RAM、15个I/O接口、两个16位定时/计数器、一个5向量两级中断结构、一个全双工串行通信接口、一个精密比较器及片内振荡器和时钟电路。

AT89C2051的引脚功能及特点：

1脚为复位信号输入端；

4、5脚的外接晶体与内部电路构成振荡电路为芯片提供时钟信号；

6脚外接防溢检测探头（SK2），在水开、泡沫过多时与地端短路；

7脚外接启动开关S1，操作时为低电平；

8脚外接双金属片式温控器（TK），当水温超过80℃时短接，为低电平；

9脚外接水位开关（SK1），在无水状态时开路，停止加热并进行保护（防干烧）；

10脚为地线；20脚为电源供电端；

11脚为继电器K1驱动端，加热时输出高电平，使V1导通，K1继电器动作，K1-1触点接通，开始加热；

14脚为继电器K2驱动端，当粉碎打浆时输出高电平，使V2导通，K2继电器动作，K2-1触点闭合，单相电动机旋转；

15脚为蜂鸣器驱动端，当需要进行报警提示时输出1000Hz脉冲信号，经V3放大后，驱动蜂鸣器发声。

16脚为发光二极管驱动端，当需要显示时为低电平，使LED发光。

图14-34为采用逻辑门芯片和运算放大器的豆浆机电路。该电路的控制部分主要是由LM324、4025、4001、CD4060等芯片构成的。LM324是四运放集于一体的集成电路。4001是或非门集于一体的集成电路。CD4060是计数分频集成电路。

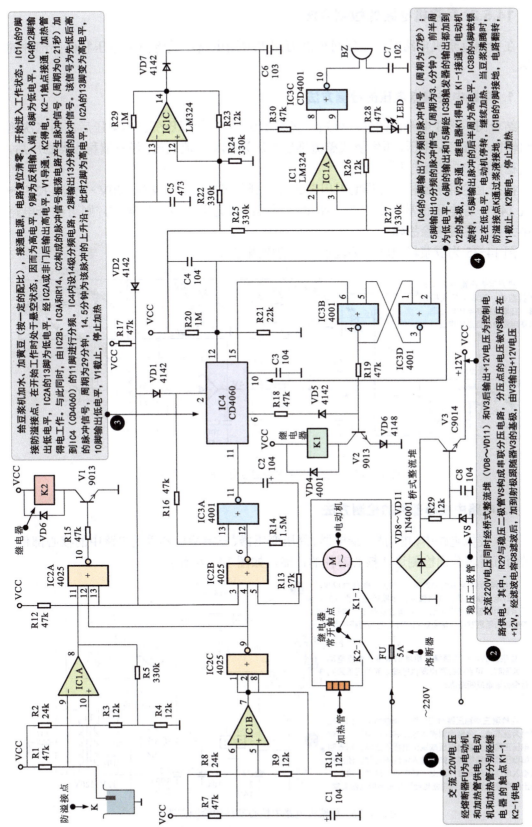

图 14-34 采用逻辑门芯片和运算放大器的豆浆机电路

14.5.2 豆浆机电路的检测方法

在检测豆浆机电路时，一般可借助万用表检测电路中关键点的电压和核心部件的好坏。

1. 电路中关键点电压的检测方法

结合图 14-33 电路识图分析可知，交流 220V 电压经降压变压器降压后，由二次侧绕组输出交流 12V 电压，再经桥式整流堆后整流为 14V 直流电压，经三端稳压器稳压后，输出稳定的 5V 直流电压。

根据上述供电流程，可借助万用表逐级检测各级电压，即交流 220V →交流 12V →直流 14V，若电压正常，则说明电路供电正常；若无电压或电压异常，则可结合电路连接关系，逐级排除故障。

图 14-35 为豆浆机电路中关键点电压的检测方法。

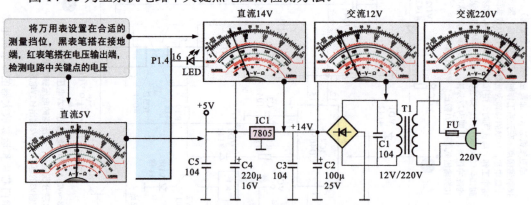

图 14-35　豆浆机电路中关键点电压的检测方法

2. 电路中核心部件的检测方法

在豆浆机电路中，电动机、继电器、降压变压器、三端稳压器等是电路中的核心部件，可借助万用表分别检测这些核心部件的性能，如图 14-36 所示。

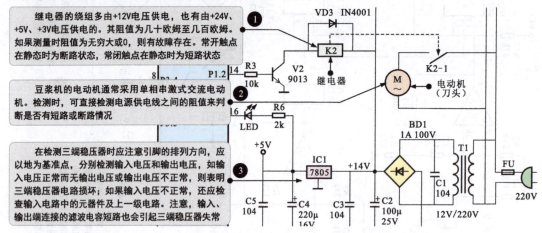

图 14-36　豆浆机电路中核心部件的检测方法

第15章
制冷产品电路识图与检测

15.1 电冰箱电路的识图与检测

15.1.1 电冰箱电源电路的识图与检测

电冰箱电源电路主要为电冰箱的其他电路和部件提供工作电压。

1. 电冰箱电源电路的识图分析

图 15-1 为典型电冰箱电源电路的结构,主要是由交流输入电路、开关振荡及次级整流输出电路构成的。

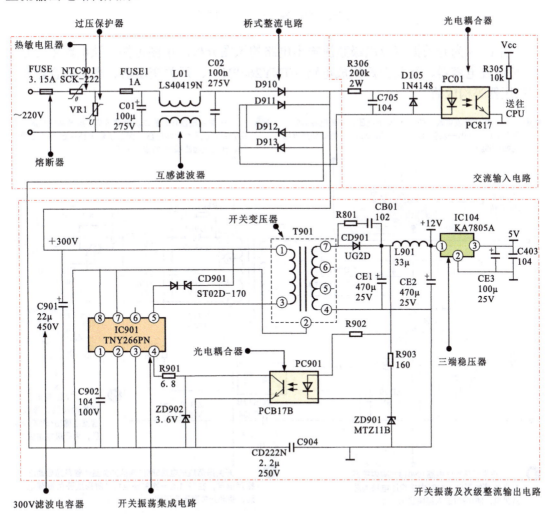

图 15-1 典型电冰箱电源电路的结构

图 15-2 为交流输入电路的识图分析。由图可知，该电路主要是由熔断器、过压保护器、热敏电阻器、互感滤波器和桥式整流电路（D910～D913）等构成的。

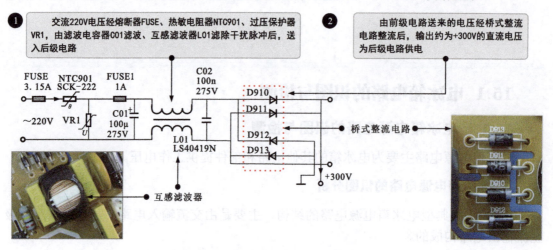

图 15-2 交流输入电路的识图分析

图 15-3 为开关振荡及次级整流输出电路的识图分析。由图可知，该电路主要是由 300V 滤波电容器、开关振荡集成电路（TNY266PN）、开关变压器、光电耦合器和三端稳压器等构成的。

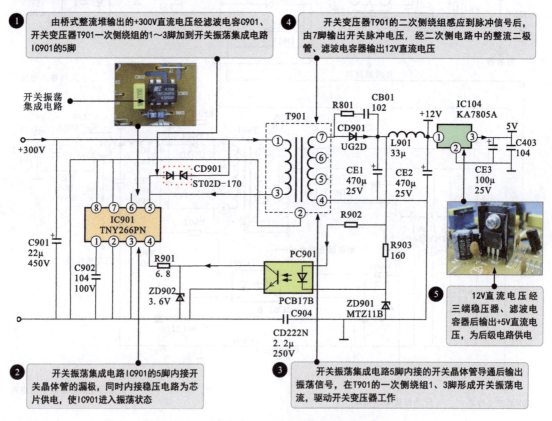

图 15-3 开关振荡及次级整流输出电路的识图分析

2. 电冰箱电源电路的检测方法

在检测电冰箱电源电路时，可根据单元电路的信号流程，借助万用表逆向检测电压，在电压消失的地方重点检测组成部件的性能。

首先使用万用表检测电源电路输出的直流电压是否正常，如图 15-4 所示。

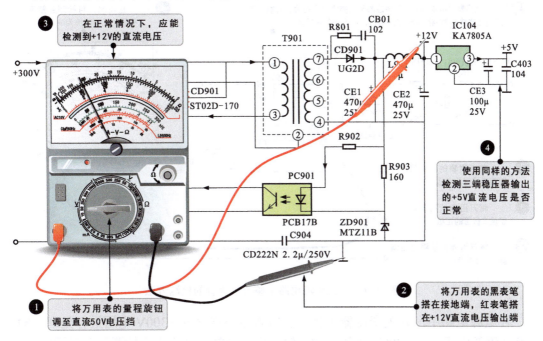

图 15-4　电源电路输出直流电压的检测方法

若电源电路无输出电压或输出电压异常，则可对前级电路中的 +300V 电压进行检测，如图 15-5 所示。

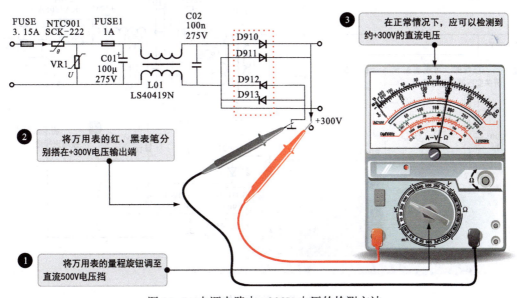

图 15-5　电源电路中 +300V 电压的检测方法

桥式整流电路由四只整流二极管构成,是电源电路的重要部件。可以说,桥式整流电路性能的好坏是实现后级电路正常工作的关键。若电源电路无输出电压或输出电压异常,则应重点检测桥式整流电路。

图 15-6 为桥式整流电路中整流二极管的检测方法。

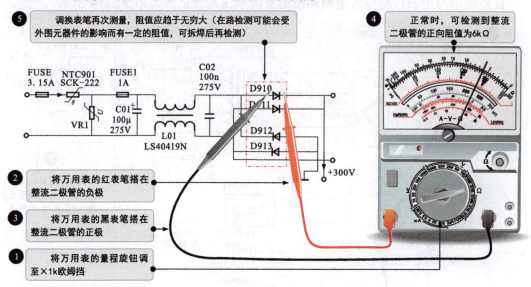

图 15-6 桥式整流电路中整流二极管的检测方法

在电源电路中,开关变压器可将交流输入电路送来的 +300V 电压进行处理,输出多路交流低电压,若 +300V 电压正常,输出电压异常,则应重点检测开关变压器。

图 15-7 为开关变压器的检测方法。

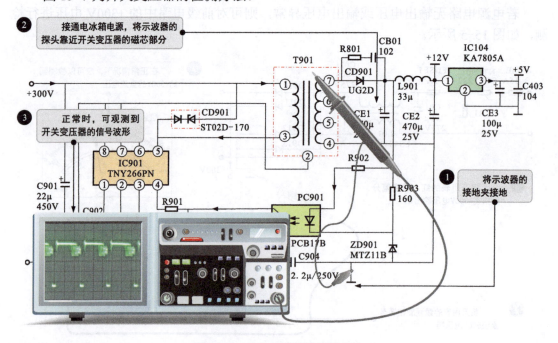

图 15-7 开关变压器的检测方法

开关振荡集成电路是维持开关变压器正常工作的重要部件。可以说,开关振荡集成电路性能的好坏是实现电源电路输出各路低电压的关键。若开关变压器正常,输出各路低电压异常,则应重点对开关振荡集成电路进行检测。

图 15-8 为开关振荡集成电路的检测方法。

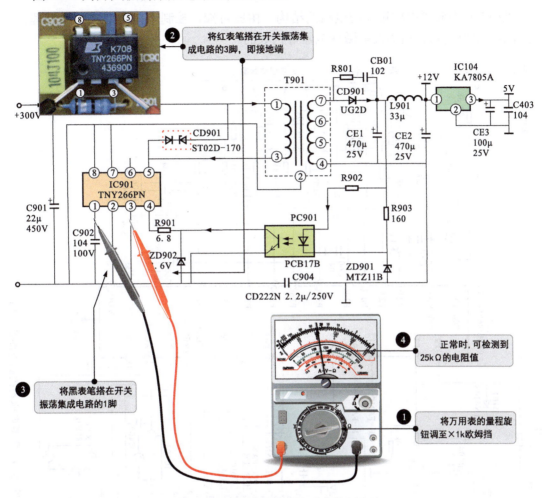

图 15-8　开关振荡集成电路的检测方法

> **资料与提示**

在正常情况下,开关振荡集成电路 IC901 各引脚的正、反向阻值见表 15-1。若实测值与标称值有差异,则说明开关振荡集成电路已经损坏。

表 15-1　开关振荡集成电路 IC901 各引脚的正、反向阻值

引脚号	正向阻值 (黑表笔接地)	反向阻值 (红表笔接地)	引脚号	正向阻值 (黑表笔接地)	反向阻值 (红表笔接地)
①	6×1 kΩ	2.5×10 kΩ	⑤	5.5×1 kΩ	7×10 kΩ
②	0	0	⑦	0	0
③	0	0	⑧	0	0
④	7.5×1 kΩ	1.5×10 kΩ	—	—	—

15.1.2 电冰箱控制电路的识图与检测

电冰箱控制电路是电冰箱的核心电路,用来控制各路输入、输出信号。

1. 电冰箱控制电路的识图分析

图 15-9 为典型电冰箱控制电路的结构。由图可知,控制电路主要是由微处理器、反相器、复位电路、晶体及电磁继电器等构成的。

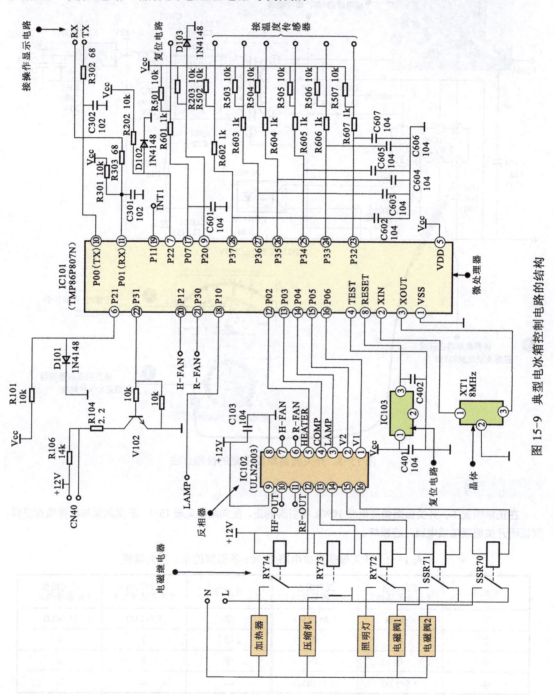

图 15-9 典型电冰箱控制电路的结构

识图时，可以根据控制电路的功能特点和连接关系将整个电路划分成四个单元电路，即微处理器启动电路、反相器控制电路、温度检测电路和控制信号输入、输出电路。

图 15-10 为微处理器启动电路的识图分析。微处理器 IC101（TMP86P807N）进入工作状态需要具备的工作条件主要包括 +5V 供电电压、复位信号和晶振信号。

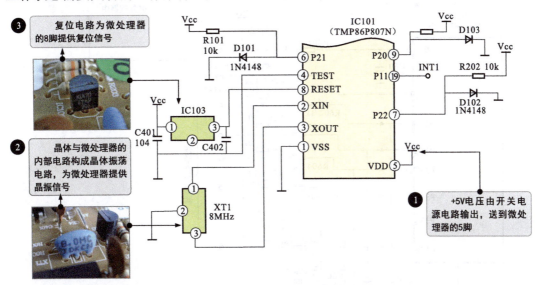

图 15-10 微处理器启动电路的识图分析

图 15-11 为反相器控制电路的识图分析。该电路主要控制压缩机等部件的供电，通常采用反相器和电磁继电器相配合的方式进行控制。

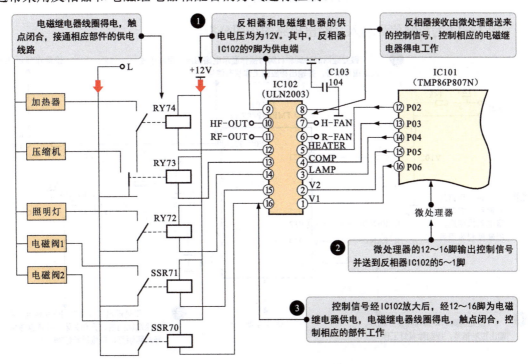

图 15-11 反相器控制电路的识图分析

图15-12为温度检测电路的识图分析。温度检测电路用来检测电冰箱内、外的温度，并将温度信号传送到微处理器中。

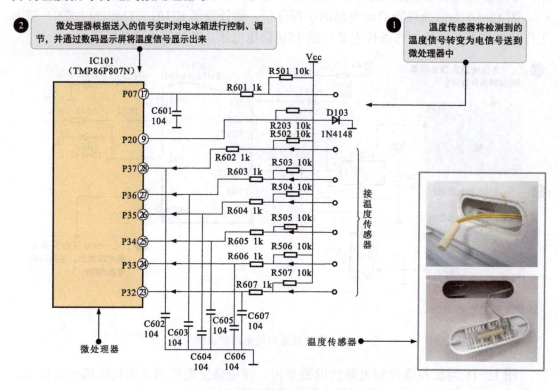

图 15-12　温度检测电路的识图分析

图15-13为控制信号输入、输出电路的识图分析。

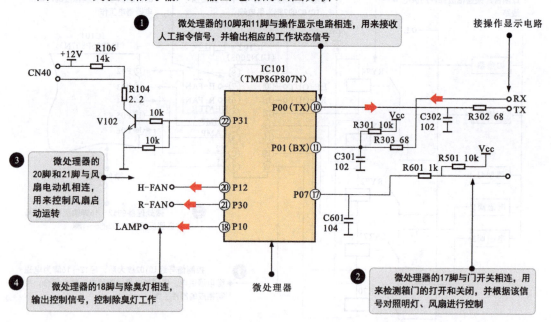

图 15-13　控制信号输入、输出电路的识图分析

2. 电冰箱控制电路的检测方法

在检测电冰箱控制电路时，可根据单元电路的信号流程，借助万用表或示波器对控制电路的工作条件、输出/输入信号进行检测。

图 15-14 为微处理器工作条件（供电电压、复位信号和晶振信号波形）的检测方法。

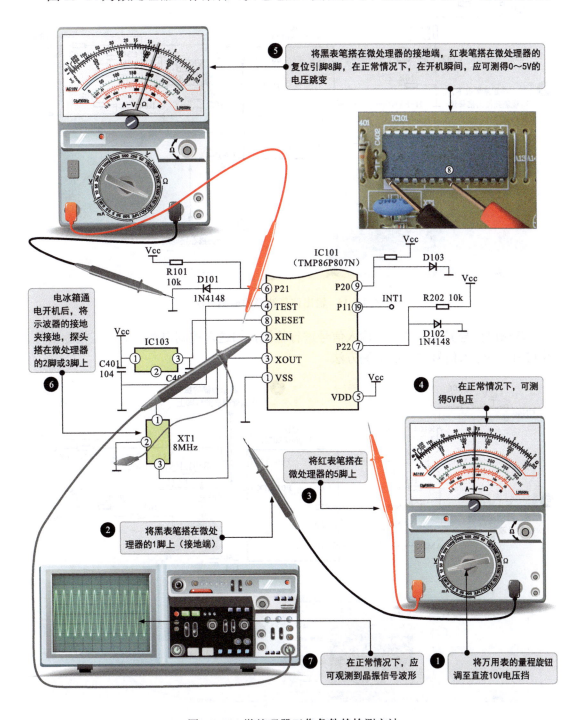

图 15-14 微处理器工作条件的检测方法

若微处理器工作条件正常,则应对控制电路的输出信号进行检测。图 15-15 为输出信号波形的检测方法。

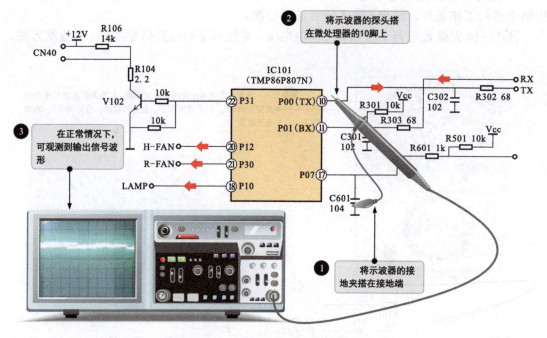

图 15-15 输出信号波形的检测方法

若输出信号异常,则应对输入信号进行检测,如送入控制电路中的人工指令信号。图 15-16 为输入信号波形的检测方法。

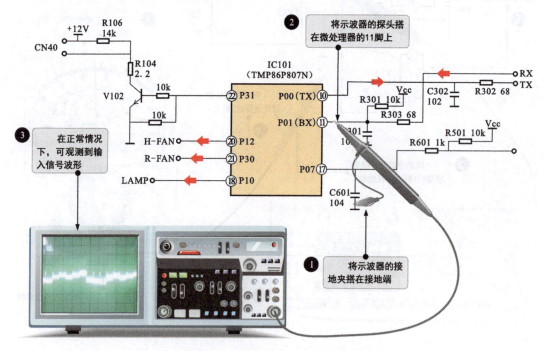

图 15-16 输入信号波形的检测方法

15.1.3 电冰箱变频电路的识图与检测

电冰箱变频电路主要用来为变频压缩机提供驱动电流，并调节变频压缩机的转速，实现自动控制和高效节能。

1. 电冰箱变频电路的识图分析

变频电路是变频电冰箱电路中特有的电路模块，主要是由变频驱动电路、IGBT 及外围电路构成的。

图 15-17 为典型电冰箱变频电路的结构。

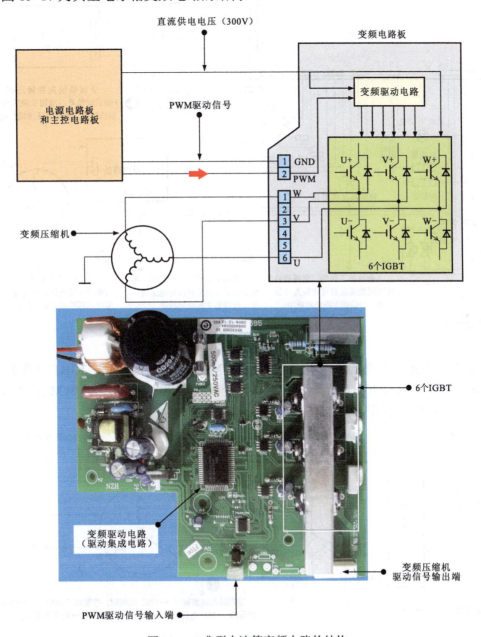

图 15-17 典型电冰箱变频电路的结构

图中，电源电路板和主控电路板输出的供电电压 300V 为 6 个 IGBT 及变频驱动电路供电，同时，主控电路板输出的 PWM 驱动信号经变频驱动电路控制 6 个 IGBT 轮流导通或截止，为变频压缩机提供所需的工作电压。PWM 驱动信号加到变频压缩机的三相绕阻端，使变频压缩机在变频电源的供电条件下启动运转。

图 15-18 为典型电冰箱变频电路的识图分析。

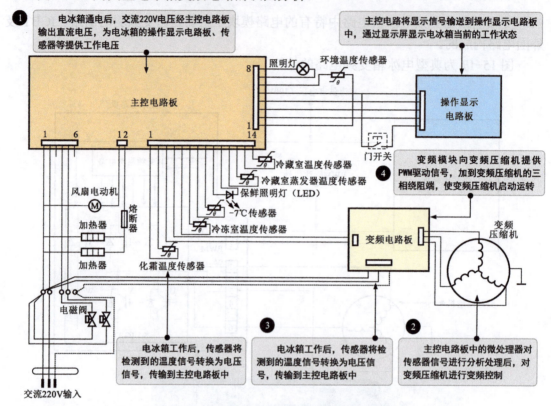

图 15-18　典型电冰箱变频电路的识图分析

变频电路通过内部的 6 个 IGBT 实现 PWM 驱动信号的传送。IGBT 是变频电路中的核心部件，通过 IGBT 的导通和截止为变频压缩机提供所需的 PWM 驱动信号。图 15-19 为典型电冰箱变频电路中的 IGBT。

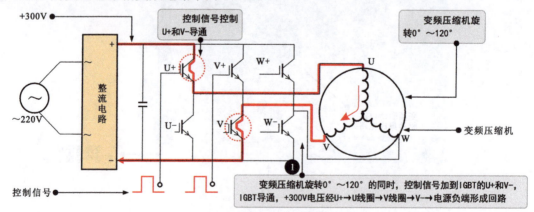

图 15-19　典型电冰箱变频电路中的 IGBT

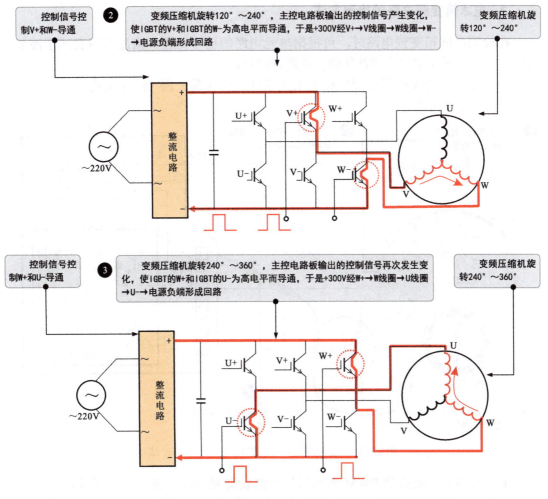

图 15-19 典型电冰箱变频电路中的 IGBT（续）

资料与提示

6 个 IGBT 的导通与截止按照这种规律为变频压缩机的定子线圈供电。变频压缩机定子线圈形成旋转磁场，使转子旋转起来，改变驱动信号的频率可以改变变频压缩机的转动速度，实现转速控制。电冰箱变频电路的驱动方式如图 15-20 所示，

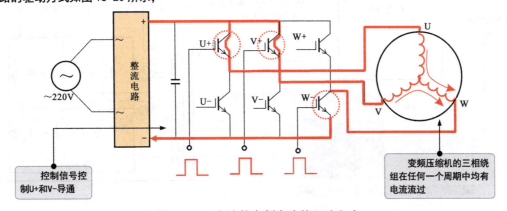

图 15-20 电冰箱变频电路的驱动方式

2. 电冰箱变频电路的检测方法

在检测电冰箱变频电路时，可根据单元电路的信号流程，借助万用表或示波器对电压、信号波形及主要组成部件的性能进行测量。

首先使用万用表检测变频电路的工作条件是否正常。图 15-21 为电冰箱变频电路供电电压的检测方法。

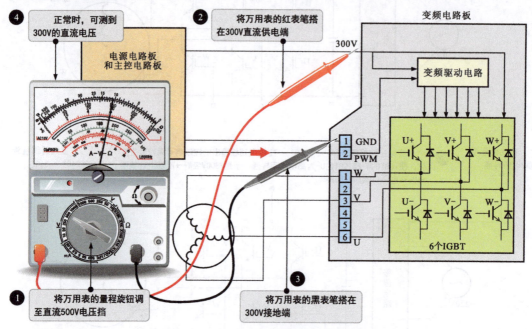

图 15-21　电冰箱变频电路供电电压的检测方法

主控电路板需要提供 PWM 驱动信号才能使变频电路正常工作，因此在变频电路工作异常时，需要重点检测变频电路中的 PWM 驱动信号。图 15-22 为电冰箱变频电路 PWM 驱动信号的检测方法。

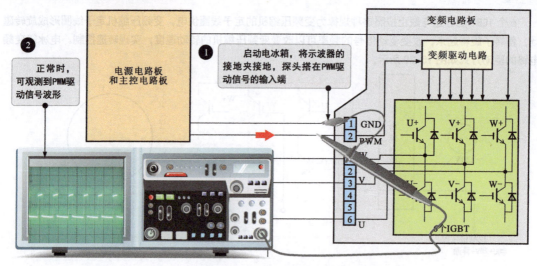

图 15-22　电冰箱变频电路 PWM 驱动信号的检测方法

若供电电压和 PWM 驱动信号均正常，则可继续对变频电路的输出信号进行检测，如图 15-23 所示。

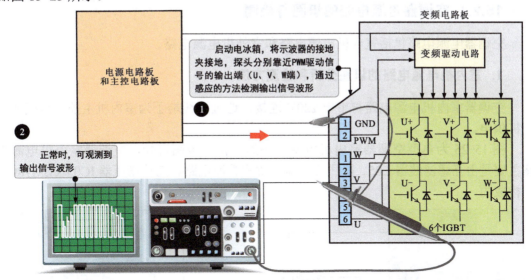

图 15-23　电冰箱变频电路输出信号的检测方法

资料与提示

除了使用示波器通过观测输出信号波形来判断故障外，还可以使用万用表通过检测输出端的电压进行判断。

将万用表的量程旋钮调至交流 250V 电压挡，红、黑表笔分别搭在变频压缩机 PWM 驱动信号输出端（U、V、W）的任意两端上，正常时，应可检测到 50～200V 的交流电压。若电压过低，则说明变频电路中有损坏的元器件。

在变频电路中，IGBT 是重要的控制部件。IGBT 自身的性能是实现变频压缩机工作的关键。当变频压缩机的控制异常时，应重点对变频电路中的 IGBT 进行检测。

图 15-24 为电冰箱变频电路 IGBT 的检测方法。

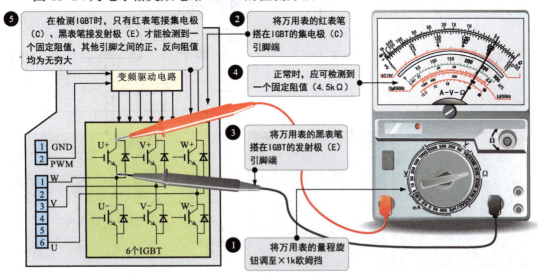

图 15-24　电冰箱变频电路 IGBT 的检测方法

15.2 空调器电路的识图与检测

15.2.1 空调器电源电路的识图与检测

空调器电源电路包括室内机电源电路和室外机电源电路。

1. 室内机电源电路的识图分析和检测方法

空调器室内机电源电路与市电 220V 连接,通过接线端子为室内机主控电路板和室外机供电。

图 15-25 为典型空调器室内机电源电路的结构。由图可知,空调器室内机电源电路主要是由互感滤波器 L05、降压变压器、桥式整流电路、三端稳压器 IC03(LM7805)等构成的。

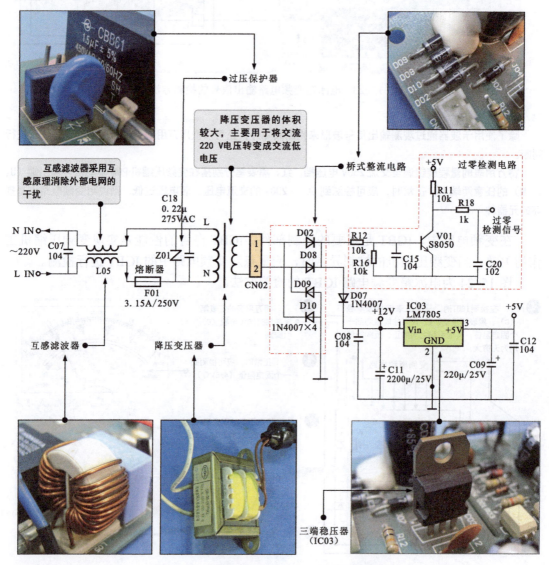

图 15-25 典型空调器室内机电源电路的结构

图 15-26 为典型空调器室内机电源电路的识图分析。

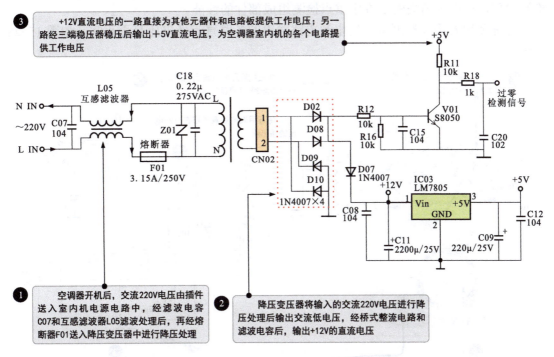

图 15-26　典型空调器室内机电源电路的识图分析

> **资料与提示**

在室内机电源电路的直流低电压输出端设置过零检测电路，即电源同步脉冲信号形成电路。室内机电源电路的过零检测电路如图 15-27 所示。降压变压器输出的交流 12V 电压经桥式整流电路（D02、D08、D09、D10）整流后，输出脉动的直流电压，再经 R12 和 R16 分压提供给三极管 V01，当三极管 V01 的基极电压小于 0.7V（三极管内部 PN 结的导通电压）时，V01 不导通；当 V01 的基极电压大于 0.7V 时，V01 导通，可检出一个过零信号，经 32 脚送入微处理器（CPU）中，为微处理器提供电源同步脉冲信号。

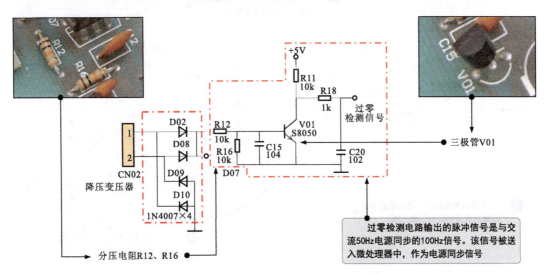

图 15-27　室内机电源电路的过零检测电路

在检测空调器室内机电源电路时,可根据单元电路的信号流程,借助万用表逆向检测电压,在电压消失的地方应重点检测组成部件的性能。

首先使用万用表检测室内机电源电路输出的各路直流低电压是否正常,如图15-28所示。

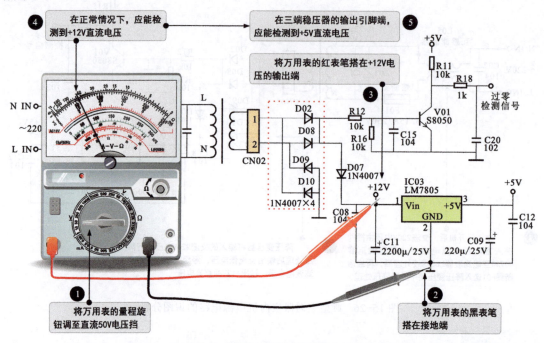

图15-28 室内机电源电路输出直流低电压的检测方法

若室内机电源电路无输出电压或输出电压异常,则应对前级电路中降压变压器的输入电压进行检测,如图15-29所示。

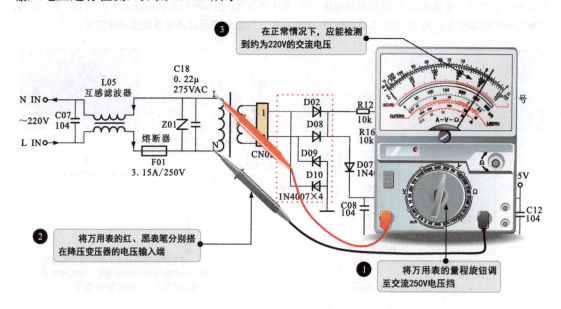

图15-29 降压变压器输入电压的检测方法

2. 室外机电源电路的识图分析和检测方法

空调器室外机电源电路可为室外机控制电路和主要部件提供工作电压。

图 15-30 为典型空调器室外机电源电路的结构。由图可知，空调器室外机电源电路主要是由交流输入和整流滤波电路、开关振荡和次级输出电路两部分构成的。

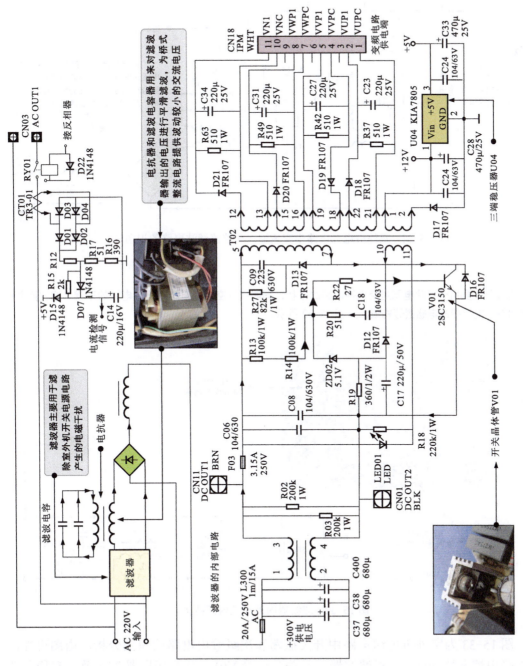

图 15-30 典型空调器室外机电源电路的结构

图 15-31 为室外机电源电路中交流输入和整流滤波电路的识图分析。由图可知，该电路主要是由滤波器、电抗器、滤波电容、桥式整流电路等构成的。

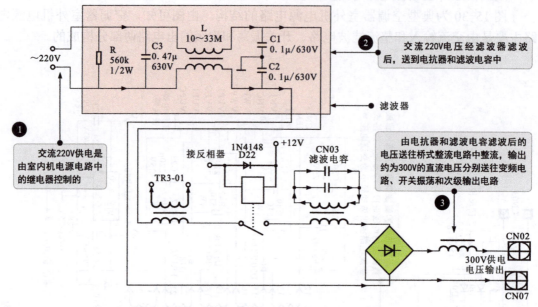

图 15-31 室外机电源电路中交流输入和整流滤波电路的识图分析

> **资料与提示**
>
> 滤波器主要用于滤除电网对空调器电路的干扰，同时抑制空调器电路对外部电网的干扰。滤波器主要由电阻器、电容器及电感器等构成，如图 15-32 所示。

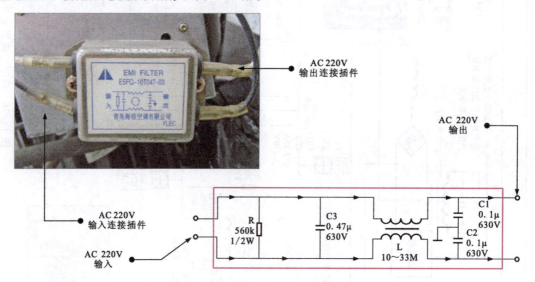

图 15-32 滤波器的外形及内部结构

图 15-33 为室外机电源电路中开关振荡和次级输出电路的识图分析。由图可知，该电路由熔断器 F02、互感滤波器、开关晶体管 V01、开关变压器 T02 及三端稳压器 U04（KIA7805）等构成。

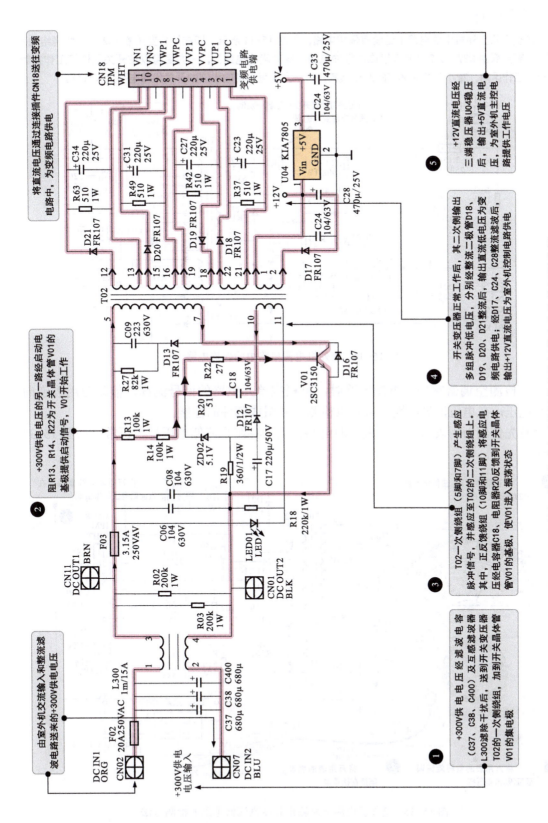

图 15-33 室外机电源电路中开关振荡和次级输出电路的识图分析

资料与提示

在空调器室外机电源电路中还设有保护电路,如图 15-34 所示,即在开关变压器 T02 一次侧绕组的 5 脚和 7 脚并联由 R27、C09 和 D13 组成的缓冲电路(脉冲吸收电路),一方面可以使开关晶体管工作在较安全的工作区内,减小开关晶体管的截止损耗;另一方面可以使输出端的开关尖峰电平大大降低。

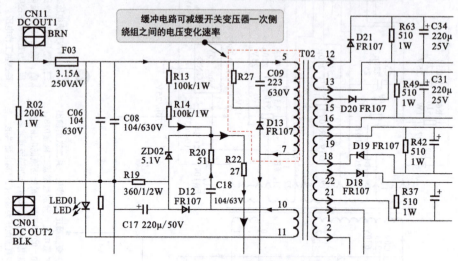

图 15-34 室外机电源电路中的保护电路

在检测空调器室外机电源电路时,可根据单元电路的信号流程,借助万用表逆向检测电压,在电压消失的地方可重点检测主要组成部件的性能。

首先使用万用表检测室外机电源电路输出的各路直流低电压是否正常,如图 15-35 所示。

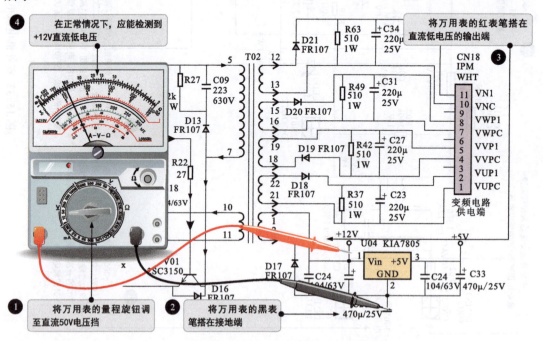

图 15-35 室外机电源电路输出各路直流低电压的检测方法

若室外机电源电路无输出电压或输出电压异常，则可对前级电路的 +300V 电压进行检测，如图 15-36 所示。

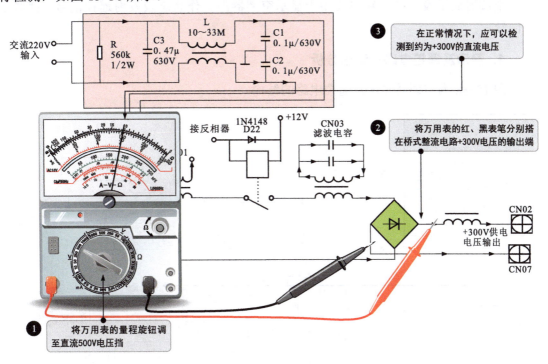

图 15-36　室外机电源电路 +300V 电压的检测方法

若 +300V 电压异常，则应重点检测室外机的交流输入电压，也可检测滤波器的输出端。图 15-37 为室外机电源电路中交流 220V 电压的检测方法。

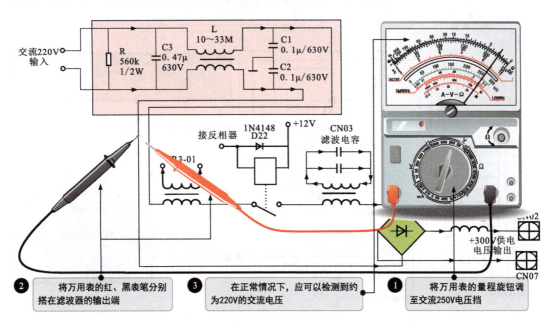

图 15-37　室外机电源电路中交流 220V 电压的检测方法

15.2.2 空调器显示及遥控电路的识图与检测

空调器显示及遥控电路主要用于显示空调器的工作状态及发射遥控信号、接收遥控信号。

1. 显示及遥控电路的识图分析

图 15-38 为空调器显示及遥控电路的结构。

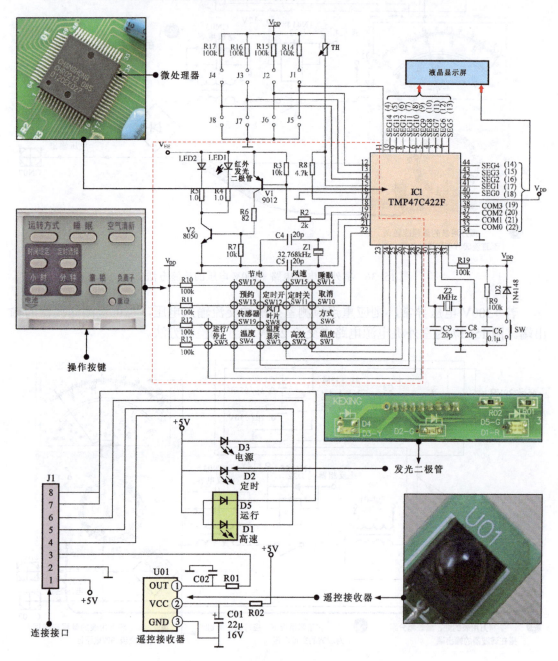

图 15-38 空调器显示及遥控电路的结构

识图时,可以根据电路中主要组成部件的功能特点和连接关系将整个电路划分成遥控发送电路、遥控接收电路和显示电路。

图 15-39 为遥控发送电路的识图分析。由图可知,该电路主要是由微处理器、操作按键和红外发光二极管等构成的,主要实现人工指令信号的发送。

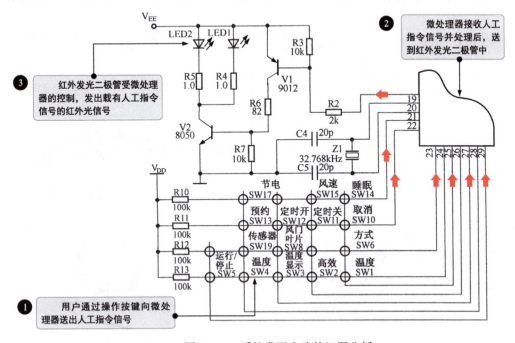

图 15-39　遥控发送电路的识图分析

图 15-40 为遥控接收电路和显示电路的识图分析。遥控接收电路用来接收由遥控发送电路送来的红外光信号;显示电路可在微处理器的驱动下显示空调器当前的工作状态。

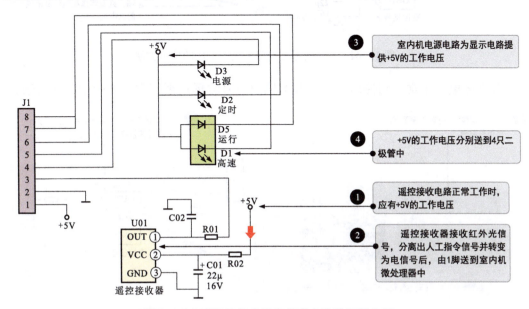

图 15-40　遥控接收电路和显示电路的识图分析

2. 显示及遥控电路的检测方法

在检测显示及遥控电路时，可根据单元电路的信号流程，借助万用表或示波器对供电电压、输出信号波形及主要组成部件的性能进行测量。

首先使用万用表检测供电电压是否正常，如图 15-41 所示。

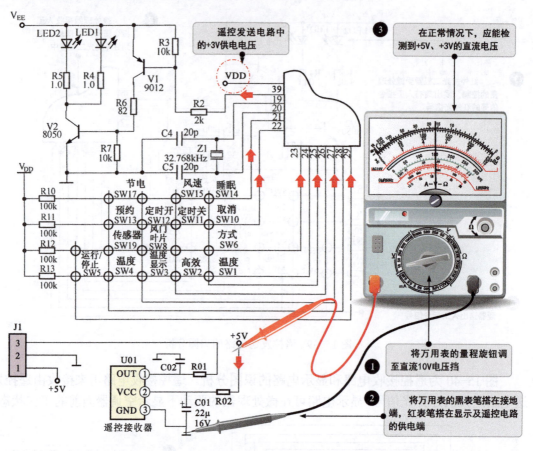

图 15-41　显示及遥控电路中供电电压的检测方法

若供电电压正常，则使用示波器观测输出信号波形是否正常，如图 15-42 所示。

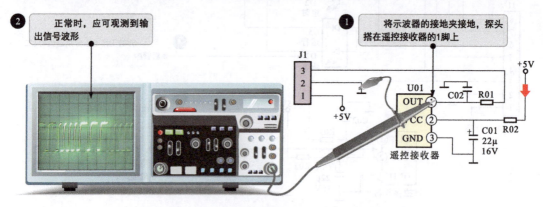

图 15-42　显示及遥控电路输出信号波形的检测方法

在显示及遥控电路中,红外发光二极管是发送红外光信号的重要部件,是实现人工指令控制的关键。若操作按键后无反应,控制功能失常,则应重点检测红外发光二极管。

图 15-43 为红外发光二极管的检测方法。

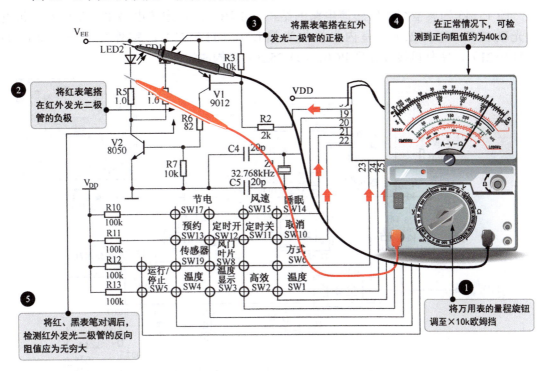

图 15-43　红外发光二极管的检测方法

> **资料与提示**

图 15-44 为发光二极管的检测方法。

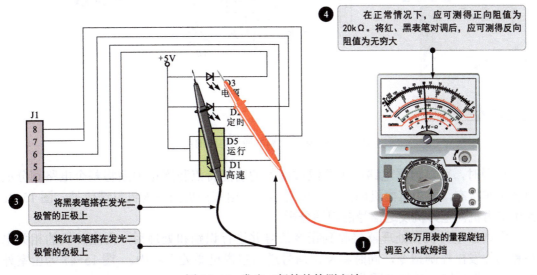

图 15-44　发光二极管的检测方法

15.2.3 空调器通信电路的识图与检测

空调器通信电路主要用于室内机和室外机电路板之间传输数据。

1. 通信电路的识图分析

图 15-45 为典型空调器通信电路的结构。由图可知，通信电路主要是由室内机发送光耦 IC02（TLP521）、室内机接收光耦 IC01（TLP521）、室外机发送光耦 PC02（TLP521）、室外机接收光耦 PC01（TLP521）等构成的。

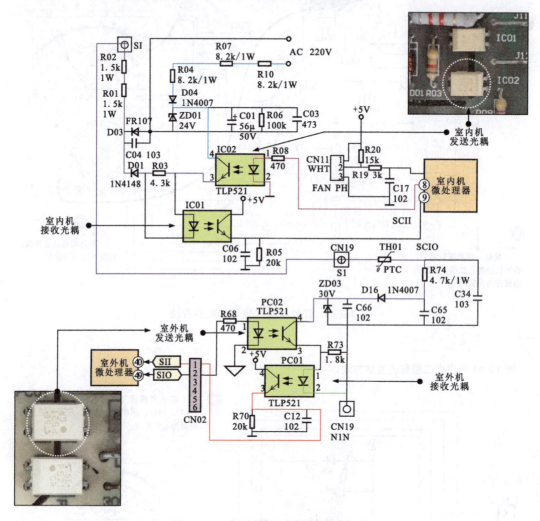

图 15-45　典型空调器通信电路的结构

识图时，可以根据电路中主要组成部件的功能特点和连接关系将整个电路划分成两种工作状态，即由室内机向室外机发送信号、由室外机向室内机反馈信号。图 15-46 为由室内机向室外机发送信号的识图分析。

空调器室外机微处理器接收到指令信号并进行识别和处理后，向室外机的相关电路和部件发出控制指令，同时将反馈信号送回室内机微处理器中。图 15-47 为由室外机向室内机反馈信号的识图分析。

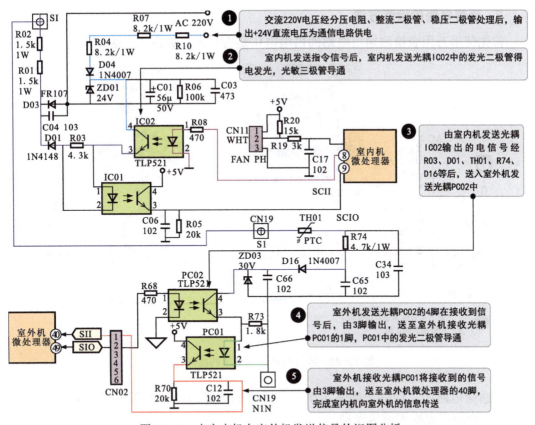

图 15-46 由室内机向室外机发送信号的识图分析

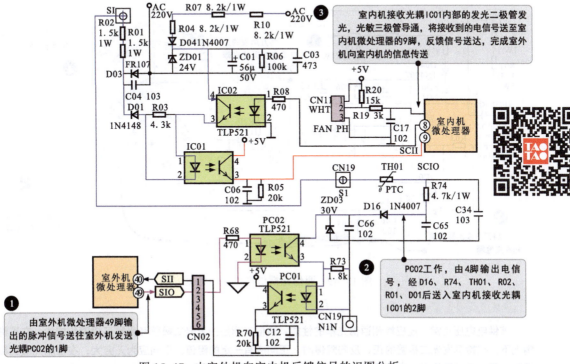

图 15-47 由室外机向室内机反馈信号的识图分析

2. 通信电路的检测方法

首先使用万用表检测通信电路的供电电压是否正常，如图 15-48 所示。

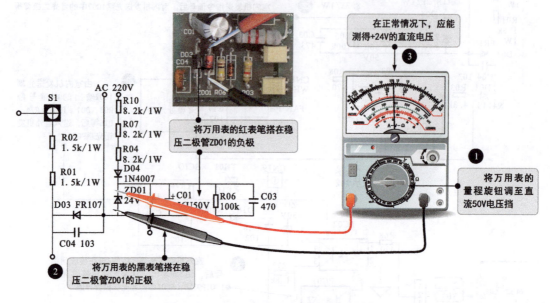

图 15-48　通信电路供电电压的检测方法

在通信电路中，通信光耦是实现信号传递的重要部件。若压缩机不工作、风扇运转异常，则应重点检测通信光耦。

图 15-49 为通信光耦供电电压的检测方法。

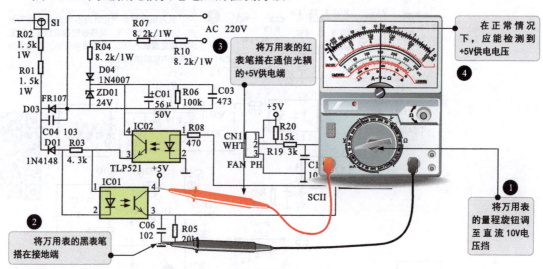

图 15-49　通信光耦供电电压的检测方法

资料与提示

若供电电压正常，还应检测通信光耦的性能。通信光耦是由发光二极管和光敏三极管构成的，在正常情况下，在检测发光二极管的正、反向阻值时，正向应有一定的阻值，反向应为无穷大；在检测光敏三极管时，正、反向阻值均有一定的阻值。若阻值不正常，则应更换。

在实际检测过程中，除了检测通信光耦的供电电压外，还应借助万用表检测通信光耦输入、输出端的电压。

通信光耦各引脚的电压如图 15-50 所示。

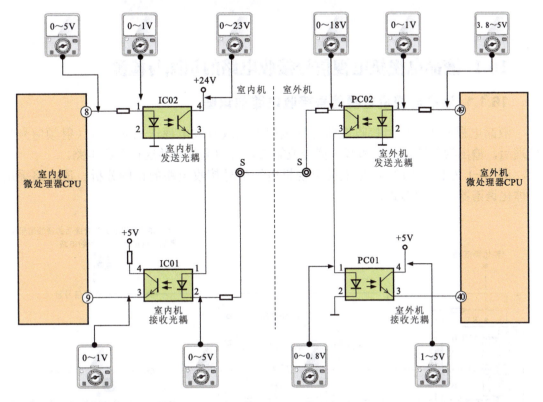

图 15-50　通信光耦各引脚的电压

> **资料与提示**
>
> ● 由室内机微处理器送往室内机发送光耦的电压应为 0～5V，经相关元器件后，在室内机发送光耦的输入引脚端可测得 0～1V 的电压。若该电压不正常，则应重点检测相关元器件及连接线是否正常。
>
> 在室内机发送光耦的输出引脚端可测得 0～23V 的电压。若该电压不正常，输入电压正常，则表明该室内机发送光耦损坏。
>
> ● 在室内机接收光耦的输入端可测得 0～1V 的电压。若该电压不正常，则有两种情况：一种情况可能是内部二极管被击穿；另一种情况可能为室外机发送光耦出现故障。
>
> 在室内机接收光耦的输出端可测得 0～5V 的电压。若该电压不正常，输入电压正常时，则表明该室内机接收光耦损坏。
>
> ● 在室外机接收光耦的输入端可测得 0～0.8V 的电压。若无电压，则有两种情况：一种情况可能是该线路中的元器件出现开路故障；另一种情况可能为室外机发送光耦损坏，未导通。
>
> 在室外机接收光耦的输出端可测得 1～5V 的电压。若该电压不正常，输入电压正常，则该室外机接收光耦损坏。
>
> ● 室外机微处理器送往室外机发送光耦的电压为 3.8～5V，经相关元器件后，在室外机发送光耦的输入引脚端可测得 0～1V 的电压。若该电压不正常，则应重点检测连接部件及相关元器件。
>
> 在室外机发送光耦的输出引脚端应测得 0～18V 的电压。若该电压不正常，输入电压正常，则表明该室外机发送光耦损坏。

第16章
液晶电视机电路识图与检测

16.1 液晶电视机电视信号接收电路的识图与检测

16.1.1 液晶电视机电视信号接收电路的识图

液晶电视机电视信号接收电路是将电视天线或有线电视送来的信号（射频信号）处理后，输出视频图像信号和音频信号或第二伴音中频信号并送往后级电路。

图16-1为长虹LT3788型液晶电视机电视信号接收电路的识图分析。该电路采用一体化调谐器的结构形式。

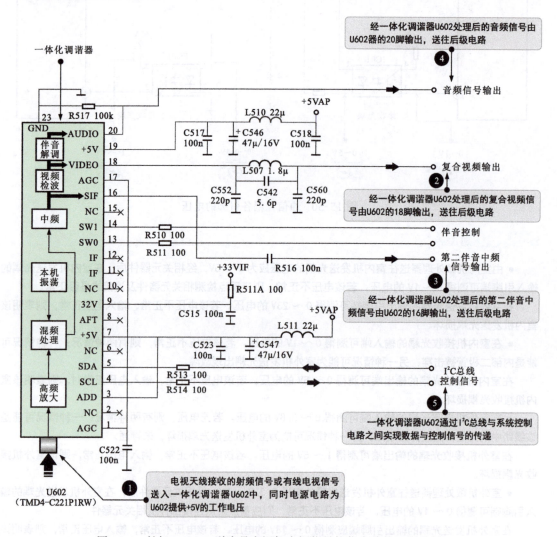

图16-1 长虹LT3788型液晶电视机电视信号接收电路的识图分析

图 16-2 为康佳 LC32AS28 型液晶电视机电视信号接收电路的识图分析。该电路主要由调谐器 N100、预中放 V103、图像声表面波滤波器、伴音声表面波滤波器等构成。

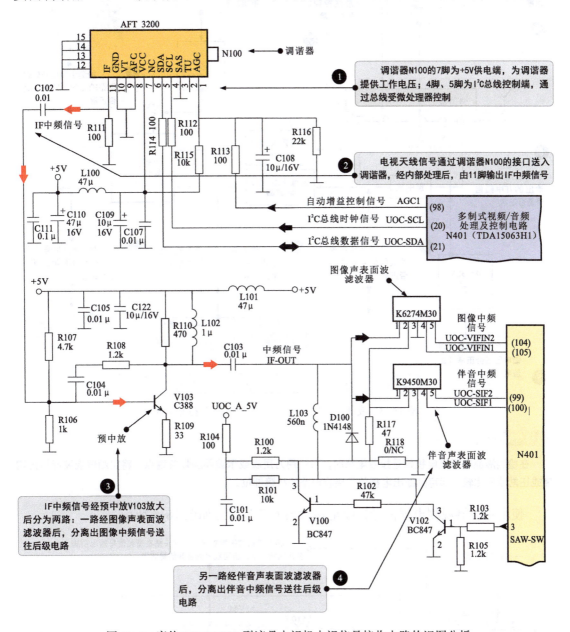

图 16-2 康佳 LC32AS28 型液晶电视机电视信号接收电路的识图分析

16.1.2 液晶电视机电视信号接收电路的检测方法

在检测液晶电视机电视信号接收电路时，一般可逆信号流程从输出部分入手逐级向前检测，在信号消失的地方即可作为关键的故障点，再以此为基础对相关范围内的工作电压、关键信号等进行检测。

图 16-3 为液晶电视机电视信号接收电路的检测分析。

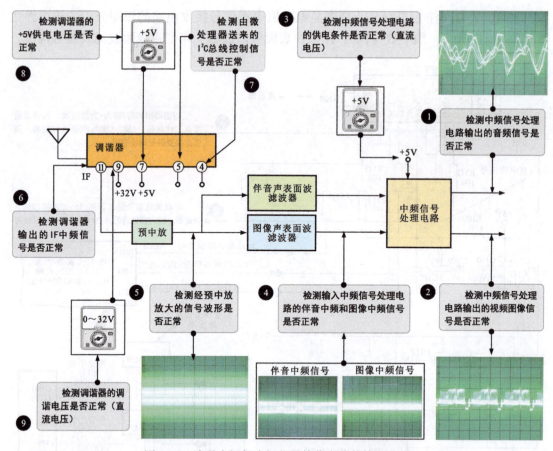

图 16-3 液晶电视机电视信号接收电路的检测分析

资料与提示

在检测液晶电视机电视信号接收电路时，可使用万用表或示波器测量关键点，将实测值或波形与正常值或正常波形比较，即可判断出电视信号接收电路的故障部位。

使用示波器观测电视信号接收电路输出的音频信号如图 16-4 所示。

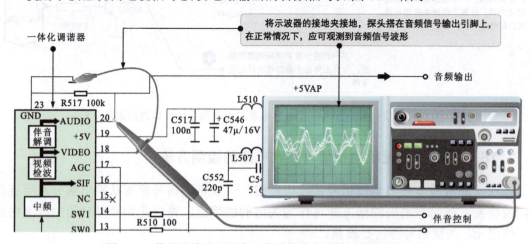

图 16-4 使用示波器观测电视信号接收电路输出的音频信号

16.2 液晶电视机数字信号处理电路的识图与检测

液晶电视机数字信号处理电路是处理视频图像信号的关键电路，可将电视信号接收电路送来的视频图像信号或外部输入的视频图像信号进行解码，转换成驱动液晶显示屏的驱动信号。

16.2.1 液晶电视机数字信号处理电路的识图

液晶电视机数字信号处理电路是由视频解码器、数字图像处理芯片及各接口电路等组成的。

图 16-5 为典型液晶电视机数字信号处理电路的识图分析。

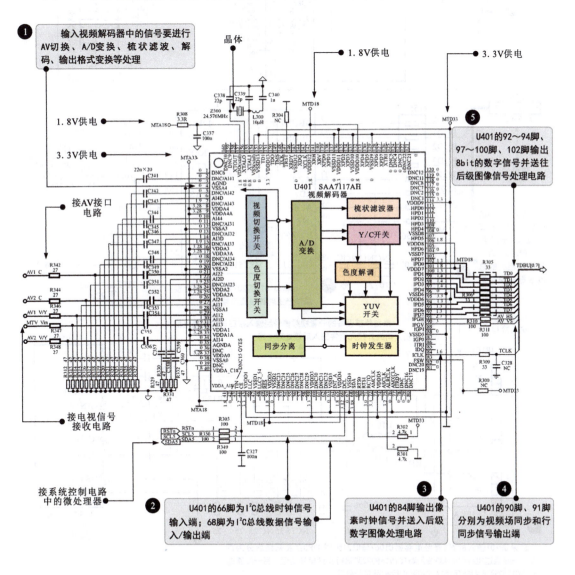

图 16-5 典型液晶电视机数字信号处理电路的识图分析

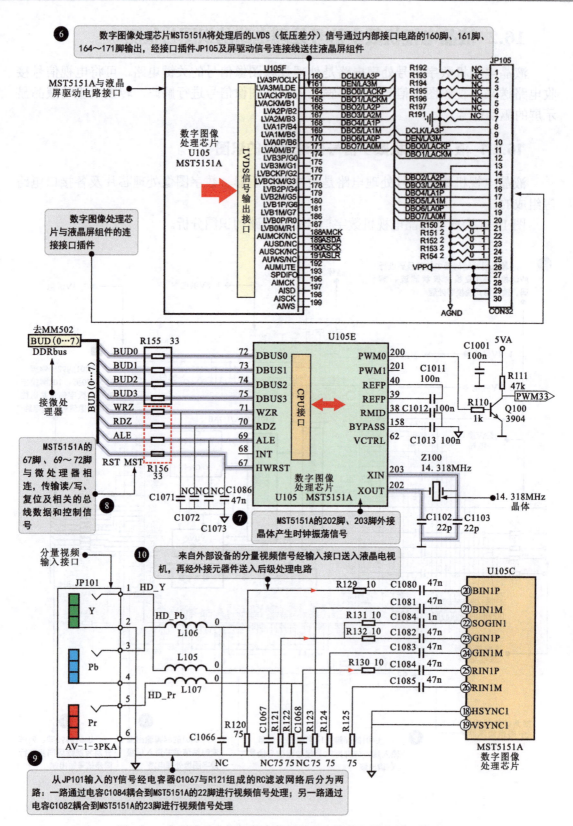

图 16-5 典型液晶电视机数字信号处理电路的识图分析（续1）

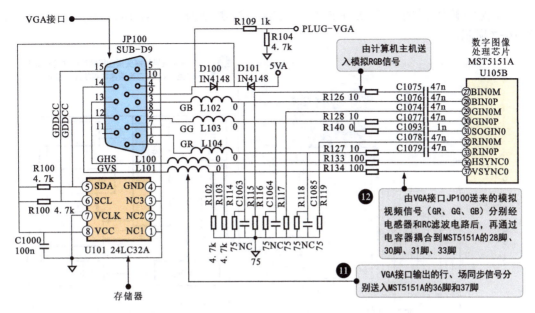

图 16-5 典型液晶电视机数字信号处理电路的识图分析（续2）

16.2.2 液晶电视机数字信号处理电路的检测方法

液晶电视机数字信号处理电路中视频解码器工作条件的检测方法如图 16-6 所示。

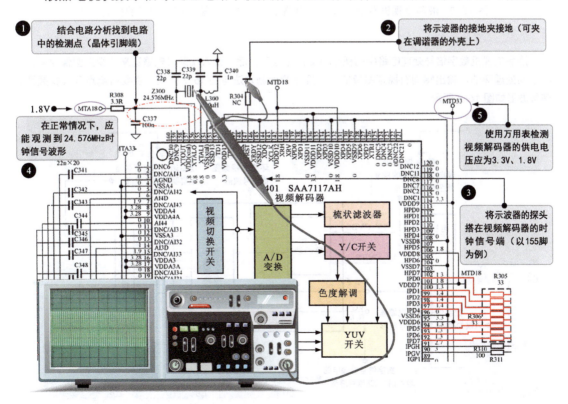

图 16-6 液晶电视机数字信号处理电路中视频解码器工作条件的检测方法

351

若视频解码器的工作条件正常,则需要检测视频解码器输入的信号波形,如图 16-7 所示。

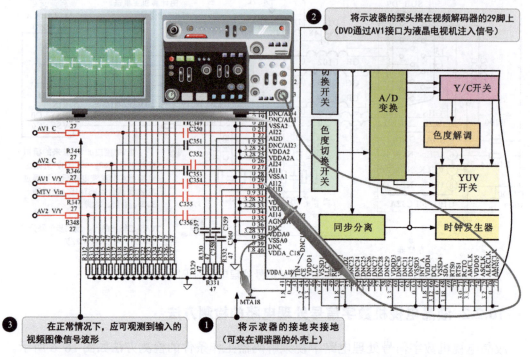

图 16-7 液晶电视机数字信号处理电路中视频解码器输入信号波形的检测方法

资料与提示

液晶电视机数字信号处理电路中的视频图像信号较多,除了输入端前级电路送来的视频图像信号外,在中间处理环节、输出端均有视频图像信号,具体的检测方法与图 16-7 相同,主要检测点及其视频图像信号波形如图 16-8 所示。

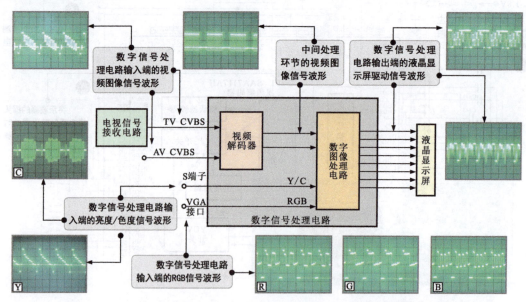

图 16-8 液晶电视机数字信号处理电路中主要检测点及其视频图像信号波形

16.3 液晶电视机开关电源电路的识图与检测

液晶电视机开关电源电路可将交流 220V 电压变成 +12V、+24V、+5V 等多路直流电压为各个电路提供工作电压。

16.3.1 液晶电视机开关电源电路的识图

图 16-9 为典型液晶电视机开关电源电路的结构。由图可知，该电路主要是由交流输入电路、整流滤波电路、主开关电源电路、副开关电源电路及相关元器件等组成的。

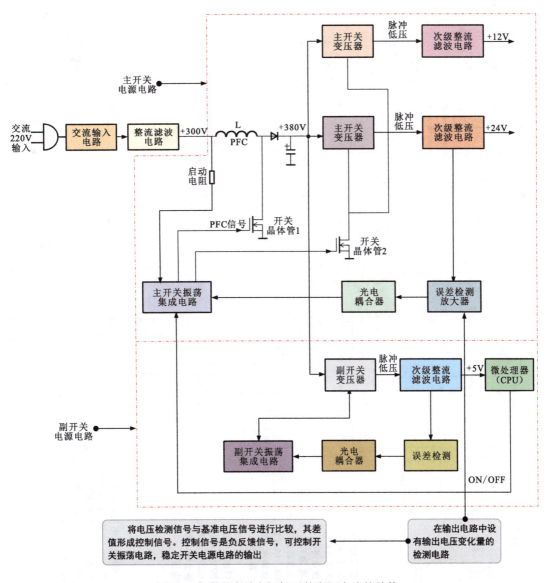

图 16-9 典型液晶电视机开关电源电路的结构

图 16-10 为典型液晶电视机开关电源电路的识图分析。

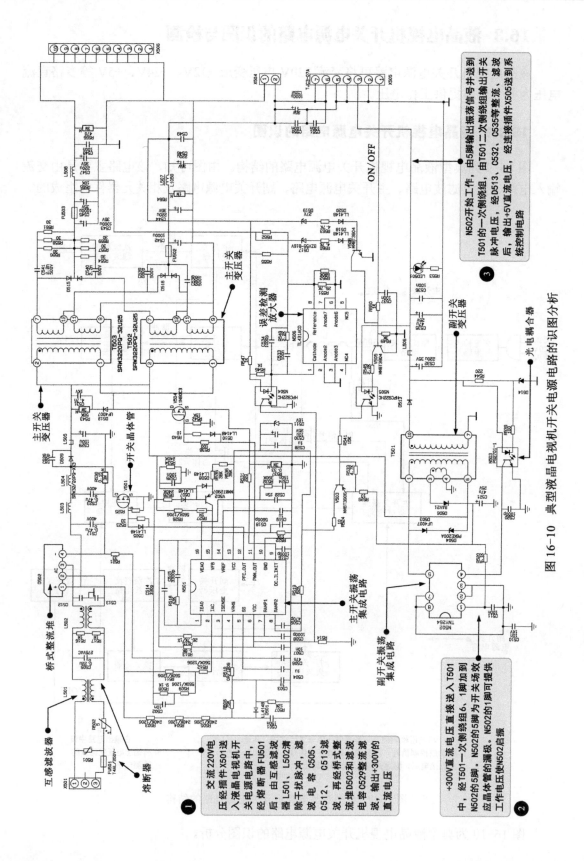

图16-10 典型液晶电视机开关电源电路的识图分析

资料与提示

- N501 启动的信号流程：

D502（+）输出的 +300V 直流电压→ R503 ～ R506、R510、R511、R512 → N501的2脚和4脚，为 N501 提供启动电压。微处理器送来的 POWER ON/OFF 信号→ X505 → V505 → N505 → V503 → N501的13脚，为 N501 提供供电电压。

- N501 启动后的信号流程：

N501的12脚→ V501 → V501 与 L504 形成振荡 → D509 → C529 → T502、T503的2、1脚→ V504。

N501的11脚→ V504，为 T502、T503 提供开关振荡脉冲信号。

- 主开关电源电路启振后，经主开关变压器 T502、T503 的各个绕组分别输出开关脉冲信号，经整流、滤波后，输出 +24V、+12V 直流电压。

- 误差检测电路的信号流程：+24V →分压电阻器 R562、R551 →误差检测放大器 N506的8脚→ N506的1脚→光电耦合器 N504 → N501 的 6 脚。

16.3.2 液晶电视机开关电源电路的检测方法

由液晶电视机开关电源电路输出的各路直流电压的检测方法如图 16-11 所示。

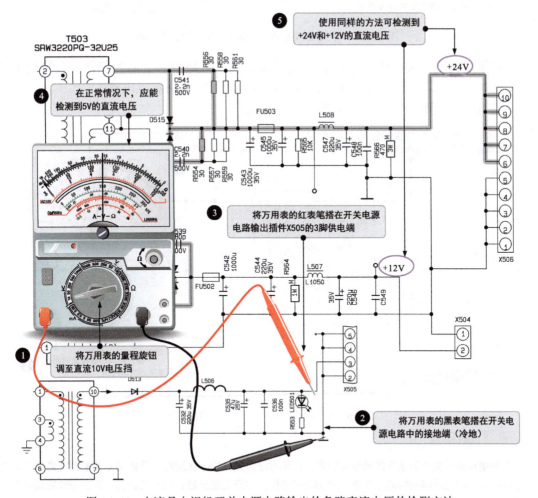

图 16-11 由液晶电视机开关电源电路输出的各路直流电压的检测方法

若开关电源电路输出的各路直流电压出现异常，则可检测 +300V 电压是否正常，如图 16-12 所示。

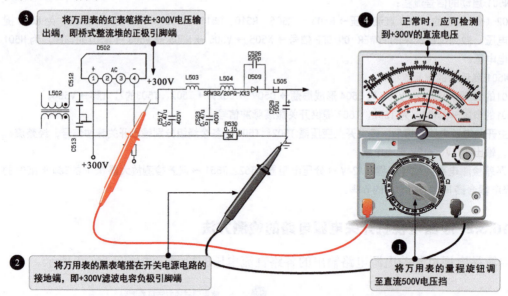

图 16-12　开关电源电路中 +300V 电压的检测方法

液晶电视机开关电源电路中的开关振荡集成电路是非常重要的部件，若输出的各路直流电压异常，+300V 电压正常，则可重点检测开关振荡集成电路。

图 16-13 为开关振荡集成电路的检测方法。

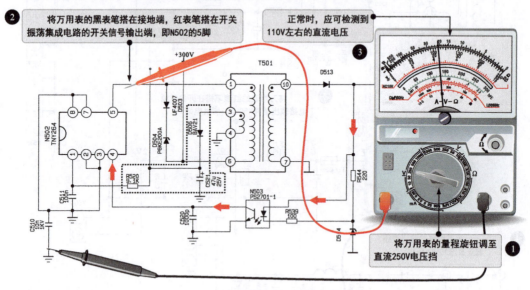

图 16-13　开关振荡集成电路的检测方法

资料与提示

液晶电视机开关电源电路的检测点较多，检测方法大致相同。检测时，可根据开关电源电路的供电流程逆向检测，在电压消失的地方应重点检测功能部件，如开关变压器、稳压二极管、开关场效应晶体管、光电耦合器等。

16.4 液晶电视机逆变器电路的识图与检测

液晶电视机逆变器电路用来为背光灯灯管供电,可通过调节逆变器电路输出的交流电压调节液晶显示屏的亮度。

16.4.1 液晶电视机逆变器电路的识图

图 16-14 为典型液晶电视机逆变器电路的结构。由图可知,该电路主要是由脉宽信号产生集成电路、驱动场效应晶体管、升压变压器及外围元器件等组成的。

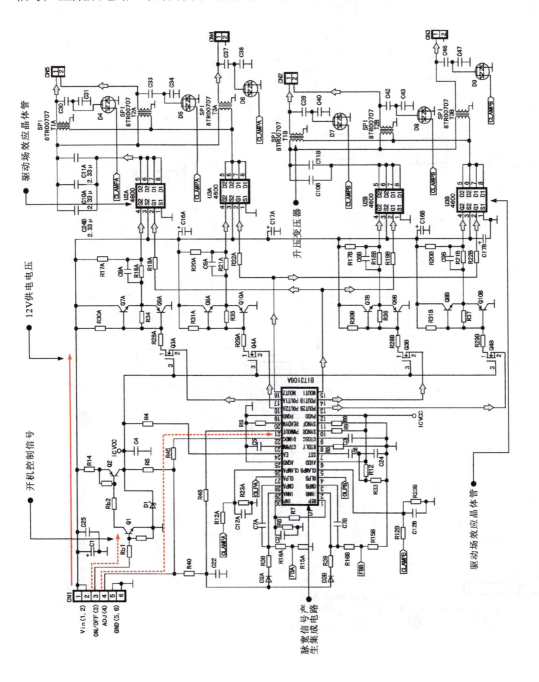

图 16-14 典型液晶电视机逆变器电路的结构

图 16-15 为逆变器电路的识图分析。

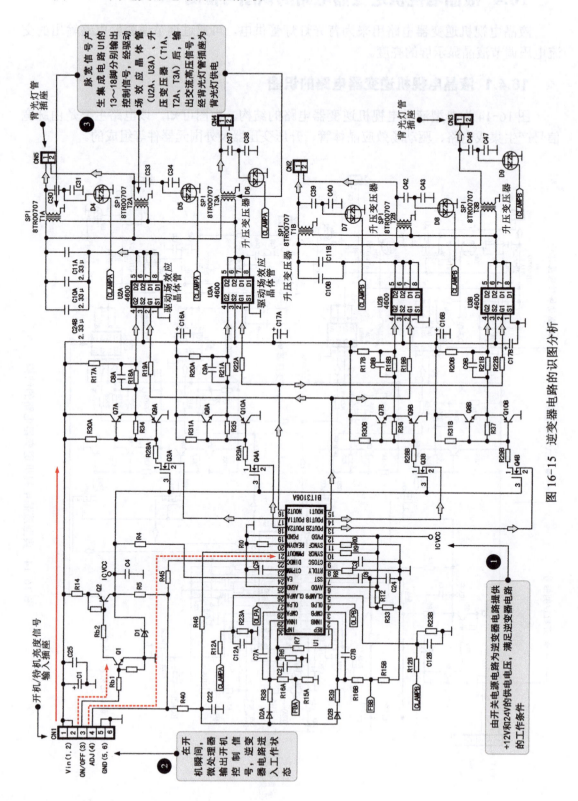

图 16-15 逆变器电路的识图分析

16.4.2 液晶电视机逆变器电路的检测方法

图 16-16 为升压变压器输出信号的检测方法。

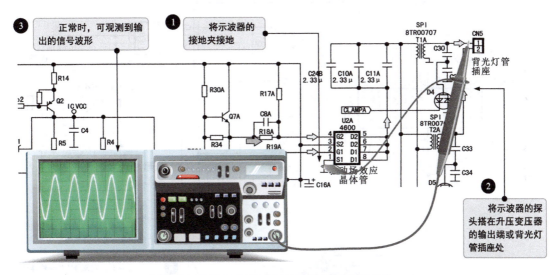

图 16-16　升压变压器输出信号的检测方法

若升压变压器的输出信号不正常，则应顺信号流程逆向检测升压变压器的输入信号是否正常，如图 16-17 所示。

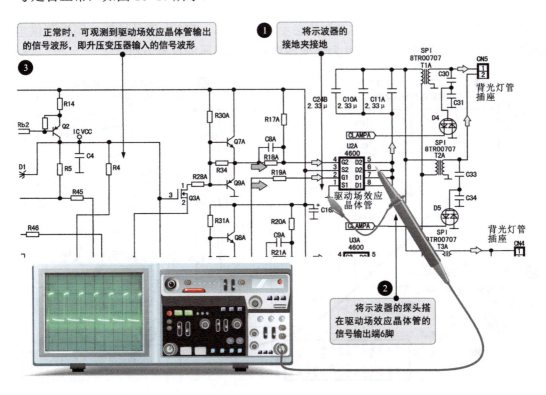

图 16-17　升压变压器输入信号的检测方法

若驱动场效应晶体管的输出信号异常，则可使用示波器检测脉宽信号产生集成电路输出的 PWM 脉冲信号是否正常，如图 16-18 所示。

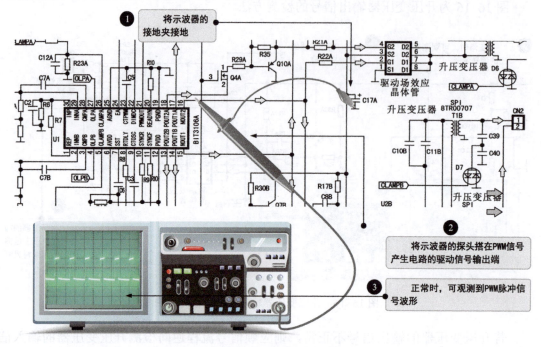

图 16-18　PWM 脉冲信号的检测方法

供电电压是逆变器电路正常工作的必要条件之一，若输出信号异常，则检测供电电压也是非常有必要的。图 16-19 为逆变器电路供电电压的检测方法。

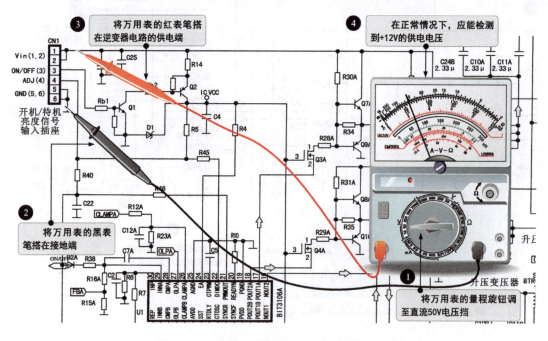

图 16-19　逆变器电路供电电压的检测方法

16.5 液晶电视机接口电路的识图与检测

16.5.1 液晶电视机接口电路的识图

液晶电视机接口电路根据接口类型不同，可分为 AV 接口电路、VGA 接口电路、HDMI 接口电路和分量视频接口电路等。

1. 液晶电视机 AV 接口电路的识图

图 16-20 为典型液晶电视机 AV 接口电路的识图分析。

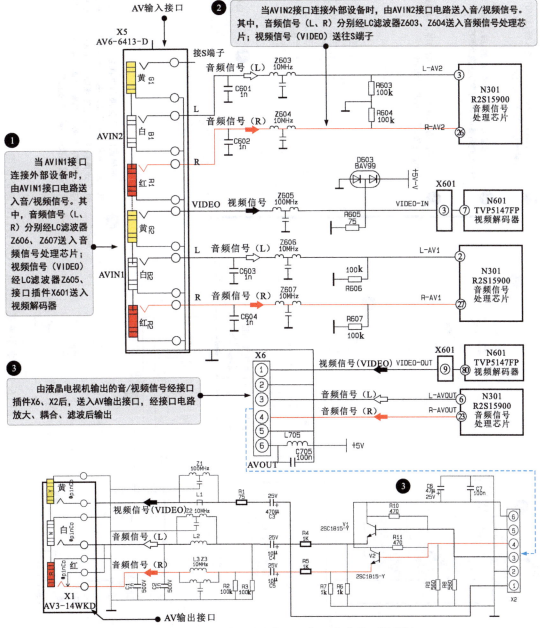

图 16-20　典型液晶电视机 AV 接口电路的识图分析

2. 液晶电视机 VGA 接口电路的识图

图 16-21 为典型液晶电视机 VGA 接口电路的识图分析。

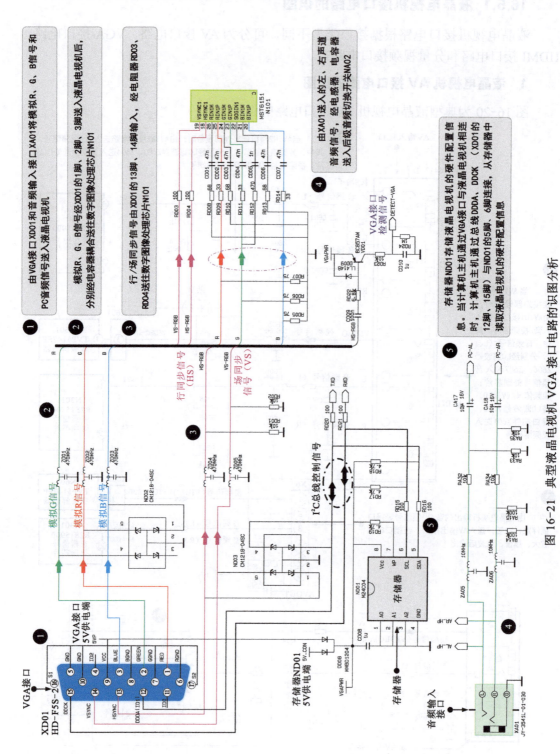

图 16-21 典型液晶电视机 VGA 接口电路的识图分析

3. 液晶电视机 HDMI 接口电路的识图

图 16-22 为典型液晶电视机 HDMI 接口电路的识图分析。

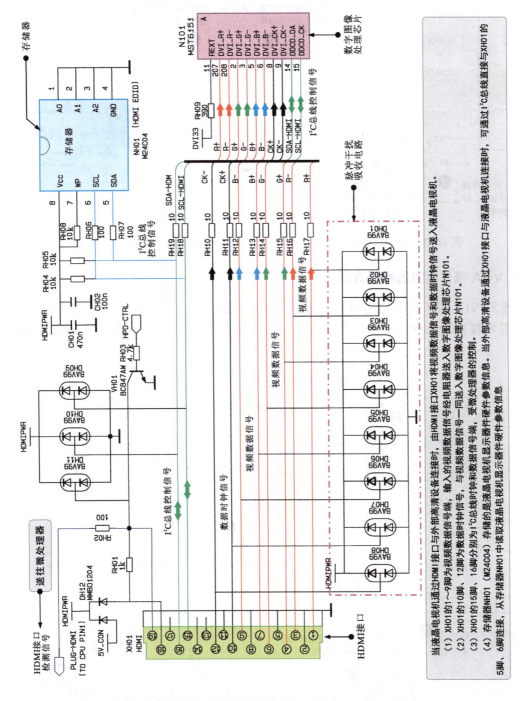

图 16-22 典型液晶电视机 HDMI 接口电路的识图分析

16.5.2 液晶电视机接口电路的检测方法

1. AV 接口电路的检测方法

在检测 AV 接口电路时，可使用 VCD 或 DVD 作为信号源，检测 AV 接口电路输出或输入的视频信号和音频信号是否正常,如图 16-23 所示。

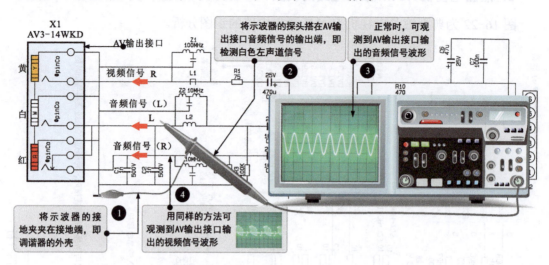

图 16-23 AV 接口电路输出或输入视频信号和音频信号的检测方法

2. VGA 接口电路的检测方法

在检测 VGA 接口电路时,可先将液晶电视机与计算机主机连接,即通过 VGA 接口给液晶电视机输入视频信号,然后用示波器观测主要引脚的信号波形,如图 16-24 所示。

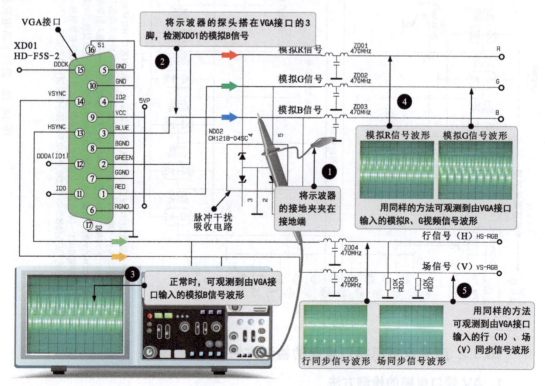

图 16-24 VGA 接口电路音 / 视频信号的检测方法

3. HDMI 接口电路的检测方法

在使用 HDMI 接口输入信号时，若液晶电视机无显示或花屏，则应检测由 HDMI 接口输入的视频数据信号和数据时钟信号是否正常。若无信号输入，则应观察 HDMI 接口插件是否良好，是否有脱焊、虚焊等现象。

在检测 HDMI 接口电路时，可使用带有 HDMI 接口的数字机顶盒作为信号源，通过 HDMI 接口为液晶电视机输入数字高清信号，并用示波器检测视频数据信号和数据时钟信号是否正常，如图 16-25 所示。

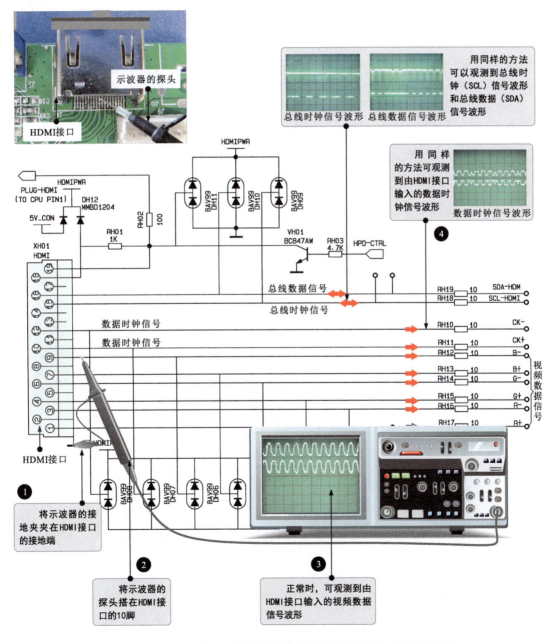

图 16-25　HDMI 接口电路视频数据信号和数据时钟信号的检测方法